TRIZ 技术创新理论与工业应用

郭延龙　袁　源　张　玺　编著

东北林业大学出版社
Northeast Forestry University Press
·哈尔滨·

图书在版编目 （CIP） 数据

TRIZ 技术创新理论与工业应用／郭延龙，袁源，
张玺编著 . — 哈尔滨：东北林业大学出版社，2024. 1
　　ISBN 978 - 7 - 5674 - 3293 - 2

　　Ⅰ. ①T…　Ⅱ. ①郭…②袁…③张…　Ⅲ. ①创造学-
应用-工业发展-研究-中国　Ⅳ. ①G305②F424

　　中国国家版本馆 CIP 数据核字 （2023） 第 144902 号

责任编辑：刘剑秋
封面设计：乔鑫鑫
出版发行：东北林业大学出版社
　　　　　　（哈尔滨市香坊区哈平六道街 6 号　邮编：150040）
印　　　装：武汉鑫兢诚印刷有限公司
开　　　本：787 mm×1092 mm　1/16
印　　　张：17. 75
字　　　数：300 千字
版　　　次：2024 年 1 月第 1 版
印　　　次：2024 年 1 月第 1 次印刷
书　　　号：ISBN 978 - 7 - 5674 - 3293 - 2
定　　　价：68. 00 元

如发现印装质量问题，请与出版社联系调换。（电话：0451-82113296　82191620）

《TRIZ 技术创新理论与工业应用》
编委会

前　　言

如果你想系统地、创造性地解决技术难题，想实现跨越式发展，想"框外思考（跳出思维惯性盒子的思考）"，想像思维导图一样从本质上可视化地"解剖"系统，深入理解问题的潜在原因和更深层次的矛盾，想在最短的时间内、低风险低成本的条件下搜罗古今中外的前人智慧为己所用，来创造出立足现实、面向未来、面向市场的产品，选择 TRIZ 就对了！

TRIZ 是俄语缩写，意为"解决创造性问题的理论"，台湾地区有人译为"萃智"，但其更常被译为拗口晦涩的"发明问题解决理论"（英文译文为 The Theory of Inventive Problem Solving）。它是一整套系统化的、实用的、解决发明问题的理论和方法体系。它是由苏联工程师和专利审查员根里奇·阿奇舒勒（Altshuller）提出的。1948 年，阿奇舒勒在对专利的大规模研究中发现：在解决发明问题的实践中，人们遇到的各种矛盾以及相应的解决方案总是重复出现的；用来解决矛盾的创新原理与方法数量并不多，普通科技人员都可以学习掌握；解决本领域技术问题的最有效的原理和方法往往来自其他领域的科学知识；技术系统的进化不是随机的，而是遵循一定的客观规律。

可见，通过学习 TRIZ 理论，掌握了这些规律，人们就掌握了如何发明创新的秘诀。

在产品设计和研发中有很多方法和工具，如六西格玛和精益等，但它们在一定程度上都缺乏直接解决相关问题、提出比较明确的概念方案的能力。在这一点上，TRIZ 是对其他方法的独特补充。TRIZ 早已成为技术创新、工业工程、质量工程等领域的研究热点。

在很多情况下，设计师知道如何单方面地提高产品的某一项性能，却不知道如何在不牺牲其他性能、付出较小代价的情况下提高该项性能；不知道怎样突破性地提高产品的技术水平；不知道怎样提高人的创新能力。当设计研发过程中出现冲突时，传统的设计方法是使用妥协性的折中方案，但折中方案往往不是创新方案，不能两全其美。TRIZ 则可以获得各项兼顾的创新方案，充分挖掘和利用系统和环境的隐藏资源，提高系统的有用功能，减少系统的有害功能（含成本、功耗、体积、重量等）。

还有不少情况下，设计师无法找到所需的信息和资源，没能从过去的项目、经验教训和最佳实践中学到知识和经验，只能在这种被动的情况下仓促做出关键决策。这常常导致工作的重复低效、资源的浪费，导致错过最后期限，达不到盈利目标。

不必"重新发明轮子"，TRIZ 会教你从不同的、非常规的视角来思考问题，基于人类文明中与创造性相关的所有知识之上，从古今中外的、跨技术领域的现有解决方案和宝贵经验中学习，进行进一步的创新，获得高等级的创造性解决方案。这会显著降低创新的相关风险，节省昂贵的试错成本和宝贵的时间。

TRIZ 曾被苏联的有识之士视为高度机密的"点金术"，在苏联以外相对鲜为人知，但凭借其显著效果和重大意义，其于苏联解体后很快流传到全世界，得到高度重视和普及。今天，TRIZ 是一种全球公认的权威的技术创新理论。目前国内外著名的 TRIZ 协会有：国际 TRIZ 协会（MATRIZ，在 16 个国家和 5 大洲有 70 多个区域协会）、国际 TRIZ 协会（MATRIZ Official，由 MA-TRIZ 分裂出来产生）、国际 TRIZ 学会（ITRIZS）、中国创新方法研究会、国际研发方法协会（RDMI）等。TRIZ 咨询公司在不少国家纷纷涌现并帮助各大公司解决了诸多难题，一些 TRIZ 软件也先后被研发出来。

TRIZ 被世界各著名大学所青睐，并得到包括德国、韩国、中国在内的政府赞助。2004 年，创新设计硕士学位获得了法国国家经济委员会的认可，TRIZ 理论是其教学的重要内容之一。2016 年 11 月，在世界知识产权组织（WIPO）、中国国家知识产权局（SIPO）支持下，同济大学开设了知识产权法硕士学位，其中一门重要课程"可专利性设计"（DFP，design for patentability）的核心就是 TRIZ 理论。

TRIZ 可以有效地帮助企业提高产品质量、减少污染、开发新产品、提高生产效率、节约能源、降低成本……因此 TRIZ 早已被通用电气公司、美国宇航局、美国陆军、英特尔、西门子、三星和宝洁等技术创新领域的领导者所重视和采用。三星早在 2000 年之前就引入了 TRIZ，TRIZ 已成为三星创新的基石。

为了更好地研究和应用 TRIZ，加强其与其他研发方法的融合，TRIZ 与 QFD（质量功能展开）、田口方法、TOC（约束理论）等工具的集成成为近年来研究的热点之一。

2009年8月，中国科技部举办了全国第一届"创新方法——TRIZ理论及应用"培训班。近年来，科技部将TRIZ研究与推广工作作为贯彻落实《国家创新驱动发展战略纲要》《"十三五"国家科技创新规划》的重要举措之一。我国高校纷纷开展了"基于TRIZ理论的高校创新平台构建研究""基于能量节约的产品设计方法研究""科技型企业TRIZ理论应用人才培养实践研究""TRIZ辅助机械产品创新设计关键技术""TRIZ理论在装备制造企业技术创新中的应用研究"等科研项目研究，各地也开展了多项TRIZ创新大赛，取得了良好的效果。

TRIZ理论不仅能用在技术领域，在非技术领域也显示了其强大的威力，国内外已开展了其在管理、教育、金融等诸多领域的研究和应用。作为基于唯物辩证法的高层次的通用方法论，TRIZ在各种领域都起到了良好的指导作用。

2016年，达沃斯世界经济论坛上提出了2020年最需要的技能清单，清单的前三名是：复杂问题的解决能力、批判性思维、创造力。TRIZ比其他任何东西都更符合这个清单。一些研究案例证实了这一点。例如，马来西亚伍伦贡伯乐学府针对121名攻读工程学的大学新生的创造力进行了研究，结果表明TRIZ理论对学生分析问题以及生成、选择和执行策略的能力具有很强的积极影响。

因此，各国有识之士纷纷呼吁进行广泛的TRIZ推广和教育，技术人员应该学，非技术人员也应该学，成人应该学，青少年更应该学，从而激发全人类的创造力。

笔者在机械、光学、材料、计算机等领域都开展过一些研究。这些年接触了TRIZ之后，回望过去，笔者深感之前走过了太多的弯路，深深懊悔没有早点学习TRIZ来走捷径、省经费、省时间，因此迫切盼望和广大TRIZ专家与爱好者一同推进TRIZ在国内的研究、推广与应用。

笔者历经艰辛的查阅，发现国外TRIZ专著有近百本，论文几千篇，国内TRIZ专著有几十本，论文几百篇。但是，国内外不少专著中的案例或是陈旧的常见经典TRIZ案例，或涵盖不少一望而知、无须通过TRIZ也能想到的应用案例（这使读者对于TRIZ的印象大打折扣）。加之大多数仅涵盖国际MA-TRIZ协会一级认证内容，极少涵盖二级和三级认证的复杂深刻的内容，仅有少数精华内容藏于咨询公司和高校、科研院所科研项目的内部报告中。国内尚罕见汇集大量比较新的、深入浅出的、聚焦工业领域鲜活 TRIZ 案例和其进展的专著和论文。初学者想靠看书自学成才非常困难。笔者不才，愿意竭尽所能，将历经数年搜罗到的几千篇海量文献中精选过的和原创的 TRIZ 案例以及思考与读者共享。本书基本涵盖了国际 MATRIZ 协会和国际 MATRIZ Official 协会二级认证、国标 GB/T 31769—2015《创新方法应用能力等级规范》中二级（原国家/科技部二级创新工程师）、国标 GBT 37098—2018《创新方法知识扩散能力等级划分要求》中一级（原国家/科技部一级创新培训师）所要求的内容，完全可作为认证考试参考资料。

本书每一章将引导读者思考创新工具的具体方面，使读者逐步成为寻找创新性解决方案的实践者和熟手。

本书第一章《绪论》由郭延龙［MATRIZ 协会（国际 TRIZ 协会）三级认证］、张文泉、李瑛撰写；第二章《因果链分析》由方洁、郭延龙撰写；第三章《组件的功能分析》由方洁、张玺撰写；第四章《过程的功能分析》由张凯［MATRIZ OFFICIAL 协会（国际 TRIZ 协会）四级认证专家］撰写；第五章《组件的裁剪》由方洁、郭延龙撰写；第六章《过程的裁剪》由张凯撰写；第七章《发明原理》由袁源［MATRIZ 协会（国际 TRIZ 协会）二级认证］、郭延龙、李鹏飞撰写；第八章《技术矛盾与矛盾矩阵》由郭延龙、张玺、方洁撰写；第九章《物理矛盾》由张玺、常伟、李瑛撰写；第十章《物场分析与标准解》由秦冰、郭延龙撰写；第十一章《TRIZ 的科学效应库》由李彬、郭延龙、张勇撰写；第十二章《技术系统进化》由袁源、秦冰、李申鹏撰写；第十三章《功能导向搜索》由舒畅、明骁、郭丽丽撰写；第十四章《发明问题解决算法 ARIZ》由张凯、郭延龙撰写；第十五章《基于 TRIZ 的专利规避创新设计》由袁源、郭延龙、吴源唯撰写；附录由郭延龙、邹先国撰写。

通过各章提到的各个 TRIZ 工具，读者可以对一个问题从各个方面进行分析，得出多个概念解决方案，再根据创新性、实现难度（可行性）、成本、副作用等维度进行综合评分，选取出最优解决方案加以试行。

继经典 TRIZ 理论之后，国际 TRIZ 大师们发展出了现代 TRIZ 理论，包含其中预期故障判定（AFD, anticipatory failure determination）、流分析、特征转移等有力的新工具。笔者计划在下一本 TRIZ 专著中，对更多的国际 MA-

TRIZ 协会二、三级认证内容，国标《创新方法应用能力等级规范》中三级内容加以阐述。

　　衷心感谢浙江大学姚威副教授、天津丽特儿公司刘彦辰高工、京东方重庆公司刘丹高工等 TRIZ 专家对本书提出的宝贵意见和建议。衷心感谢国际 MATRIZ 协会五级大师、MIT 兼职教授谢尔盖·伊克万科（Sergei Ikovenko）在笔者学习 TRIZ 过程中的教导。

　　"吟安一个字，捻断数茎须。""都云作者痴，谁解其中味?"虽然笔者精心推敲，力求言必有中、词严义密，但由于能力、时间、精力有限，书中难免存在疏漏。诚挚欢迎广大读者对本书提出宝贵意见和建议，以便我们在下一版中改进，更好地服务于热爱创新的读者们。

郭延龙

2023 年 8 月

目　　录

1 绪 论

1.1 TRIZ 理论概述及主要应用

TRIZ 由 Teoriya Resheniya Izobreatatelskikh Zadatch 单词首字母组成，英文全称是 Theory of Inventive Problems Solving，普遍译为"发明问题解决理论"（若译为"解决发明问题的理论"更为通顺），在我国台湾省被译为"萃智"。该理论起源于苏联，于 1946 年由著名教育家根里奇·阿奇舒勒和他的研究小组根据对专利的分析归纳而首次提出。因此，他又被尊为 TRIZ 之父。他在苏联的海军专利局工作时，面对成千上万项专利，他总是在思考这样一个问题：当人们进行发明创造解决技术难题时，有没有可遵循的通用的创新办法？这个问题的答案是肯定的。

在 TRIZ 问世之前，没有对公开的技术和工程解决方案及其特征，如相似性、重复性和类型学进行的系统研究和总结。阿奇舒勒填补了这一空白，他分析了大量发明专利，归纳了各技术系统演化的规律和解决各技术矛盾创新的原则，构建了一套完整的 TRIZ 理论体系，发现迄今为止世界上只有 40 种处理矛盾的概念方案，大约 100 种可用于改进系统，涉及 TRIZ 称为科学效应的 2 500 种技术和工程理论，这些理论一旦有效结合，就能解决现实世界的所有问题。

TRIZ 历经多年发展与实践，已形成了成熟的问题求解理论与方法体系。由于 TRIZ 理论在不同技术领域发挥的巨大作用，据说它成为苏联的最高国家机密，被西方国家誉为"神奇点金术"。苏联解体以后，TRIZ 理论流传到欧美国家和日韩，并且有了更进一步的发展，被波音、通用等世界 500 强巨头成功运用，已逐步成为世界范围内实现创新的"杀手锏"。

TRIZ 理论是站在辩证唯物主义的立场上运用进化论观点提出的，凝聚着数以百万计世界各国优秀专利之中揭示出来的创新问题内在规律，是从中发展出的一整套强大的技术创新思想、理论和方法。

　　TRIZ 理论不仅仅被广泛应用于工程与技术领域，而且从最初的工程技术领域逐步渗透并延伸至自然科学、社会科学、管理学、教育学、生物科学等其他领域。很多世界 500 强企业，如西门子等、梅赛德斯-奔驰和博世等设有专业 TRIZ 机构对员工进行训练。在俄罗斯，TRIZ 训练已经延伸至中小学，以提升学生的思维能力和创造力。在市场竞争不断加剧的大环境中，TRIZ 对产品设计与创新起到了至关重要的影响，因此在过去数十年间迅速普及。如今它已广泛应用于全世界并创造出成千上万项重大发明。

　　这一套凝聚和浓缩历史科学和工程最佳成果的方法也被称为"创造学"，TRIZ 已成为工程师创造和解决问题的重要工具。它能引导我们对已有系统和程序进行改造和完善，并在这一过程中消除问题；有助于人们为下一代系统开发寻找思路；并且有助于人们用系统的方法进行新产品的创建与研发。TRIZ 独有的特点是可以简单而实用地剖析问题，给寻求解决方案及解决问题之路带来无限生机和新鲜想法。它有助于我们剖析各种系统，深化理解各种需求，启发新思想，找到更有创意的解决方案。

　　TRIZ 理论是怎样解决"如何发明"这个问题的呢？它将问题解决过程透明化，让人信心满满地向正确方向迈进，发现诸多解决方案，从中按图索骥得到优选解决方案。通过对现有的易被忽视的资源的巧用并吸取前人发明专利中最好的创意，TRIZ 给我们打开了一条鉴古知今、博采众长的找到问题解决方案的快速途径。

　　TRIZ 理论由 40 条发明原理、四大分离方法、八大进化法则、因果链分析法、科学效应库、最终理想解、物场分析法与 76 个标准解、创新思维等多个工具组成，经典 TRIZ 理论的体系结构见图 1-1，现代 TRIZ 理论的体系及内容见图 1-2。

　　最终理想解帮助人们明确理想方案的定位，以避免委曲求全的折中平衡、缺乏客观性、缺乏创造力、陷入思维惯性；四大分离方法和 40 条发明原理宏观指导发明创造的方向，让创造性思维拓展，39 个工程参数与矛盾矩阵通过矛盾分析，厘清问题关键，找出似是而非的可能解决方案；八大进化法则有助于人们理解技术系统演变的规律和方式，为技术革新指明道路；物理学、化学、几何学等科学原理效应库可以另辟蹊径地、有效地帮助解决发明问题，并为技术革新提供极为丰富的解决方案；功能分析用"功能化"的视角分析系统，关注实现或完成其功能的本质。

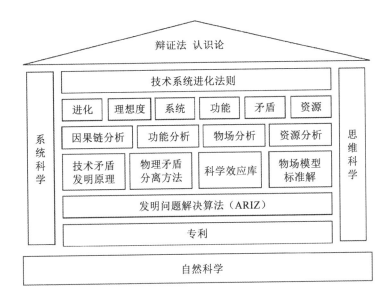

图 1-1 经典 TRIZ 理论的体系结构

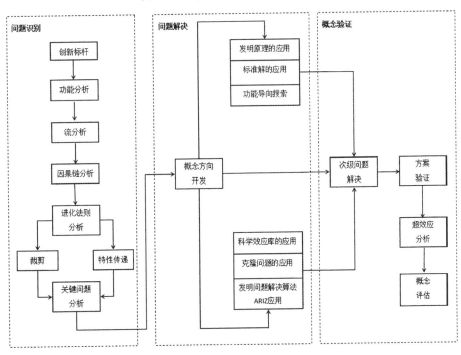

图 1-2 现代 TRIZ 理论的体系及内容

在研发过程的各个阶段，TRIZ 理论中的哪些工具更加适用呢？表 1-1 给出了建议。

表 1-1　在问题解决的各个阶段建议使用的 TRIZ 工具

解决问题过程中的阶段	最有用的 TRIZ 工具
理解问题并确定问题的范围	九屏幕、因果链、流分析
揭示所有需求 并确定解决方案的范围	理想解、九屏幕
定义问题	功能分析、技术矛盾与矛盾矩阵、 物理矛盾与分离原理、物场分析、小智人法
产生概念解	标准解、裁剪、40 条发明原理、进化法则、 科学效应库、尺寸–时间–成本法、资源法
对概念解进行 评估（排序）并实施	理想图 （根据成本、收益、实施难度进行综合打分）

　　TRIZ 认为，几乎所有类型的问题都早已得到解决，存在一个系统的方法来获得世界上已知的解决方案。通过 TRIZ 的方法和工具，我们可超越我们自身的经验，规避大量试错与低效率工作，系统地从古今中外找到所有概念上的和更为可行的解决方案。

　　定义明确等于问题已经解决了一半。TRIZ 方法的第一步就是明确问题的定义。在开始创新项目之前，非常有必要收集问题各个方面的信息。笔者强烈建议使用著名的"创新情况问卷"（Innovation Situation Questionnaire，ISQ，其最初版本由美国 Ideation 公司于 2005 年提出，见附录 1）。必须尽可能使用通用语言，从而摆脱技术术语带来的思维惯性。

1.2　TRIZ 理论的发展趋势

　　目前，TRIZ 理论正在迅速发展和推广应用中。TRIZ 未来的发展趋势主要体现在以下几个方面。

　　①开发基于 TRIZ 理论的软件。TRIZ 易学难精，为了满足特殊应用需求，TRIZ 方法与现代设计方法、计算机辅助技术和多学科知识相结合，将陆续开发出各行业的针对性强、适用性好、易于入门的软件，汇集相关案例库、知识库，形成集成解决方案。

②拓展 TRIZ 理论的应用领域。TRIZ 理论应用范围广阔，其方法论完全可以由传统的工程技术领域拓展到其他领域，指导各行各业的发展。

③TRIZ 理论与其他创新理论相结合。不同的创新理论、商业理论在市场调查、产品开发、产品制造的各个阶段各有其适用性。TRIZ 主要解决了如何改变/创新（增强有用功能、减少有害功能）的问题，而很少考虑"要做什么改变""消费者需要什么"的问题。TRIZ 理论与其他创新理论相结合，可以为新产品开发和应用提供快速、有效、完备的引导，增强可行性及可操作性。

④丰富 TRIZ 理论。进一步创新、发展、拓展 TRIZ 理论，甚至将其拓展到非技术领域。

⑤计算机辅助创新（CAI）软件的开发。计算机辅助创新软件是一种基于知识的创新工具，它可以分析和解决产品制造过程中遇到的矛盾，帮助人们解决技术问题，为工程领域的新产品和新技术创新提供科学的理论指导和方向。TRIZ 方法与计算机软件技术的结合，可为产品开发和创新提供实时指导，并可在产品开发过程中得到拓展。

1.3 TRIZ 之外的其他创新思维方法

创新是指在特定环境中，为了满足社会需求或理想化的需要，利用现有的知识和物质，改进或创造新的事物、方法、要素、路径和环境，并产生某些有益的效果的行为。创新存在于人类社会的各个领域，在不同领域具有不同的内涵。但无论哪个领域的创新，它们的本质都是一样的，也就是说，创新本质上是突破旧的思维定式，是一项开拓性活动。开展创新活动，首先要有创造意识，要在兴趣的基础上敢于提出问题或敏锐地发现问题；其次要建立科学思维，包括发散思维与收敛思维、横向思维与纵向思维、正向思维与逆向思维、求同思维与求异思维等；再次要有坚定的信心和意志，瞄准目标后需要不断进取、顽强奋斗；最后要掌握科学的创新方法。创新方法也称为创造力工程、发明技法、创造力技术，所谓的创新方法大约有 400 种。常用的方法有：试错法、头脑风暴法、形态分析法、和田十二法、六顶思考帽法等。其中，试错法经典的例子就是大家耳熟能详的爱迪生发明灯泡的案例，但该方法效率较低、周期性较长、成本代价较高，解决问题具有一定盲目性，不提倡使用。本节主要介绍头脑风暴法、形态分析法、和田十二法、六顶思考帽法。

1.3.1 头脑风暴法

在群体决策中，由于群体成员之间心理互动的影响，容易形成缺少批评精神和创造力的"群体思维"，降低了决策的质量。头脑风暴法是一种典型的改进群体决策的方法，群体成员可以自由地进行联想和讨论，跳出条条框框进行思考，畅所欲言，充分表达观点，目的是产生新的有创造力的想法。

下面介绍头脑风暴法实施程序。

（1）准备阶段

主持会议的人应该事先做好选题，并对所选问题的本质、关键点进行研究，设置预期目标；其次要挑选参与者，一般为 5~10 人，人数不应过多；最后要明确会议的时间、地点、问题并提前通知与会者收集资料，做好充分的准备。

（2）自由讨论阶段

主持人宣布开会后，先说明会议的规则，然后直接陈述待解决的问题，安排与会人员自由讨论，尽量营造自由放松的氛围，让大家的思维天马行空。在自由讨论过程中，充分调动每个人的积极性，鼓励每个人畅所欲言，使个人的发言欲望不受任何干扰和控制，形成争先恐后发言的氛围，促进每个人不断地开动脑筋，尝试想到并提出独特的、新颖的创意。人人自由发言、相互影响、相互感染，可以形成一种热潮，打破固定观念的束缚，最大限度地发挥群体成员的创造性思维能力。在大家接二连三的新想法相互作用下产生连锁反应，形成一堆新的想法，为创造性地解决问题提供了更多的可能性。主持人或文员对现场发言情况进行记录整理，并挑选富有创造性、启发性的见解或表述，形成若干初步方案。

（3）集中讨论与总结阶段

主持人应引导与会人员对初步方案的可行性、创新性进行集中讨论，反复比较，优中择优，形成集中集体智慧的最佳方案，并对讨论情况进行总结，对人员良好表现情况提出表扬，为下次开展类似活动打下良好基础。

头脑风暴法可以很好地发挥集体智慧，群策群力，也能让参加人员打开思路，受益匪浅。然而，单用这种方法很难快速解决复杂的发明问题，同时该方法对会议组织者或会议主持人要求较高，组织不好，易出现会议失控，导致矛盾或冲突，造成不愉快的气氛，从而抑制了思维的自由性和新创意的产生。

1.3.2 形态分析法

形态分析法，又称形态分析组合法，是瑞典天文物理学家卜茨维基于1942年提出的。所谓形态分析法，就是把要解决的问题（发明、设计、课题）分为几个基本组成部分（即基本因素），然后对每个基本因素单独进行分析，列出各因素可能的形态，建立一个包含所有基本因素和形态的多维矩阵，形成解决问题的方案，通过不同的组合关系而得到不同的总方案，进一步分析每一个总方案是否可行，择优选出一个最佳的方案。其中，因素是指事物各种功能的特性，比如使用形态分析法对汽车前照灯设计方案进行分析时，汽车前照灯的外形、光源类型、散光玻璃材质、控制方式可作为基本因素；形态是指实现事物各种功能的技术手段，同样对汽车前照灯设计方案进行分析，方形、圆形、椭圆形、柳叶形就是外形对应的形态，卤素灯泡、气体放电灯、LED灯就是光源类型对应的形态，玻璃、树脂就是散光玻璃材质对应的形态，手控开关、光感应就是控制方式对应的形态。因素与形态形成多维矩阵或表格化，是形态分析法的重要环节。

下面介绍形态分析法实施程序。

（1）明确问题

明确用此方法所要解决的问题（发明、设计、课题等）。

（2）因素提取

把问题分解成若干个基本因素，每个基本因素在功能上应是相对独立的，并都有明确的定义或特性。

（3）形态分析

列出各因素全部可能的形态。

（4）建立矩阵

建立一个包含所有基本因素和形态的多维矩阵，按照对要解决的问题的总体功能要求，分别组合各因素的不同形态，从而获得尽可能多的解决方案。

（5）分析评价

分析和评价这个矩阵中所有的解决方案是否可行。

（6）择优选择

对各个可行的解决方案进行比较，从中选出一个最佳的方案。

形态分析法实质上是应用数学中的排列组合而进行的枚举法，其优点是具有较高的实用价值，它不仅运用于发明创造，也适用于科学研究、管理决策等方面；缺点是当解决方案的个数过多时，第五步的可行性研究就比较困难。

1.3.3 和田十二法

和田十二法，又叫和田创新法则、和田创新十二法，是指人们在观察、认识一个事物时，考虑是否可以"加""减""扩""缩""变""改""联""学""代""搬""反""定"。

下面介绍和田十二法实施程序。

（1）加一加

加高、加厚、加宽、加多、组合等。

（2）减一减

省略不必要的、减轻、减少等。

（3）扩一扩

功能、用途的扩大、扩展等。

（4）缩一缩

压缩、缩小、微型化。

（5）变一变

改变方式、手段、程序或者改变形状、颜色、气味、浓度、密度等。

（6）改一改

改缺点，改不便之处，改不足之处。

（7）联一联

看原因和结果有何联系，把某些东西联系起来。

（8）学一学

模仿形状、结构、方法，学习先进。

（9）代一代

用别的材料代替原材料，用别的方法代替原方法。

（10）搬一搬

移作他用。

（11）反一反

能否颠倒一下。

（12）定一定

定个界限、标准，以提高工作效率。

图1-3展示了使用和田十二法分析共享单车还有哪些可以创新的地方，从中可以获得一些启示。

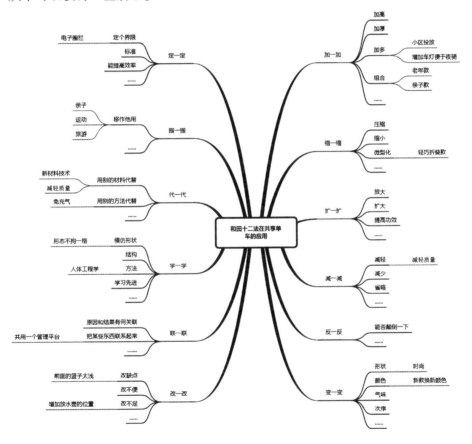

图1-3 和田十二法在共享单车的应用思维导图

和田十二法实质上是一种思维的训练，它起到了"道而弗牵"的作用，按这十二个步骤进行思考，能打开人们创造思路，诱发人们的创造性设想。和田十二法的优点是通俗易懂，简便易行，便于推广，尤其深受学生及工人的欢迎；缺点是其每一个方法侧重于某一个思考的角度，强调某一个思维的方向，对多种技法的综合运用或在创造中几种技法的连续使用缺少系统的分析与评价。

和田十二法中的一些方法跟 TRIZ 中的某些发明原理有类似之处，但发明原理更为清晰和明确，读者可以自行思考一下。

1.3.4 六顶思考帽法

六顶思考帽法，是指使用蓝色、黑色、黄色、红色、白色、绿色六种不同颜色的帽子代表六种不同的思维模式，是一种思维训练模式，或者是一种"平行思维"工具，更是一种全面思考问题的模型，如图 1-4 所示。其中，蓝色思考帽代表理性，戴上蓝色思考帽的人负责控制管理整个思考过程，并做出结论；黑色思考帽代表否定，戴上黑色思考帽的人可以通过怀疑、质疑来表达否定观点，找出别人的逻辑错误；黄色思考帽代表肯定，戴上黄色思考帽的人会正面考虑问题，提出积极的、富有建设性的意见与建议；红色思考帽代表感性，戴上红色思考帽的人可以直接表达带有自己主观情绪的看法；白色思考帽代表中性，戴上白色思考帽的人相信数据和客观事实；绿色思考帽代表生机与活力，戴上绿色思考帽的人喜欢想象和创造。

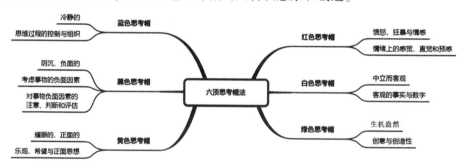

图 1-4 六顶思考帽法思维导图

下面介绍六顶思考帽法实施程序。

（1）陈述问题

在具有讨论性质的会议上，当会上群体成员难以达成一致时，由会议主持人充当蓝色思考帽角色，并按照思考的流程合理安排其他颜色思考帽的发言顺序。首先由戴上白色思考帽的人客观地陈述待研究的问题。

（2）提出解决问题的方案

由戴上绿色思考帽的人充分发挥想象力，提出解决问题的可能方案，可以天马行空。

（3）评估该方案的优点

针对戴上绿色思考帽的人提出的解决方案，戴上黄色思考帽的人发表意见，主要从正面和创新性进行点评，分析方案的优点。

（4）列举该方案的缺点

戴上黑色思考帽的人从可行性、风险性等方面对方案进行评估，针对方案存在的缺点提出质疑。

（5）对该方案进行直觉判断

戴上红色思考帽的人可随时表达自己的观点，提出肯定或否定的意见。

（6）总结陈述，做出决策

戴上蓝色思考帽的人需要掌控全局，在思考的过程中，应随时调换思考帽的顺序，进行不同角度的分析和讨论，集思广益后进行总结，做出决策，从而产生高效能的解决方案。

六顶思考帽是一种平行思维工具，这个工具能够帮助与会人员提出创新性、建设性的观点，引导与会人员从不同角度思考同一个问题，使混乱的思考变得更清晰，使无意义的争论变成集思广益的创造，还可以有效避免冲突，但该方法对戴上蓝色思考帽的人要求较高，当出现过于频繁中止会议、随意调整思考的顺序等滥用蓝色帽子职能的情况，容易造成与会人员情绪低落甚至发生冲突。

1.4 TRIZ 创新思维方法

在 TRIZ 理论中，克服思维惯性的方法共有五种，分别是九屏幕法、小人法、IFR（最终理想解）法、金鱼法和 STC 算子法（尺寸-时间-成本算子法），如图 1-5 所示。

图 1-5 列出五种 TRIZ 创新思维方法的特点，其中，金鱼法是一个将幻想的、不现实的问题反复迭代分解，最后变成可行的解决方案，但在实际运用中，效果并不显著，本节主要介绍其他四种方法。

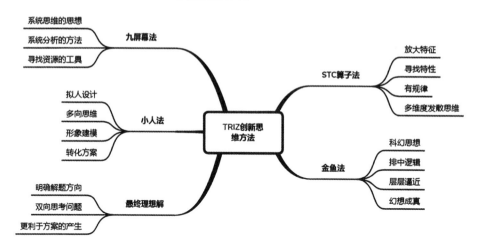

图 1-5 TRIZ 创新思维方法思维导图

1.4.1 最终理想解

最终理想解（ideal final result，IFR），就是在保持有用功能正常运作的同时，通过建立各种理想模型来分析问题解决的可能方向，消除有害的、存在弊端的作用，避免试错法、头脑风暴法等传统创新方法中缺乏目标、思维过于发散、创新效率低下的缺陷，逐步实现目标，从而取得最终理想解，提升创新设计的效率。

下面以清洁衣服为例，介绍最终理想解思维方式的实施步骤。

（1）分析最终目的

设计的最终目的是什么？回答是清洁衣服。

（2）分析最终理想解

最终理想解是什么？回答是衣服自动清洁。

（3）分析达到最终理想解的障碍

达到最终理想解的障碍是什么？回答是衣服纤维不能完成这个功能。

（4）分析出现这种障碍的条件

出现这种障碍的条件是什么？回答是衣服纤维不能完成这个功能，衣服不会被自动清洁。

（5）分析不出现这种障碍的条件

不出现这种障碍的条件是什么？回答是有一种纤维或者纤维结构可以实现自动清洁。

（6）分析创造这些条件时可用的资源

创造这些条件时可用的资源是什么？回答是纤维、空气、穿衣服的人、衣橱、阳光等，自我清洁功能在大自然中是存在的（比如：莲属植物的疏水性），自动清洁的衣服纤维还在研究中。

通过以上分析，若不能达到最终理想解的状态，降低挑战度来分析问题，将最终理想解从"衣服自动清洁"改为"不使用化学清洁剂清洗衣服"，重复刚才的分析过程。如果我们还是不能达到最终理想解的状态，可以再向现状退一步，将最终理想解从"不使用化学清洁剂清洗衣物"改为"可重复使用的化学清洁剂"，然后再次重复刚才的分析过程。

1.4.2 九屏幕法

九屏幕法，也称多屏幕法，是典型的 TRIZ 系统思维方法，即对情境进行整体考虑，它能帮助使用者质疑和超越常规，克服思维定式，进而提供清晰的思维路径，具有可操作性强、实用性强等特点。它用于评估一个系统在随时间演变（过去、现在和未来）过程中以及在不同系统级别（超系统、系统和子系统）发生的连续几代的变化。

九屏幕法基本框架如图 1-6 所示。把一个研究对象看作当前系统，往左看是过去的系统；往右看是未来的系统；往上看是当前系统的超系统，超系统的左右同样分别为过去的超系统和未来的超系统；往下看是当前系统的子系统，子系统的左右分别是过去的子系统和未来的子系统。超系统、当前系统和子系统都有着各自的"过去"与"未来"。

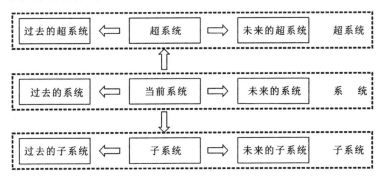

图 1-6 九屏幕法基本框架图

以"如何解决城市交通中汽车拥堵问题"为例，如果把汽车作为当前系统，橡胶车轮是汽车的一个子系统。因为每辆汽车都是整个交通系统的组成部分，那么汽车及道路、交通标志所组成的整体就是汽车的超系统。当前系统、子系统、超系统都有着各自的"过去"与"未来"，因此，马车可被认为是当前系统汽车的过去，飞行汽车就是当前系统的未来；木质车轮就是子系统橡胶车轮的过去，气浮装置（或螺旋桨风扇）就是子系统的未来；乡村马路就是超系统的过去，立体交通网就是超系统的未来。以上分析可以帮助使用者克服"修路修桥""使用公共交通工具出行""限号出行"等思维定势，提出新的解决方案和思路。

九屏幕法实施程序如下。

（1）准备一个九宫格

在一张空白的纸或黑板上，绘制以 3×3 矩阵排列的九个方框或九宫格。其中，行代表（从左到右）过去、现在和未来，列（从上到下）代表超系统、系统、子系统。

（2）填写中心格

在中心格中填写创新对象的简要说明或放置关联图片。

（3）确定超系统和子系统

在中心格上方和下方分别填写超系统和子系统。超系统涉及当前系统如何与周围环境相互作用，即"当前系统属于哪些更大的系统"。将当前系统分解为构成它的组件则得到子系统，即"是哪些组件（部分）构成了当前系统"。

（4）确定过去和未来

在中心格的左侧和右侧分别填写过去和未来。尝试以多种方式分析系统的过去和未来，可以用以下几个问题提示，从而启发思路。

①系统在当前状态之前是什么样子，将来会是什么样子？

②系统在当前状态之前在哪里，将来又会在哪里？

③系统从产生到现在，其形式或功能发生了什么变化？它现在停止运作后会发生什么？

④在当前系统存在之前，以前是什么解决方案来完成工作，未来人们可以设计什么解决方案来完成同样的工作？

⑤修改当前系统的输入，以消除、减少或防止有害功能、事件或条件，对系统的输出会有什么影响？

（5）完成九屏幕的网格

通过填充四个角即超系统和子系统的过去和未来状态来完成网格。一旦在第 3 步中明确了超系统和子系统，在第 4 步中确定了分析时间维度的方法，则第 5 步就会比较顺利。

（6）重新评估机会

填写完九个网格后，重新评估创新思路是否有效，以便确定是否应该将精力集中在哪个系统级别，以及在哪个时间维度上。

九屏幕法是一种分析问题的手段，它可以锻炼人们的创造力，开拓思维，顶层设计，跳出思维惯性，有助于确定解决问题的某个新途径，从而提高人们在系统水平上、在顶层角度解决问题的能力。

1.4.3 STC 算子法

STC（size，time，cost）算子法，是指从物体的尺寸、时间、成本三个方面分别做无穷大和无穷小思维尝试，从而达到 6 个维度的思维发散，有效打破人们对事物的固有认识，更快得到解决问题的方案。

下面以采摘果子为例，介绍 STC 算子法的实施步骤。

（1）设想逐渐增大对象的尺寸，使之无穷大（S→∞）

假设果树的尺寸趋于无穷高，将果树的树冠培育成带有梯子的形状，方便人们采摘。

（2）设想逐渐减小对象的尺寸，使之无穷小（S→0）

假设果树的高度趋于零，培育矮乔木的果树是个不错的想法。

（3）设想逐渐增加对象的作用时间，使之无穷大（T→∞）

如果要求收获的时间不受限制，则可任由果子自由掉落，只需保证果实完好无损即可，在果树下铺设软草坪或垫子是一种简单实用的办法。

（4）设想逐渐减少对象的作用时间，使之无穷小（T→0）

如果要求收获的时间趋于零，则果实应同时落下，我们可利用微弱爆破来振下果实。

（5）设想增加对象的成本，使之无穷大（C→∞）

假设收获的成本费用允许无穷大，可以发明带有机器视觉和机械手的智能摘果机。

（6）设想减少对象的成本，使之无穷小（C→0）

假设收获的成本费用必须是不花钱，最廉价的收获方式就是摇动果树。

STC 算子法是一种从多角度看待问题的思维方式，可以有效解放思想，进行有规律的创新思考，从多角度提出问题解决方案，得到的不少是有效的创新方案。另外，STC 算子法不是为了获取问题的答案，在使用 STC 算子法时，注意不要在试验的过程中尝试猜测问题最终的答案，不可以在没有完成所有想象试验的情况下因担心系统变得复杂而提前中止。

1.4.4 小人法

小人法（或译为智慧小人法、小智人法），是指当遇到由惯性思维导致思维障碍时，可以把研究对象中的各个部分想象成一组聪明的小人来代表特定功能部件，通过能动的小人，改变各功能部件之间的相互关系，实现对结构的重新设计，实现预期的功能，并提供解决矛盾问题的思路。

下面以茶杯设计为例，介绍小人法的实施步骤。

（1）建立问题模型

首先建立问题模型：喝茶时茶叶会顺水喝入口中，需要设计一种喝不到茶叶的水杯。用小人代替系统的各个组成部分，如图 1-7 所示，长方形小人代表杯子，三角形小人代表茶叶，椭圆形小人代表水。

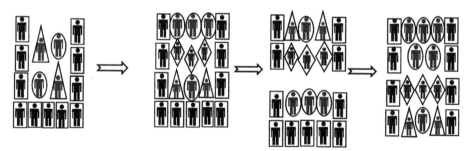

图 1-7　小人法示意图

（2）研究问题模型

其次研究问题模型：思考这组小人如何分布才能解决问题，并用图显示（该怎样）。如增加过滤网这个组件，用菱形小人表示，使原有问题模型打乱重组，将问题模型过渡到实际的技术解决方案（变成怎样）。

（3）建立方案模型

然后建立方案模型：增加过滤网这个组成部件，基本实现喝不到茶叶的目的。但该思路是常规思路，也带来新的问题：茶叶在滤网下方浸泡时间过长，对不喜欢喝浓茶的人来说还是不够方便，而且放茶叶又多了个取滤网环节。这时，可以尝试移动不同形状小人的位置，如将三角形小人移至过滤网菱形小人上方，在菱形小人下方再开个杯口，这样可以实现泡完茶后茶叶与水可以物理隔离的预期功能。

（4）模型重构设计

最后根据小人模型对结构进行重新设计：在杯子中间增加一个杯口的思路可进一步转化为在杯底增加一个杯口，水杯上下杯口分别放茶叶和加水，可以实现喝不到茶叶的目的，这样又形成一种新款式茶杯设计方案。

小人法通过移动小人，打破原有思维定式，不仅形象生动，而且更容易解决问题，获得理想解决方案。

参考文献

［1］孙永伟，谢尔盖·伊克万瑶．打开创新之门的金钥匙 I［M］．北京：科学出版社，2015.

［2］周苏，张丽娜，陈敏玲，等．创新思维与 TRIZ 创新方法［M］．2 版．北京：清华大学出版社，2018.

［3］金锄头文库．创新思维与创新技法［EB/OL］．（2018-07-20）［2023-04-27］．https：//www．jinchutou．com/p-49033589．html？fs＝1.

2 因果链分析

90%的问题在于定义问题是什么。工程师面临的大多是劣构问题而不是良构问题。识别和阐明问题经常是主要的和最困难的任务。在技术系统中（特别是在复杂的技术系统中），需要解决的实际问题通常并不是显而易见的，这个主要问题往往被比它更明显的次要问题或其他方面所掩盖。例如，物体加工的质量总是达不到要求，这是由很多因素导致的，我们如果不加以分析，就会觉得无从下手。是从设备精度上着手，还是从人员技能上着手，抑或是从工艺手段上着手？这些都需要我们把问题分析清楚，总之就是反复问，直到我们得到答案。

还有一种情况，即可能不存在什么问题，但是我们想要提高效率或质量，这时我们可以认为有一个目标，然后同样需要分析该目标，再研究如何逐步达成目标。

因果关系是普遍的和必然的，任何现象都是由一定的原因引发的，而当原因和一切必要条件都存在时，结果就必会产生。这就是我们常说的"有果必有因，有因必有果"。

2.1 常见的因果链分析方法

2.1.1 5W 和 5W1H 分析法

五个"为什么"分析，或称 5W（5Why）分析法，是一种诊断性技术，被用来识别和说明因果关系链。其核心就是不断提问为什么前一个事件会发生，直到回答"没有好的理由"或直到一个新的故障式被发现时才停止提问，使思维不断深化和科学化。

还有一种分析法与它类似，称为 5W1H 分析法，也叫六何（六问）分析法。该方法对任何选定的项目、工序或作业，都要从原因（何因，Why）、对象（何事，What）、地点（何地，Where）、时间（何时，When）、人员（何人，Who）、方法（何法，How）六个方面提出问题并进行思考，如下：

谁（什么东西）有问题？

问题似乎是什么？（表现为什么？表面问题是什么？尝试用 TRIZ 说明矛盾）

问题何时出现？

问题在何处出现？（为什么在那里出现？是否会在别处出现？"在哪里"的问题是识别物理矛盾可否用空间分离原理来解决的线索）

为什么问题会出现？（导致问题出现的原因是什么？思考问题的根本原因和影响）

问题怎样出现？问题怎样能解决？

例如，丰田汽车公司前副社长大野耐一先生见到一条生产线的机器经常停转，修过多次仍不见好转。

问："为什么机器停了？"

答："保险丝断了。"

问："为什么保险丝断了？"

答："因为超过了负荷。"

问："为什么超负荷呢？"

答："因为轴承的润滑不够。"

问："为什么润滑不够？"

答："因为润滑泵吸不上油来。"

问："为什么吸不上油来？"

答："因为油泵轴磨损、松动了。"

问："为什么磨损了呢？"

答："因为油泵没有安装过滤器，油中混进了铁屑等杂质。"

最终的解决办法是在油泵轴上安装过滤器。需要注意的是，提问一定要不断深入，不能在原地打转。

2.1.2　FMEA（失效模式及影响分析）

FMEA（failure mode and effect analysis）是一种可靠性设计的重要方法。它实际上是 FMA（故障模式分析）和 FEA（故障影响分析）组合。它通过对各种可能的风险进行评价、分析，以便在现有技术的基础上消除这些风险或将这些风险减小到可接受的水平。

20 世纪 50 年代，美国格鲁曼公司开发了 FMEA，用于飞机制造业的发动机故障防范。20 世纪 60 年代，美国航空及太空总署（NASA）实施阿波罗登月计划时，在合同中明确要求实施 FMEA。

要达到风险分析的基本目的，就要清楚：

①何种情况会产生故障？

②如果产生了故障会发生什么事情？并连锁发生什么事情？

FMEA 的意义在于把侧重事后处理转变为侧重事前预防，表 2-1 是两种分析方法之间的对比。

表 2-1　传统方法与 FMEA 的对比

传统方法	FMEA
问题的解决	防止问题的发生
对浪费的监视	消除浪费
可靠性的量化	消除不可靠性

2.1.3　鱼骨图

鱼骨图是一个非定量的工具，它可以帮助人们找出引起问题（最终问题陈述所描述的问题）潜在的根本原因。鱼骨图分析模型如图 2-1 所示。

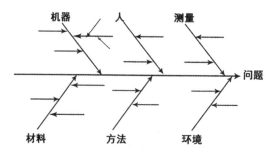

图 2-1　鱼骨图分析模型

使用鱼骨图进行原因分析时应遵循以下步骤：

①确定主干骨和鱼头，鱼头表示需要解决的问题。

②画出 6 条支线骨，支线骨与主干骨呈 60°角，分别表示问题分析的 6 个方面，6 条支线骨分别为人（man）、机器（machine）、材料（material）、方法（method）、环境（environment）以及测量（measurement），即"5M1E"。

③运用头脑风暴等方法尽可能地找出每个面的所有可能原因，并去除重复和无意义的内容。

④对找出的各项原因进行分类、整理，确定前因后果和从属关系，选取重要因素。

⑤按照因果关系顺序，依次画出支线骨中的大骨、小骨，分别填写原因，并对重要的原因做出标识。

2.1.4　因果矩阵分析

因果矩阵是在鱼骨图的基础上，以矩阵的形式处理一些鱼骨图不方便处理的复杂问题的分析工具。该工具可用矩阵表示多维度数，以便进行高维度的计算。

其绘制步骤如下：

①在矩阵图的上方填入过程输出缺陷的形式或关键过程输出变量。

②确定每个输出特性或缺陷形式的重要度，并给定其权重（一般用 1～10 数字表示，10 代表的重要程度最高）。

③在矩阵图的左侧，列出输入变量或所有可能的影响因素。

④评价每个输入变量或影响因素与各个输出变量或缺陷的相关关系。矩阵图中的单元格用于表明该行对应的输入变量的相关程度，一般将这种相关程度分为四类，并按照相关程度的高低自行赋分。

⑤评价输入变量或影响因素的重要度，将每个输入变量对应的相关程度得分值乘以该输入变量对应的输出变量的权重数，然后将每一行的乘积加起来，其结果代表了该输入变量或影响因素的权重。以输出变量颜料为例：$10 \times 9 + 8 \times 3 = 114$。

⑥考察每个输入变量或影响因素的权重数，权重较高的将是项目重点关注的对象。表 2-2 为一个因果分析矩阵的应用示例。

表 2-2　因果矩阵分析表应用示例

序号		1	2	3	4	5	该输入变量的总重要度
输出变量		颜色	外观形状	尺寸	力学性能	表面质量	
对产品质量影响（权重）		10	8	5	5	3	
输入变量	领料	◎	○				114
	下料	○	○				48
	清洗	◎			◎	◎	162
	预制准备	◎		○	◎		150
	预制过程					○	9
	再清洗	◎				△	93

注：图中◎为9分，○为3分，△为1分。

2.1.5　故障树分析

故障树分析是一种特殊的倒立树状逻辑因果关系图，它用事件符号、逻辑门符号和转移符号来描述系统中各种事件之间的因果关系。逻辑门的输入事件是输出事件的"因"，输出事件是输入事件的"果"，其基本流程如下。

①熟悉系统：要详细了解系统状态及各种参数，绘出工艺流程图或布置图。

②调查事故：收集事故案例，进行事故统计，设想给定系统可能发生的事故。

③确定重要事件：对所调查的事故进行全面分析，从中找出后果严重且较易发生的事故作为重要事件。

④确定目标值：根据经验教训和事故案例，经统计分析后，求解事故发生的概率（频率），以此作为要控制的事故目标值。

⑤调查原因事件：调查与事故有关的所有原因和各种因素。

⑥画出故障树：从重要事件起，逐级找出直接原因的事件，直至所要分析的深度，按其逻辑关系，画出故障树。

⑦分析：按故障树结构进行简化，确定各基本事件的结构重要度。

⑧确定事故发生概率：确定所有事故发生的概率，标在故障树上，并进而求出重要事件发生的概率。

⑨比较：对可维修系统和不可维修系统行讨论与比较。

⑩分析：针对上述 9 个步骤，可视具体问题灵活掌握分析，如果故障树规模很大，可借助计算机进行。目前我国故障树分析一般都考虑到第 7 步进行定性分析为止，也能取得较好的效果。

2.2 TRIZ 因果链分析定义

因果链分析是现代 TRIZ 理论中分析问题的一个重要工具，它可以帮助我们进行更加深入的分析，找到潜藏在工程系统中深层的原因，建立起初始缺点与各个底层缺点的逻辑关系，找到更多解决问题的突破口。

因果链分析是全面识别工程系统缺点的分析工具，与功能分析工具不同的是，因果链分析可以挖掘隐藏于初始缺点背后的各种缺点。对于每一个初始缺点，通过多次问"为什么"，就可以得到一系列的原因，将这些原因连接起来，就像一条条的链条，因此被称为因果链。随着不断的追问，可能会发现找到的原因背后还有其他的因素在起作用，一直向下追寻，直到物理、化学、生物或者几何等领域的极限为终点。

2.3 缺点的类别

因果链是由一个个由逻辑因果关系的缺点连接而成的链条，其中每一个缺点都是其前面缺点造成的结果，同时，它又是造成后面缺点的原因。缺点包括初始缺点、中间缺点和末端缺点。我们可以将缺点文字描述用矩形框框起，用有向箭头连线连接上下两层缺点。箭头指向结果，采用图形化表述方式表示因果链，因果链起始于初始缺点，终结于被发现的末端缺点，在初始缺点和末端缺点之间是中间缺点，绘制因果链，首先要注意缺点分类的几个概念。

初始缺点：初始缺点是由项目的目标决定的，一般来说是项目目标的反面，如果我们项目的目标是降低成本，那么初始缺点就是成本过高。

中间缺点：中间缺点是指处于初始缺点和末端缺点之间的缺点，它是上一层级缺点的原因，又是下一层级缺点造成的结果。值得注意的是，同级缺点之间有"Or"（或）和"And"（和）两种关系，要根据情况进行选择。And 运算符是指上一层级的缺点是由下一层级的几个缺点共同作用的结果，即下一层级的几个缺点相互依赖，缺少任何一个缺点，上一层级的缺点都不会发生，这样只需要解决其中的任何一个缺点就可以将上一层级的缺点解决。Or 运算符是指上一层级的缺点可由下一层级几个缺点中的任何一个单独作用导致，即本层级上的缺点相互独立，必须将所有的缺点都解决掉才能够将上一层级的缺点解决。

末端缺点：理论上说，因果链分析可以是无穷无尽的，但当我们在进行具体项目的时候，无穷无尽地挖掘下去是没有意义的，因此需要有一个终点，这个终点也就是末端缺点。

关键缺点：人们解决问题的时候，往往会尝试从最底层的缺点入手，这样做的好处是，解决问题最为彻底，最底层的缺点（末端缺点）解决了，那么由它所引起的一系列问题都会迎刃而解。但有时候末端缺点并不一定很容易解决，其实也可以从某个中间缺点入手解决问题。经过因果链分析后得到的初始缺点、中间缺点以及末端缺点很多，但并不是每一个缺点都是可以解决的。那些经过精心选择需要进一步解决的缺点就是关键缺点，从因果链中挑选出关键缺点，关键缺点所对应的需要解决的问题就是关键问题。

例如，人对于较大静电能量会有疼痛的感觉，因而静电消除的因果链分析可以表示为图 2-2。

对于防止静电放电损伤，从图 2-2 所示的末端缺点入手，可以想到以下措施：减少摩擦、少穿羊毛类毛衣、控制空气温湿度、在操作时佩戴静电手环、设置良好接地导线，等等。

2.4 因果链分析的步骤

①列出项目目标的反面，或者根据项目的实际情况，列出需要解决的初始缺点；

②根据寻找中间缺点的规则，对每一个缺点逐级列出造成本层缺点所有的直接原因；

③将同一层级的缺点用 And 或 Or 运算符连接起来；

④重复第 2、3 步，依次继续查找造成本层缺点的下一层直接原因（中间缺点），直到末端缺点；

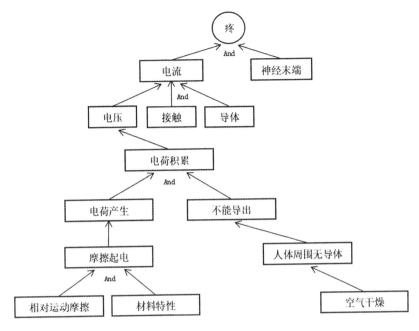

图 2-2　静电消除的因果链

⑤检查前面分析问题的工具所寻找出来的功能缺点及流缺点是否全部包含在因果链中，不在因果链中的，有可能是被遗漏了，需要进一步判断是否需要添加，如果有必要，则添加，如果没必要添加，即与初始缺点不相关，则需有充分的理由；

⑥根据项目的实际情况确定关键缺点；

⑦将关键缺点转化为关键问题，然后寻找可能的解决方案；

⑧从各个关键问题出发，挖掘可能存在的矛盾。

如图 2-3 所示，一个问题（如空调送风距离近）可能有多个关键缺点，我们可以从中选择合适的关键缺点作为突破口。

总之，因果分析可以从两个方向展开：向着求"因"的方向，由现在分析过去；向着求"果"的方向，由现在分析未来。目的是梳理问题中隐含的逻辑链及其形成机制，找出问题产生的根本原因，预测未来可能出现的故障。从梳理出的逻辑链条及其形成机制中找出解决问题的所有可能的"突破点"，从所有可能的突破点中找出"最优"的突破点。寻找链条中最薄弱点、最易控制点，在难以控制关键原因时，退而求其次，选择次优薄弱点、次优易控制点攻克目标问题。

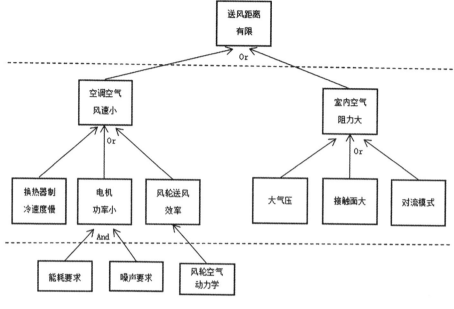

图 2-3 关键缺点列举

注意事项:

(1) 注意因果关系之间的逻辑关系

在分析问题的过程中,一般一个结果可能由多个原因造成,这些同级别原因有不同的关系:一类是"And(和)"关系(表 2-3),即多个原因同时存在,才会导致结果;另一类为"Or(或)"关系(表 2-4),即多个原因只要一个存在,就会导致结果。

表 2-3 "And(和)"关系

逻辑关系	说明
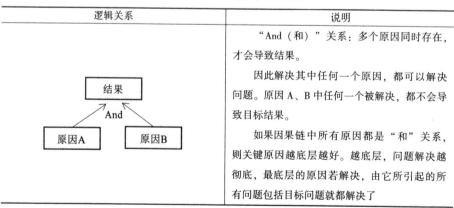	"And(和)"关系:多个原因同时存在,才会导致结果。 因此解决其中任何一个原因,都可以解决问题。原因 A、B 中任何一个被解决,都不会导致目标结果。 如果因果链中所有原因都是"和"关系,则关键原因越底层越好。越底层,问题解决越彻底,最底层的原因若解决,由它所引起的所有问题包括目标问题就都解决了

表 2-4 "Or（或）"关系

逻辑关系	说明
结果 ↑ 原因A	仅有一个原因导致结果
结果 ↑ Or 原因A 原因B	"Or（或）"关系：多个原因只要一个存在，就会导致结果。如果因果链中所有原因都是或关系，则确定关键原因时，越上层越好。如果从底层着手，即使解决了底层原因，也不一定解决目标问题

（2）注意因果关系之间的分析与表述

通常在分析因果关系时，需要注意因果关系的成立是由于单个或多个参数发生了改变而导致结果的发生，如质量的大小、力的强弱、时间的长短、温度的高低、形状的变化、位置的变更等。分析过程中尽可能地应用参数的变化来表述原因。层层剖析，寻找直接原因，避免跳跃。因果链中的原因可能被确定为需要解决的问题，如果跳跃过大，可能会失掉大量解决问题的机会。

比如，在端热水水杯时，手被水杯烫伤。我们不能直接将手被烫伤的原因归结为水的温度高。如图 2-4 这样分解，才是比较完整地分析完因果链。

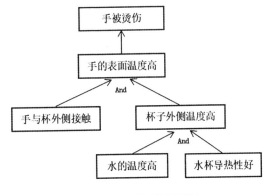

图 2-4 手被烫伤因果链

（3）注意确定根本原因

在抽丝破茧的层层分析过程中，当碰到如下条件，可以结束分析：

①当不能继续找到下一层的原因时；

②当达到自然现象时；

③当达到物理、化学、生物或几何等领域的极限时；

④当达到制度/法规/行业标准/权利/成本/人等极限时；

⑤根据项目情况，继续深挖下去变得与本项目无关时。

（4）注意识别关键原因

因果链分析完成后，需要识别关键原因。这时需要结合问题特征和相关领域知识进行甄选，寻找链条中最薄弱点、最易控制点，优先在 And 关系的同级缺点中找，在难以控制关键原因时退而求其次，选择次优薄弱点、次优易控制点攻克目标问题，抓主要矛盾，解决主要问题，否则退而求其次。如果能够从根本原因上解决问题，确定根本原因为关键原因；如果根本原因不可能改变或控制，那么沿因果链从根本原因向问题方向逐个检查原因节点，找到第一个可以改变或控制的原因节点，确定为关键原因。

比如，水杯不好更换，可以尝试改善手与水杯外侧接触的点，即在手与水杯之间增加一层隔离：在水杯外围套一层纸杯；带隔热手套端水杯；水杯放在碟子中，端碟子而不是端水杯；等等。

2.5　案例分析

【案例 1】手被烫伤

在端盛满热水的金属杯时，手被水杯烫伤（图 2-5）。

手的表面温度高的原因分析：因为手与水杯外侧接触，并且杯子外侧温度高，热量传递到手的表面，导致手的表面温度高。

杯子外侧温度高的原因分析：因为水的温度高，并且杯壁导热性好，热量传递到杯子外侧，导致杯子外侧温度高。

水杯导热性好的原因分析：因为杯壁太薄且杯子材料导热性好。

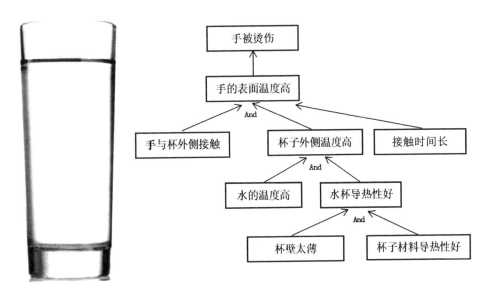

图 2-5　案例一的因果链分析图

【案例 2】 PLC 控制系统故障的原因

PLC 控制系统分为输入回路、CPU、输出回路、通信等几部分。在更高级的 PLC 控制系统中，输入回路还可能包括传感检测部分。除了 DI/DO 数字量输入输出信号外，可能还存在模拟量信号的输入和输出处理部分或者包括通信模板和上位机监控设备。控制设备、组件较多，逻辑关系就相对复杂。各外围设备、组件及 PLC 在生产过程中都可能产生故障或错误动作，对各种故障如何及时、准确地检测、显示和报警，是设计控制系统的工程人员必须要充分考虑和引起重视的问题。于维修维护人员而言，要想准确、快速地检查和排除故障，需要对 PLC 控制系统非常了解。下面就以 "S7-200PLC 控制三相异步电动机驱动传送带" 系统 "电机不转" 故障为例，学习绘制因果链。

①问题背景。某企业生产线的多段输送由三相异步电动机驱动，系统的启停由一台西门子 PLC CPU224CN 控制，某次出现输送带不转动现象。

②寻找初始缺点。由项目目标决定，初始缺点应为 "输送带不转动"。

③寻找中间缺点。导致系统不运行的直接原因可能是电机不旋转、输送带卡死、输送带和滚筒之间打滑等。

④确定相互关系。电机不旋转、输送带卡死、输送带和滚筒间打滑，应是 "And（和）" 关系。

⑤重复第③④步，建立起最终如图 2-6 所示的因果链分析图。

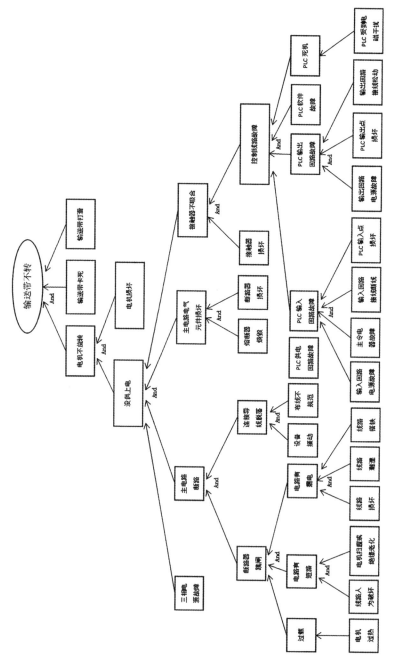

图2-6 输送带不转因果链分析图

⑥检查功能分析中可能的缺点是否被全部包括。功能模型和因果链分析图并不是唯一的，只要合理，利于剖析透彻系统功能结构和关键问题就好。

⑦确定关键缺点。此步骤需要根据实际情况来确定。本例经分析，将"电机绝缘老化""PLC 输出回路接线断线""PLC 受到电磁干扰"等作为关键缺点，那么相应的关键问题就变成了"如何延缓电机绝缘老化速度""如何避免 PLC 输出回路接线松动""如何避免 PLC 受到电磁干扰"。

⑧将关键缺点转化为关键问题，并寻找可能的解决方案。我们可对关键问题提出初步解决方案。

a. 关键问题"如何延缓电机绝缘老化速度"。我们研究影响电机绝缘老化的因素，可以先查阅资料，再做因果分析。影响电机绝缘老化的主要原因是热老化。老化的主要原因是电机负荷过重、启动频繁。可以采取的解决方案是加装电流表进行监视，电机工作电流超过电机额定电流时，注意控制负荷或者加装电机保护装置，如出现过载、过流、缺相、堵转等问题，使电源及时跳闸，保护电机。

b. 关键问题"如何避免 PLC 输出回路接线松动"。此类故障往往在 PLC 工作一段时间后随着设备动作的频率出现，具体是使用中的振动加剧或机械寿命等原因。具体解决方案是使用合适冷压端子接线方式。

c. 关键问题"如何避免 PLC 受到电磁干扰"。进一步因果分析如图 2-7 所示，如果是强电干扰，解决方案是 PLC 本机和 I/O 系统电源均加装隔离变压器或电源滤波器。如果是信号干扰，则对 PLC 的输出采用中间继电器进行信号隔离。注意，走线时不能将 PLC 的 I/O 线和大功率线走同一个线槽；不同的信号线尽量不用同一个插接件转接；不能将 PLC 与高压电器安装在同一个开关柜内，同一个柜子内的电感性负载，比如接触器的线圈，要并联 RC 消弧电路。

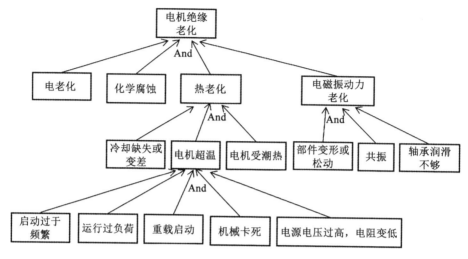

图 2-7 电机绝缘老化因果链分析

参考文献

［1］因果（链）分析［EB/OL］.（2019-07-04）［2023-04-27］. https：//max. book 118. com/html/2019/0704/6242011113002043. shtm.

［2］刘玉东 . 事件根本原因分析过程的组织管理探讨［J］. 科技创新导报，2014，11 （7）：177-180.

［3］韩博 . 现代 TRIZ 理论中因果链分析应用研究［J］. 科技创新与品牌，2016（3）： 47-49.

3 组件的功能分析

3.1 功能的概念

20 世纪 40 年代，价值工程理论的创始人、美国通用电气公司的工程师迈尔斯首先关注了功能的概念。迈尔斯认为，顾客买的不是产品本身，而是产品的功能。例如，冰箱有满足人们"冷藏食品"需求的属性，起重机有帮助人们"移动物体"的属性……因此，企业实际上生产的是产品的功能，用户购买的实际上也是产品的功能，功能是产品存在的目的。从系统科学的观点来看，功能是系统存在的理由，是系统的外在表现，功能是结构的抽象，结构是功能的载体。

功能（function，有人译为作用）是指某组件（子系统、功能主体）改变或保持另一组件（子系统、功能对象）的某个参数（parameter）的行为或作用（action）。

对于这个概念，有以下几个要点需要注意：

①功能载体以及对象都必须是实体，不能是虚拟的物质或者参数，因为根据定义，功能的载体和对象都必须是组件。

②功能必须"改变或保持"对象的"某个参数"，因此功能是种"客观存在"并"产生了影响"的行为或作用，未发生的、推测或想象的行为或作用都不是功能；此外，没有效果的行为或作用，即没有"改变或保持"对象的"某个参数"的行为或作用，不算功能。以人靠在墙上站立为例，墙改变了人的状态，不然人会摔倒，此时墙对人有支撑的功能，但如果人仅仅是贴墙站着，墙没有改变人的状态，此时墙对人没有功能。

在 TRIZ 中，功能是对产品或技术系统特定工作能力抽象化的描述，任何产品都具有特定的功能，功能是产品存在的理由，产品是功能的载体，功能附属于产品，又不等同于产品。

根据功能的定义，功能一般用 SVOP 的形式来规范，其中 S（subject，也称为工具、功能主体，简称 S）表示技术系统或功能载体名称，V（verb，简称 V）表示施加的动作；O（object，也称为对象、产品、功能受体，简称 O）表示作用对象；P（parameter）表示作用对象"被改变或保持的"参数。SVOP 定义法如图 3-1 所示。在 S（技术系统或功能载体）不言自明的情况下，可以将功能定义为 VOP 的简化形式。在 SVOP 中，施加的动作尽量用抽象的词表达，避免使用专业术语和直觉表达。

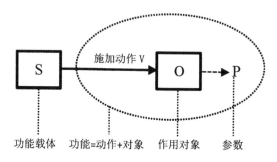

图 3-1 系统功能的 SVOP 定义法示意图

TRIZ 的功能定义采用抽象方式表达的价值在于，通过这种广义定义的方法来产生更多和更灵活的想法。功能定义越抽象，引发的构想就会越多。直觉表达其实描述的不是功能，而是功能执行的结果，直觉表达和抽象表达的区别如表 3-1 所示，常用的功能抽象定义的动词如表 3-2 所示。在利用 TRIZ 工具解决问题时，若将问题通过功能的语言来描述，将会极大地简化解决问题的过程，拓宽思路。

表 3-1 直觉表达与抽象表达定义的系统功能

技术系统	直觉表达	抽象表达（省略功能载体的规范性表达 VOP）
电吹风机	吹干头发	减少水分（的）数量
电风扇	凉爽身体	改变空气（的）位移
放大镜	放大目标物	改变光线（的）方向

表 3-2 常用功能抽象定义动词表

功能动词	功能动词	功能动词	功能动词
吸收	分解	加热	阻止
聚集	沉淀	支撑	加工
装配（组装）	破坏	告知	保护
弯曲	检测	连接	移除
拆解	干燥	定位	旋转
相变	嵌插	混合	分离
清洁	浸蚀	移动	振动
凝结	蒸发	定向	固定
冷却	析取	擦亮	传递
腐蚀	煮沸	防护	……

换句话说，功能是一个组件执行的动作，这个动作用来改变或保持另一个组件的参数。功能存在条件三要素：

一是功能载体和功能的作用对象都是组件（例如：物质或"物质和场的结合"）；

二是功能载体作用于功能的作用对象（有接触）；

三是功能接受对象的参数被改变（或保持）。

3.2 功能的分类

功能的分类主要是按照性能来分。按照组件在系统中起的作用的好坏，我们将功能分为有用功能和有害功能（图 3-2）。

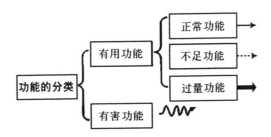

图 3-2 功能的分类及图形化符号

有害功能（harmful function，用 H 表示）：指功能载体对功能对象的作用是在不想要的方向改变功能对象的参数，它的特点是"不改善"甚至"恶化"参数。

有用功能：指功能载体对功能对象的作用按照期望的方向改变功能对象的参数，它的特点是"改善"参数。

有用功能按照它的**性能水平**（performance Level）来分，又可以有以下分类：

如果一个有用功能的水平达到了我们的期望，与我们的期望值相符，则我们称这个功能是**正常功能**（normal level，有时用 N 表示）；

如果一个有用功能所达到的水平低于我们的期望值，则我们称这个功能是**不足功能**（insufficient level，I）；

如果一个有用功能所达到的水平高于我们的期望值，则我们称这个功能是**过量（过度）功能**（excessive level，E）。

如果工程系统中的某个组件的某个功能是有用的，根据功能的作用对象的不同，还可以将其做如下分类：

基本功能（basic function，用 B 表示）；

辅助功能（auxiliary function，用 Ax 表示）；

附加功能（additional function，用 Ad 表示）。

这三者的区别在于功能的对象。

如果功能的对象是系统的目标，则这个功能是**基本功能**。

如果功能的对象是超系统的组件，但不是目标，则我们称这个功能是**附加功能**。

如果功能的对象是系统中的其他组件，则我们称这个功能是**辅助功能**。

3.3 功能分析的步骤

功能分析是 TRIZ 理论中问题分析的起点，是识别系统及超系统组件的功能、特性以及成本的一种分析工具。通过功能分析，我们可以学习并理解系统如何运行（明晰系统中的组件及各组件间的具体关系），定义并排列所有系统组件的功能，定义组件的问题级别并进行排序。

功能分析过程中有几个关键概念。首先是**系统和超系统**。TRIZ 中系统和超系统的级别是相对的，由我们的研究目的来确定，比如我们研究车轮时，车轮就是技术系统（本工程系统），而自行车相对于车轮来说就是超系统。

其次是**组件**。组件是指技术系统或超系统的某一组成对象，组件只能是物质、场（电场、磁场、热场等）、物质与场的集合体。

再次是**相互作用**。相互作用的概念非常简单，组件之间有接触（包括有场的作用）就视为有相互作用。

最后是**功能**。功能是指一个组件改变或保持另一个组件某个参数的行为。

功能分析包括三步（图3-3）：组件分析、相互作用分析、功能模型。

组件分析是识别和区分系统及其超系统中的组件；

相互作用分析是识别各个组件之间的相互作用，为后续的功能建模打下基础；

功能模型是在前两步的基础上，识别和评估组件表现的功能及表现级别，建立**表式功能模型**和**图式功能模型**。

图3-3 功能分析的三步骤

3.3.1 组件分析

组件分析是指识别技术系统和它的超系统组件，在进行组件分析时要创建组件的层次结构，选择合适的层次级别，见图3-4。

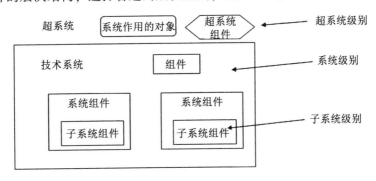

图3-4 组件分析

需要注意，层次选择要以项目的目标和限制为依据，阶梯层次太低则增加分析的难度；阶梯层次太高则会产生信息量不足的问题，在同一阶梯层次上选择要用的组件，把类似的一些组件作为一个组件对待，组件若要做更详细的分析，在更低的阶梯层次上再做组件分析。

例如，近视眼镜的组件分析见表3-3。

表 3-3　近视眼镜组件分析

技术系统	主要功能	组件	子组件	超系统组件
近视眼镜	折射光线	镜片 镜框 镜腿	金属杆 塑料套	鼻子 耳朵 眼睛 光线

3.3.2　相互作用分析

相互作用分析是功能分析的一部分，用于识别技术系统各组件之间以及与超系统各组件之间的相互作用。相互作用分为物质作用（接触）和场作用。

相互作用矩阵是用来识别分析技术系统和它的超系统组件间相互作用的表格。

相互作用分析的步骤如下。

①在矩阵第一行中列出组件分析中所得到的组件，在第一列中也列出组件分析中的组件，排列顺序要完全相同。

②两两分析组件，看两者有无相互作用，即接触，如果有相互作用，则在矩阵单元中写上"+"标记，如果没有相互作用，则以"-"标记。

③重复以上操作，直到将所有矩阵表格填满，自左上到右下对角线上的单元除外。

④如果发现其中某个组件与其他任何组件都没有相互作用，则需要进行重新检查。如果确定该组件与任何其他组件均无相互作用，则说明这个组件不会有功能，将这个组件去掉就可以了。

相互作用分析的目标是识别技术系统组件及超系统组件间所有的相互作用，相互作用分析的结果记录在相互作用矩阵中，矩阵提供了任何一个组件与其他组件（技术系统的或超系统的）相互作用的信息，例如表3-4为热交换器相互作用分析矩阵。

显然，矩阵图以左上角到右下角的对角线分成的两个部分是对称的。这一点可用于查找是否存在填写错误。

表 3-4 热交换器相互作用分析矩阵

组件	壳体	端堵	管道	管道支撑	补偿装置	高温介质	冷却介质	空气
壳体		+	−	−	+	+		+
端堵	+		+	−	+	−		+
管道	−	+		+	−	+	+	
管道支撑	−	−	+		−	+		−
补偿装置	+	+	−	−		−		
高温介质	+	−	+	+	−			
冷却介质	−	−	+		−			
空气	+	+		−		+		−

3.3.3 功能建模

功能建模是功能分析的一个阶段，在此阶段建立分析工程系统的功能模型。功能模型描述了系统和超系统组件的功能、功能等级、性能水平及成本。表 3-5 为功能分析表的模板。

功能等级分为：基本功能 basic function/辅助功能 auxiliary function/附加功能 additional function/有害功能 harmful function，见 3.2 节；

性能水平分为：正常 normal/过量 excessive/不足 insufficient（有用功能才分这三种）。

表 3-5 中的成本部分，可以按需选择填写绝对成本或相对成本。

表 3-5 功能分析表模板

功能载体	功能名称	功能等级	性能水平	成本
功能载体 A	动词+对象 X	B/Ax/Ad/H	N/E/I	
	动词+对象 Y	B	E	0.5
功能载体 B	动词+对象 Z	H	—	0.2
......				

表 3-6 为功能模型要素代号及图例。注意过量功能用粗直线箭头表示，有害功能用弯曲线加箭头或长横向直线箭头加多条短纵向直线表示。

表 3-6　功能模型要素代号及图例

功能图形	正常功能	——→
	过量功能	**——→**
	不足功能	- - - - - - -→
	有害功能	～～～→ 或 —+++→
组件图形	系统组件	矩形框▭
	超系统组件	六边形框⬭
	目标（系统作用对象）	圆角矩形框▢

规定系统组件用矩形框表示，超系统组件用六边形框表示，目标（系统作用对象）用圆角矩形框表示。图 3-5 为热交换器的功能模型图（或称为图式功能模型、功能分析的图形化表示）。

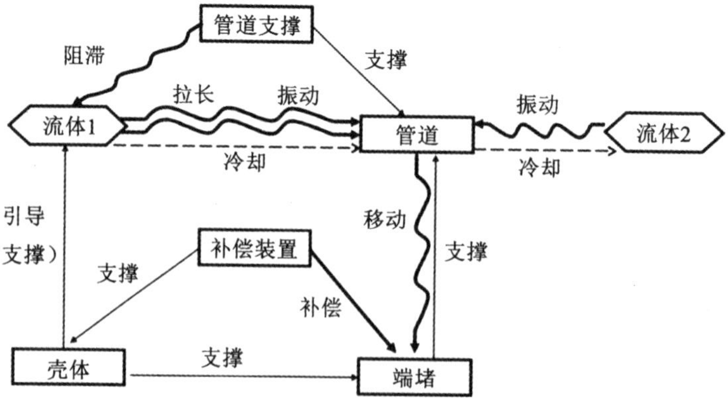

图 3-5　热交换器的功能模型图

根据表 3-5，优先选择成本高、功能少、功能不重要（基本功能重要性>辅助功能重要性>附加功能重要性）的组件进行优化。

3.4 案例分析

【案例】摩拜单车

确定工程系统：摩拜单车，见图3-6。注意它的主要功能是移动人。

首先我们来做组件分析，列出摩拜单车的各个组件。需要注意的是两个超系统组件——人和电很容易被遗漏。摩拜单车因为智能车锁中的GPS芯片等有供电需要，在设计时采用了发电花鼓作为发电系统，骑行时车轮的旋转驱动发电花鼓运转发电，并将电能储存在内置电池中。

图3-6 摩拜单车

对智能车锁子系统我们在这里不需要细分，只将其视为一个组件，见表3-7。

表3-7 摩拜单车组件分析

系统组件	超系统组件
车架	人
脚踏板	电
传动轴	
车轮	
智能车锁	
发电花鼓	
电池	
电路	

做好了组件分析之后，我们可以用相互作用分析矩阵进行相互作用分析，见表3-8。

表3-8 摩拜单车相互作用分析矩阵

组件	车架	脚踏板	传动轴	车轮	智能车锁	发电花鼓	电池	电路	电	人
车架		+	+	+	+	−	+	+	−	+
脚踏板	+		+	−	−	−	−	−		+
传动轴	+	+		+		+	−	−	−	−
车轮	+	−	+			+				
智能车锁	+	−				−	−	+	+	+
发电花鼓	−		+					+	+	
电池	+					−		+	+	
电路	+	−	−	−	+	+	+		+	−
电	−				+	+	+	+		
人	+	+	−	−	+	−				

对每个有相互作用的单元格，分析涉及的两个组件之间的功能类型，将其绘制成图，做成图式功能模型，见图3-7（图中MF指主要功能）。由图3-7可见，问题在于人驱动脚踏板的功能是不足功能，后续要想办法提高这个功能的性能水平，至此，对摩拜单车的功能分析就完成了。

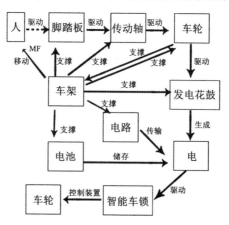

图3-7 摩拜单车图式功能模型

参考文献

［1］ 第一章 基于功能分析的精益产品设计过程模型［EB/OL］.［2023-04-27］. ht-tps：//wenku. baidu. com/view/cffaad76db38376baf1ffc4ffe4733687f21fc04. html？ _wkts_ =1683202349246

［2］ 孙冬. 电力电缆中间接头故障分析与检测研究［D］. 淄博：山东理工大学，2020.

［3］ 周杨，董阳，邓援超. 基于 TRIZ 理论全自动香菇剪脚机剪脚装置的研究［J］. 科技创业月刊，2016，29（23）：139-141.

［4］ 付敏，刘威，李萌，等. 基于技术系统进化及物场变换的功能裁剪方法［J］. 计算机集成制造系统，2021，27（11）：3259-3272.

［5］ 孟子73代. 创新思维与方法第7章 TRIZ 创新方法基础［EB/OL］.（2019-01-26）［2023-04-27］. https：//ishare. iask. sina. com. cn/f/YFCNVpPqSt. html.

［6］ 王海全，王悦. 基于 TRIZ 理论对一种烟气净化仪的创新设计［J］. 价值工程，2023，42（10）：103-105.

4 过程的功能分析

4.1 前 言

　　功能分析不仅适用于分析产品，同样适用于分析工艺过程。产品功能分析仅揭示了所分析系统内的组件和超系统组件相互之间的空间交互作用，不包含时序的信息。而过程（process，或译为工艺流程）的功能分析可以让我们对功能的时序有清晰的理解。另外，产品由物质或场构成，而工艺过程由操作组成。在工艺过程中，原料逐步变成半成品、成品，产品一直在变化，因此工艺过程难以用产品的功能分析来处理。

　　过程功能分析是一个识别和分类过程中操作功能的问题分析工具。过程是由一步步操作组成的，比如你要做一碗美味的荷包蛋方便面，你先烧水，待水开后，再放入面块、调料，然后打入一个鸡蛋，最后盛出等，整个过程是由一步一步的操作组成的。

　　在一个技术体系演化的后半期，过程创新可能比产品创新更加重要。在产品生命周期的初期，会出现大量的产品创新。随着产品变得更加成熟，产品创新的数量会急剧减少，至少在产生新的 S 曲线之前是这样的。在产品的这个阶段（生命周期的主要部分），主要通过生产过程的变革和创新来实现改进（例如通过改进工艺、材料来降低成本）。

　　应用 TRIZ 进行过程的功能分析不太容易，原因包括：过程中问题的原因通常隐藏在某个过程中，不容易查明；TRIZ 解题案例通常是产品案例；可供参考的产品生产过程专利较少。

4.2 过程功能分析的步骤

　　过程功能分析的步骤包括组件分析和功能建模。

4.2.1 组件分析

组件是指过程中包含的操作，组件分析需要识别过程中所包含的操作和它们的前后顺序。

4.2.1.1 选择合适的系统边界

首先分析所关注的问题发生在哪一个过程中，我们需要识别过程的起点和终点，以此定义系统的边界，边界内的即为系统内操作，位于之前和之后的操作称为超系统操作。有时模型中会包括这些超系统操作，从而可以让我们更好地理解所分析的过程。超系统操作一般意味着我们不能改变它。这些超系统操作还可以作为我们的资源，因为有时我们可以将某些有用功能转移给超系统操作。所以，我们进行裁剪操作时，如果要裁剪的操作所包含的有用功能无法分配出去，可以将系统边界放大一些，如尝试包括更多的超系统操作。

4.2.1.2 选择合适的组件层级

系统边界确定后，我们接下来需要列出过程中包含的操作，可参照通常的过程图，或者自己对操作拆分组合也是可以的，即根据需要可以把一个过程分为几个大的操作或多个小的操作，也就是我们可以把多个操作合并为一个操作，或把一个操作分成更小的操作。如果操作层级太高，组件太少，后续裁剪会非常困难，一般不建议超过 10 步操作，否则最终模型分析起来比较不便。通常可根据后续裁剪的需要进行调整。

4.2.2 功能建模

功能建模则是识别和评估过程中各个操作内所执行的功能、相应的成本、功能的类型和性能水平。

功能的表达方式与产品的功能分析相同，需遵循相同的规则，见表 4-1。

表 4-1 功能表达的规则

规则	功能表达的规则
1	功能的载体和功能的对象都是组件
2	功能的载体和功能的对象间存在相互作用
3	功能的载体改变或保持了功能对象的某个参数

有用功能是指对于产品的发展具有贡献的功能。有用功能根据其对最终产品改变的类型进一步分为几类。有害功能是指给产品暂时或永久引入缺陷的功能。

有用功能可以分为以下几类。

（1）生产型功能（productive function，Prd）

生产型功能是指一个对产品的参数带来不可逆转变化的有用功能。该功能带来的改变在最终产品中可以看到（保留、呈现），如"绕制金属丝"（图4-1）。

图 4-1　绕制金属丝

需要注意的是：这里不是针对整个工艺过程，而是待分析的一段工艺过程，你所分析的功能如果在所分析的工艺过程的最后可以被保留，它就属于生产型功能。我们不再关心所分析过程之后再发生什么。

（2）供给型功能（providing function，Prv）

供给型功能是指帮助其他有用功能执行的有用功能。供给型功能可进一步分为三类，如表4-2所示。

表 4-2　供给型功能的类型

序号	供给型功能的类型
1	支持功能
2	传输功能
3	测量功能

支持功能是一种暂时改变一个产品参数的供给型功能。这意味着你在最终的产品里是看不到它的。我们之所以需要暂时改变产品的参数，是为了帮

助其他功能的执行。比如，生产弹簧需要弯曲金属丝，但它强度很高，我们无法直接弄弯，我们可以先加热，再弯曲（图4-2）。在最终产品中，弹簧温度不高，这意味着我们只是暂时改变了产品的参数。支持功能是为了帮助另一个功能的执行，所以它属于供给型功能中的一类。

图4-2 弹簧热处理

传输功能是一种传输物质对象，改变其坐标的供给型功能。传输功能是第二类供给型功能，如工厂内部，在传送带上移动零件。

需要注意的是：如果工艺的主要任务就是传输物体，则此时该功能为生产型功能；如在最终产品中，无法判断金属板曾被运输过，那么操作"运输金属板"就不能定义为生产型功能，而应被定义为传输功能。

测量功能是一种提供物质对象相关参数信息的供给型功能，如温度计通知工人产品的温度（注意测量的功能是通知人）。

实践中，我们一般没有必要按照供给型功能的分类写出具体的某供给型功能，因为它们对应的裁剪规则是相同的，所以我们只需识别出哪些功能属于供给型功能即可。

（3）矫正型功能（corrective function，C）

矫正型功能是用来去除缺陷的有用功能。缺陷损害了有用功能的性能或者执行了有害的功能。例如，卷制好的弹簧需要进行热处理，之后需要冷却到适合温度才能放到淬火液中。这个操作有一个功能是"空气冷却弹簧"（移除多余的热），这是一个矫正型功能（图4-3）。

在过程的功能分析中，不同类型的功能的重要性不同，生产型功能最重要，供给型功能次之，最后是矫正型功能。其对应的功能分值依次为3分、2分、1分，据此就可以计算每一个操作的总分值。

不同功能的符号及得分如表4-3所示。

图 4-3　弹簧的冷却

表 4-3　不同类型功能的符号表示及分值

序号	功能类型	符号	分值
1	生产型功能	Prd	3
2	供给型功能	Prv	2
3	矫正型功能	C	1

之所以将功能分为生产、供给和矫正三类，是因为对于不同类型的功能的裁剪规则不同。所以，识别不同的功能类型非常重要。

提醒：功能的类型取决于我们所定义的系统，如果系统边界发生改变，功能的类型也可能改变。

如利用干法乙炔工艺制备乙炔时，反应式为：

$$CaC_2 + 2H_2O \rightarrow CH \equiv CH \uparrow + Ca(OH)_2 \downarrow$$

即电石与水反应后产物为粗乙炔气和粉末状电石灰。为了得到纯净乙炔，还需要多个工序进行净化处理。从生产乙炔的整个工艺过程看，其中一个操作是洗涤塔移除乙炔气体中的电石灰粉尘。这个操作含有的功能是移除粉尘，粉尘属于缺陷，所以该操作内的水移除粉尘的功能类型是矫正型功能。

但如果我们研究的粗乙炔气净化工艺中包括多个洗涤塔，此时洗涤塔移除电石灰粉尘的功能就属于生产型功能。可以看到，在这个范围的过程中，该功能是生产型功能。如果我们分析整个过程，则该功能是矫正型功能。所以我们需要先定义分析的范围，之后就可以确定功能的类型了。

过程功能模型可以按照表格的形式（表 4-4）或图形化的形式（图 4-4）来建立。

表 4-4 表格形式的过程功能模型

1 操作	2 功能	3 类别	4 类型	5 性能水平
XX	XXX	有用/有害	生产型/ 供给型/ 矫正型	正常/ 不足/ 过量/ 有害

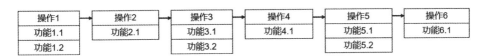

图 4-4 图形化的过程功能模型

可以看出，图形化的功能模型看起来更加直观，更便于后续的裁剪。

4.3 案例分析

【案例】香皂生产工艺

香皂生产工艺如图 4-5 所示。问题是整个工艺过程成本比较高，生产单位希望能优化工艺，降低制造成本。

图 4-5 香皂生产工艺

建立的表格形式的过程功能模型如表 4-5 所示。

表 4-5 香皂生产过程功能模型

1 操作	2 功能	3 类别	4 类型	5 性能水平
搅拌	搅拌器制作皂泥	有用	生产型	正常
挤压	压条机成型皂块	有用	生产型	正常

续表

1 操作	2 功能	3 类别	4 类型	5 性能水平
切断	切断机分割皂块	有用	供给型	正常
压模	压模机成型皂块	有用	生产型	正常
包装	包装机布置包装盒	有用	生产型	不足
传输	传送带传输成品香皂	有用	供给型	正常
检测	风扇移除包装盒	有用	矫正型	正常

参考文献

［1］ Cameron G. Trizics Teach yourself TRIZ, how to invent, innovate and solve impossible technical problems systematically, WWW. TRIZICS. COM, 2010.

［2］ Lyubomirskiy A, Litvin S, Ikovenko S. Trends of Engineering System Evolution (TESE): TRIZ Paths to Innovation ［M］. Germany, Nuremberg: Digital Print Group.

［3］ Alex Lyubomirskiy, Advanced GEN TRIZ Training (MATRIZ Level 2) ［R］. GEN TRIZ, MATRIZ Beijing Pera China Training Center, 2018.

［4］ 孙永伟, Litvin S, Gerasimov V, 等. TRIZ 打开创新之门的金钥匙 Ⅱ ［M］. 北京: 科学出版社, 2020.

［5］ Serge Ikovenko, Advanced TRIZ Training (MATRIZ Level 3) ［R］. GENS, MATRIZ Beijing Pera China Training Center, 2018 Hybridization of Value Engineering and Quality.

5 组件的裁剪

5.1 概 述

在对技术系统进行功能分析之后，我们可以对构成该系统的组件进行简单的评价：有些组件可能对其他组件产生有害影响，有些组件可能运作不良，还有一些组件可能成本过高，我们可以认为这些组件并不理想。通常，对技术系统的改进是通过改进不理想的组件来实现的。如果不理想的组件费用太高，就考虑如何降低其成本；如果其有用功能不足，就要思考如何提高其功能的性能水平；而如果其带来有害功能，TRIZ 理论告诉我们一个方法——可以考虑将该组件（装置）直接裁剪，并从现有组件中提取其有用功能来完成相应功能。这消除了组件所产生的功能障碍或成本障碍，而它所执行的有用功能仍然存在。

裁剪（剪裁）通常是在建立了一个功能模型之后进行的，这使得裁剪组件相对容易和准确。在不构建功能模型的情况下进行裁剪是危险的，因为盲目的裁剪可能造成系统失去一些有用功能，并降低整个系统的有效性。裁剪法实施的前提和关键是能够将被裁剪组件的有用功能重新分配至其他组件上。

裁剪可分为渐进式裁剪（incremental trimming）和激进式裁剪（radical trimming）。渐进式裁剪是指只裁剪系统内较少的组件数量，对系统的改进相对较少，不会造成系统有用功能的缺失，从而达到消除有害功能、简化系统以及提高系统理想化水平的目的，改进的结果往往属于渐进性创新。激进式裁剪是相对于渐进式裁剪而言的，其对系统的改进相对较大，通常会裁剪系统内大量组件（包括系统内实现基本功能的问题组件及与之相关联的组件）。激进式裁剪可使系统发生根本性变化，会导致系统有用功能缺失，其问题转化为功能求解问题。这时可以考虑用功能导向搜索、科学效应库、进化法则来寻求解决方案。与渐进式裁剪相比，激进式裁剪解决问题更彻底，裁剪后产生的新问题更加尖锐，在项目约束允许的条件下，对系统进行激进式裁剪，往往会产生突破性创新。

5.2　裁剪的定义

　　裁剪是一种分析工具，当系统需要删减某些组件时，可以同时把它的有用功能提取出来，让系统中存在的其他部分去完成这个功能，从而实现降低成本，提高系统理想度。它既消除了该部分产生的有害功能，又降低了成本，同时使所执行的有用功能依旧存在。裁剪为移除同一组件提供了多种可选方案，其中包含一系列可能的创新点。

　　在对系统组件进行裁剪之前，必须考虑五个问题：

　　①我们需要这个组件所提供的功能吗？

　　②在系统内部或系统周边，有没有其他组件可以实现该功能？

　　③现有的资源能不能实现该功能？

　　④能不能用更便宜的方法来实现该功能？

　　⑤相对于其他组件而言，该组件与其他组件是不是存在必要的装配或运动关系？

5.3　组件（装置）的裁剪规则

　　裁剪的主要目的：一是精减组件数量，降低系统的组件成本；二是优化功能结构，合理布局系统架构；三是提高功能价值，提高系统实现功能的效率；四是消除过度、有害、重复功能，提高系统理想化程度。

　　实施裁剪时要遵循三条规则，这些规则指导我们如何将被裁剪组件的有用功能进行重新分配。

　　规则A：如果裁剪掉有用功能的对象，其功能载体也可以被裁剪（图5-1）。

　　裁剪规则A较为激进，因为它要同时去掉功能对象和功能载体两个组件。

　　规则B：如果有用功能的对象本身执行有用功能，它的功能载体可以被裁剪掉（自服务），见图5-2。如种下长不高的草，则无须割草机来降低草的高度。

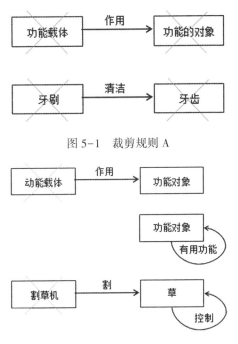

图 5-1 裁剪规则 A

图 5-2 裁剪规则 B

规则 C：技术系统或超系统中其他的组件可以完成功能载体的功能，那么功能载体可以被裁剪掉（图 5-3）。

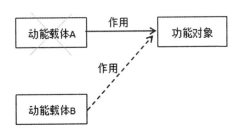

图 5-3 裁剪规则 C

例如，大疆在研发当时尺寸最小、质量最轻的御 Mini 无人机时，想裁剪掉用于给电机散热的散热风扇，经过研究，想到利用桨叶风力来代替散热风扇实现散热功能。在飞行器悬停的工况下，让悬停时桨的下旋气流在机身正下方产生的反向气流，吹向机身底部的散热器，同时留出进气和出气的风道，实现等效风机的对流散热效果。

选择裁剪对象的原则（次序、选择指南）如下：

①基于项目目标选择裁剪对象：

目标是降低成本：优选功能价值低、成本高的组件；

目标是专利规避：优选专利权利声明的相关组件；

目标是改善系统：优选有主要缺点的组件；

目标是降低系统复杂度：优选高复杂度的组件。

②选择"具有有害功能的组件"。

③选择"低价值的组件"。

④选择"提供辅助功能的组件"。

需要注意的是，以上裁剪组件的原则并不是一成不变的，要根据实际情况来具体分析确定需要裁剪的组件。

5.4 组件的裁剪步骤

①根据选择裁剪对象的原则选择要裁剪的技术系统组件。

②选择要裁剪的组件的第一个有用功能。

③选择合适的裁剪规则。

④如果选择了规则 C，需要确定新的功能载体。寻找新的功能载体的原则和次序如下：

a. 执行与要裁剪的组件相同或相似功能的组件；

b. 与要裁剪的组件的功能对象相同的组件；

c. 具有执行要裁剪的组件的功能所需物质资源和能源资源的组件。

⑤描述裁剪之后的次生问题（注意规范性）。

⑥将组件所执行的有用功能全部分析一遍，重复步骤②~⑤。

⑦为所有可能被裁剪的组件重新执行步骤①~⑥。

5.5 案例分析

【案例】 近视眼镜裁剪

近视眼镜是一种简单的矫正视力的光学器件，该系统的主要组成部分包括镜片和镜架，镜架又可分为镜框和镜腿。就其功能而言，镜片具有调节进入眼睛的光的数量和方向以及改善视力的功能，因此系统的作用对象为光线。镜架的主要功能是在人脸上起支架的作用，按照分析可以做出眼镜的功能模型图（图 5-4）。

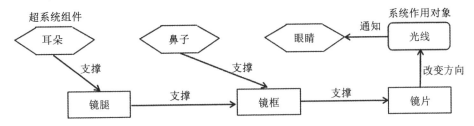

图 5-4 眼镜功能模型图

根据裁剪方法的指导原则，系统中提供最小价值补充功能的组件是镜腿，镜腿的功能是支撑框架，因此裁剪可以从镜腿开始（图 5-5）。

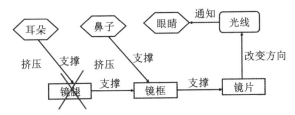

图 5-5 裁剪镜腿

根据裁剪的三条规则，逐一寻求裁剪镜腿的解决方案，若符合以下条件，镜腿可被裁剪。

规则 A：没有镜框（因此镜框不需要支撑作用）。

规则 B：镜框自我完成支撑作用。

规则 C：技术系统中其他组件完成支撑镜框作用（如镜片），或超系统组件完成支撑镜框作用（如手、眼睛等）。

选择规则 C，用超系统组件中的手来完成支撑镜框的作用，裁剪后系统的功能模型如图 5-6 所示。

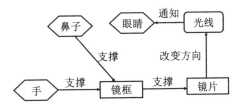

图 5-6 近视眼镜裁剪镜腿后的功能模型图

其实很早的时候就存在这种没有镜腿的眼镜了，使用时是用手来进行支撑的（图 5-7）。

图 5-7 无腿近视眼镜

继续进行眼镜这一系统的裁剪，对眼镜系统中剩余的组件镜框和镜片进行对比，镜框的功能是辅助功能，相对镜片而言价值较低，因此下一步对镜框进行裁剪（图 5-8）。

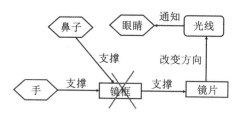

图 5-8 裁剪镜框

镜框的功能为支撑镜片。根据裁剪的原则，逐一寻求裁剪镜框的解决方案，即若符合以下条件，镜框可被裁剪。

规则 A：没有镜片（因此镜片不需要支撑作用），该方案可行，见后文。

规则 B：镜片自己完成支撑作用，该方案不可行。

规则 C：超系统组件或技术系统中其他组件完成支撑镜片的作用。

选择规则 C，用超系统组件中的眼睛来完成支撑镜片的作用（图 5-9）。

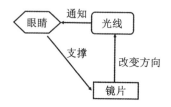

图 5-9 镜腿和镜框都被裁剪后功能模型图

很容易想到，这种眼镜就是我们现在已经比较常见的隐形眼镜。隐形眼镜是一种戴在眼球角膜上、用以矫正视力的镜片。这种眼镜不仅从外观上和便利性方面得到了很大的改善，而且视野宽阔、视物逼真。早在 1508 年，达

·芬奇就提出了把镜片直接戴在眼睛上的想法，他设想的是将玻璃罐盛满水置于角膜前，以玻璃的表面替代角膜的光学功能。

隐形眼镜（图5-10）相比框架眼镜有不少优点：它没有镜框的阻碍，对佩戴者的外观并无影响，对爱美的人士尤其是女性尤为适合。

图5-10　隐形眼镜

但是隐形眼镜亦有一些缺点，由于隐形眼镜是直接戴在角膜上的，假如镜片或双手清洗不干净，佩戴隐形眼镜便较容易引起角膜发炎等病症。那么我们再来思考一下，对眼镜的裁剪是否可以继续下去？系统中还剩下一个组件——镜片，镜片可以被裁剪掉吗？镜片的功能是改变光线的方向，使其进入眼睛（图5-11）。

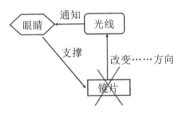

图5-11　裁剪镜片

根据裁剪的规则，逐一寻求裁剪镜片的解决方案，即若符合以下条件，镜片可被裁剪。

规则A：没有光线（光线为系统作用对象，因此该方案不可用）。

规则B：光线自我改变方向。

规则C：技术系统中其他组件完成改变光线方向的作用（已无其他眼镜组件），或超系统组件完成改变光线方向的作用（如眼睛）。

选择规则C，用超系统组件——眼睛来完成改变光线方向的作用，裁剪后系统的功能模型如图 5-12 所示。

图 5-12 近视眼镜裁剪镜腿、镜框、镜片后的功能模型图

这时，整个眼镜系统已被裁剪，眼镜不存在了，通过眼睛自身来改变光线的方向，完成调整视力的功能，这就是近视眼手术（图 5-13）。

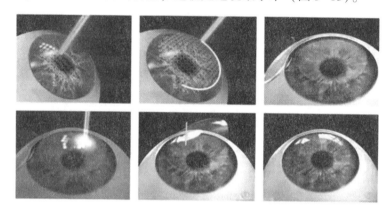

图 5-13 近视眼手术模拟图

参考文献

［1］杨伯军，冯雁霞，孙群. 基于激进式裁剪的产品突破性创新设计过程［J］. 中国机械工程. 2018, 29（9）：1025-1030.

［2］大疆创新. 御 Mini 的背后，是一群完美主义"偏执狂"［EB/OL］.（2019-12-24）［2023-06-01］. https：//store. dji. com/cn/guides/mavic-mini-researching-and-developing-story/.

6 过程的裁剪

6.1 概　述

为了改进产品或提高产品质量，除了改进设备或产品设计外，工艺过程的改进也是一个重要方向。

过程的裁剪指的是移除过程中某一个/些操作，并在剩余操作之间重新分配其有用功能的分析工具。以混凝土工程为例，将混凝土厂的操作"搅拌混凝土"裁剪掉，将"搅拌"这一有用功能分配给最初仅用于运输的混凝土车，即开发出混凝土搅拌运输车。

6.2 过程裁剪的步骤和规则

（1）过程裁剪的步骤

①寻找（识别）需要被裁剪的操作。

首先应该考虑与关键缺陷有关的操作或者引起关键缺陷的操作。

其次是含矫正型功能的操作。虽然矫正型功能是有用功能，但由于其相对重要性最低（含生产型功能的操作最重要、含供给型功能的操作次之、含矫正型功能的操作重要性最低），客户肯定不喜欢为此付出成本。

所以除了引起缺陷的操作外，按照优先级，应该依次考虑含矫正型功能的操作、含供给型功能的操作，最后是含生产型功能的操作。

②寻找到要裁剪的操作后，就可以依据如下过程裁剪的规则实施裁剪。

（2）过程裁剪的规则

①含一个生产型功能操作的裁剪规则（在以下情况下，执行生产型功能的操作可以被裁剪）。

a. 功能的对象从系统中移除（换句话说，如果功能的对象从系统中被移除了，则可以裁剪掉生产型功能操作，有的教材也称裁剪规则 A）；

b. 执行所述功能的必要性消失；

c. 所分析的功能被转移到前道或后道的操作中。

一般情况下，我们很少裁剪含有生产型功能的操作，因为它往往很难，但是如果有必要，我们也可以裁剪生产型功能操作。

②供给型功能操作的裁剪规则。

a. 需要支持的操作被裁剪；

b. 需要支持的操作发生了变化，现在不再需要任何支持；

c. 需要支持的操作本身执行了供给型功能（自服务）；

d. 该供给型功能被转移到前道或后道的操作中。

③矫正型功能操作的裁剪规则。

a. 产生缺陷的操作被移除；

b. 产生缺陷的操作发生了某种改变，它不再产生缺陷；

c. 产生缺陷的操作发生了某种改变，产生的是其他参数的缺陷，它不再构成缺陷，没有必要再矫正消除；

d. 被缺陷损害的操作被移除；

e. 被缺陷损害的操作被改变成对缺陷不再敏感，此时缺陷不再构成损害，没有必要再矫正消除缺陷；

f. 产生缺陷的操作自身能执行该矫正功能；

g. 被分析的矫正功能被转移给前道或后道的操作。

6.3 案例分析

【案例】香皂生产工艺

香皂生产过程功能模型见表 6-1。

由于"检测"操作含矫正型功能，优先选择裁剪"检测"操作。根据矫正型功能操作的裁剪规则逐一尝试。

①产生缺陷的操作被移除。由于是操作"包装"产生的缺陷，根据该裁剪规则，如果没有操作"包装"，也就不需要检测包装是否为空了，这个方向显然不现实。

②产生缺陷的操作发生了某种改变，它不再产生缺陷，意味着改进操作"包装"，包装 100% 到位，这个方向具有一定的难度。

③产生缺陷的操作发生了某种改变，产生的是其他（不重要的）参数的缺陷。它不再构成缺陷，没有必要再矫正消除，意味着如果调整操作"包装"，即使出现空盒，客户也不会投诉。假设一箱为100盒，箱上写上"99盒+可能随机中奖1盒"，如果现有技术每100盒最多产生1个空盒，则客户不会投诉。

表6-1 香皂生产过程功能模型

1 操作	2 功能	3 类别	4 类型	5 性能水平
搅拌	搅拌器制作皂泥	有用	生产型	正常
挤压	压条机成型皂块	有用	生产型	正常
切断	切断机分割皂块	有用	生产型	正常
压模	压模机成型皂块	有用	生产型	正常
包装	包装机布置包装盒	有用	生产型	不足
传输	传送带传输成品香皂	有用	供给型	正常
检测	风扇移除包装盒	有用	矫正型	正常

④被缺陷损害的操作被移除，这个方向具有一定的难度。

⑤被缺陷损害的操作被改变，变得对缺陷不再敏感。以上两条裁剪规则也显然不适用。

⑥产生缺陷的操作自己执行矫正型功能，意味着在执行操作"包装"的同时，自动移除空箱。

⑦所述矫正型功能由当前操作前道或后道的操作执行。

如考虑如何让前道操作"传输"来移除空箱。此时裁剪模型如表6-2所示。

表6-2 香皂生产过程裁剪模型（1）

1 操作	2 功能	3 类别	4 类型	5 性能水平
搅拌	搅拌器制作皂泥	有用	生产型	正常
挤压	压条机成型皂块	有用	生产型	正常
切断	切断机分割皂块	有用	生产型	正常
压模	压模机成型皂块	有用	生产型	正常

续表

1 操作	2 功能	3 类别	4 类型	5 性能水平
包装	包装机布置包装盒	有用	生产型	不足
传输	传送带传输成品香皂	有用	供给型	正常
	移除空盒	有用	矫正型	正常

裁剪问题 1：如何使"传输"操作执行"移除空盒"操作的功能？

裁剪"检测"操作后的香皂生产流程如图 6-1 所示，即将一整段传送带改为两段传送带，中间设置一个缺口，正常香皂盒可依赖惯性飞跃缺口飞到第二段传送带上。这样就能通过正常香皂盒与空盒惯性和空气阻力的差异，自动剔除空盒。

图 6-1 裁剪"检测"操作后的香皂生产流程

类似的方法还可用于其他产品的生产和检测。例如，在圆柱体药片生产中，有概率出现破损的药片，可以在旋转传输路程中设置缺口，自动剔除不圆的破损的药片。

为了降低成本，进一步选择裁剪操作"压模"。此操作为含生产型功能的操作，根据所推荐的裁剪规则逐一思考：

"裁剪规则 A：功能的对象从系统中移除"，意味着没有香皂，显然该条规则不适用；

"裁剪规则 B：执行所述功能的必要性消失"，意味着香皂整条出售，显然该条规则不适用；

"裁剪规则 C：所分析功能被转移到前道或后道的操作"，意味着如果前道操作"切断"可以同时完成成型功能，则可裁剪操作"压模"，此时裁剪模型如表 6-3 所示。

裁剪后的次生问题为：切断机如何成型皂块？我们通过头脑风暴容易想到将普通刀具改为成型刀具，方案如图 6-2 所示。

表6-3　香皂生产过程裁剪模型（2）

1 操作	2 功能	3 类别	4 类型	5 性能水平
搅拌	搅拌器制作皂泥	有用	生产型	正常
挤压	压条机成型皂块	有用	生产型	正常
切断	切断机分割皂块	有用	生产型	正常
	切断机成型皂块	有用	生产型	正常
包装	包装机布置包装盒	有用	生产型	不足
传输	传送带传输成品香皂	有用	供给型	正常
	传送带移除空盒	有用	矫正型	正常

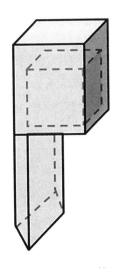

图6-2　切断成型一体刀具

参考文献

［1］ Lyubomirskiy A，Litvin S，Ikovenko S. Trends of Engineering System Evolution（TESE）：TRIZ Paths to Innovation［M］. Germany，Nuremberg：Digital Print Group.

［2］ Lyubomirskiy A. Advanced GEN TRIZ Training（MATRIZ Level 2）［R］. GEN TRIZ，MATRIZ Beijing Pera China Training Center，2018.

［3］ Gordon Cameron. Trizics Teach yourself TRIZ，how to invent，innovate and solve impossible technical problems systematically［M］. USA：CreateSpace Independent Publishing Platform，2010.

［4］ 孙永伟，Litvin S，Gerasimov V，et al. TRIZ 打开创新之门的金钥匙Ⅱ［M］. 北京：科学出版社，2020.

7 发明原理

7.1 发明原理的由来

在人类发明的历史过程中，相同或相似的发明问题以及解决这些问题的创新方法在不同时期不同领域反复出现，把解决这些问题的创新方法抽象、统计、汇总，就形成了解决创新问题常用的、通用的、跨领域的方法、措施和原则。TRIZ 理论中的发明原理包含了人类发明创新的一般原则，是对人类解决创新问题常用方法的高度概括和总结。

作为 TRIZ 理论中最广为人知的概念及术语，"发明原理"一词的俄文原意是"Приемы устранения системных（технических）противоречий"，即"消除技术矛盾的方法"。从俄文原文来看，这一术语更多是指"技法、技术、措施"。

阿奇舒勒通过研究、分析和总结大量的发明专利，提炼了 TRIZ 的 40 条最重要的通用原则，并对创新过程给予了方法论上的指导，提出揭示和遵循客观规律的方法论。40 条发明原理是 TRIZ 理论中最容易理解和掌握的原则之一，已经从传统工程领域扩展到信息技术、医学、管理、文化和教育等行业。学习和掌握 40 条发明原理对解决在生产生活中遇到的问题具有显著的启发和推动作用。

7.2 发明原理详解

表 7-1 列出了 40 条发明原理。其中，发明原理的序号和内容是一一对应的，顺序是固定的。每一条发明原理之下可能包含若干条子发明原理。

表 7-1 40 条发明原理

序号	原理名称	序号	原理名称	序号	原理名称	序号	原理名称
1	分割	11	事先防范	21	快速通过	31	多孔材料
2	抽出	12	等势性	22	变害为利	32	改变颜色
3	局部质量	13	反向作用	23	反馈	33	同质性
4	不对称	14	曲面化	24	中介物	34	抛弃与修复
5	合并	15	动态化	25	自服务	35	物理或化学参数变化
6	多用性	16	未达到或超过的作用	26	复制	36	相变
7	嵌套	17	维数变化	27	廉价替代品	37	热膨胀
8	重量补偿	18	机械振动	28	机械系统的替代	38	加强氧化
9	预先反作用	19	周期性作用	29	气动与液压结构	39	惰性环境
10	预先作用	20	有效作用的连续性	30	柔性壳体或薄膜	40	复合材料

为了便于读者阅读和记忆，下面将 40 条发明原理进行分组，每一组作为本章中的一节加以说明。具体分组如下所述：

①与结构相关的发明原理（1、3、4、5、7、14、17、24、29、30、31）；

②与时间相关的发明原理（9、10、11、15、18、19、20、21、34）；

③与能量相关的发明原理（8、12）；

④与效应相关的发明原理（28、33、35、36、37、38、39、40）；

⑤与动作相关的发明原理（2、13、16、23、25）；

⑥其他无法归类的发明原理（6、22、26、27、32）。

使用频率最高的 10 条发明原理如下：

35. 物理或化学参数变化原理

10. 预先作用原理

1. 分割原理

28. 机械系统的替代原理

2. 抽出原理

15. 动态化原理

19. 周期性作用原理

18. 机械振动原理

32. 改变颜色原理

13. 反向作用原理

可大幅度降低产品成本的 10 条发明原理如下：

1. 分割原理

2. 抽出原理

3. 局部质量原理

6. 多用性原理

10. 预先作用原理

16. 未达到或超过的作用原理

20. 有效作用的连续性原理

25. 自服务原理

26. 复制原理

27. 廉价替代品原理

日本高木芳德在《日常生活中的发明原理》一书中对发明原理设计了便于记忆的符号，见图 7-1。

7.2.1 与结构相关的发明原理

7.2.1.1 第 1 条发明原理——分割（segmentation）

（1）原理描述

将一个物体分成相互独立的部分，如：①用半挂牵引车代替大型卡车；②将一个整体的垃圾箱分为玻璃、纸、铁罐等不同材料设置的废旧物资分类回收箱。

使物体分成容易组装及拆卸的部分，如组合家具。

增加物体被分割的程度，如：①可调节式百叶窗；②用粉状焊料代替棒状焊条。

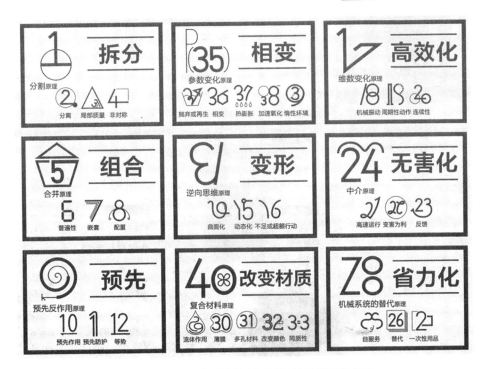

图 7-1 高木芳德设计的便于记忆的发明原理符号

（2）应用案例

案例 7-1：浮法玻璃。在传统的玻璃生产工艺中，有这样一个环节：将烧红但硬度还不是特别高的玻璃沿着输送带从一个车间输送到另一个车间。输送带通常为滚轮，在滚轮与滚轮之间的玻璃由于重力会向下弯曲，从而造成玻璃产生微小变形，极大地影响了玻璃的平面度。技术人员突破常规思维的限制，试图对滚轮进行分割，将滚轮直径无限缩小，使其呈现分子、原子状态。用融化的锡代替滚轴是一种不错的解决方案，滚轴传输线用盛满融化锡的槽子代替，使玻璃漂浮在液体上，从而有效解决了玻璃变形问题。浮法玻璃工艺流程见图 7-2。

案例 7-2：战斗机油箱。战斗机机翼油箱"小隔间"结构如图 7-3 所示。战斗机油箱并非像汽车油箱一样是一个整体，而是通过隔板和壁板分为许多个小油箱，然后散布在机身的各个角落。例如苏-35 的油箱散布在机翼。为防止机翼被击中后燃油泄漏造成起火或爆炸，油箱内装有填充物。这种填充物是由轻型惰性材料制造的多孔装置，将油箱分成无数个"小隔间"，油料存储在这些"小隔间"中，起到阻止油料自由流动的作用，不会因油料分布不均而影响飞机重心和机动性，从而比较理想地解决了飞机燃油泄漏造成起火或爆炸这一问题。

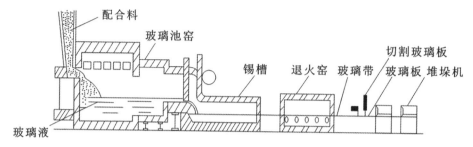

图 7-2　浮法玻璃工艺流程

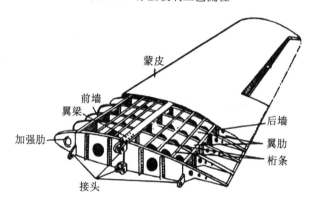

图 7-3　机翼油箱"小隔间"结构

7.2.1.2　第 3 条发明原理——局部质量（local quality）

（1）原理描述

将物体、环境或外部作用的均匀结构变成不均匀的，如：①改变钱币局部纸张厚度、纸浆纤维密度等手段实现纸币防伪；②设置局部温度不同的冰箱。

物体的不同部分应当具有不同的功能，如：①工兵铲一个侧边用于砍，另一个侧边用于锯；②带橡皮的铅笔。

物体的每一部分均应处于最有利于其工作的条件，如：①防止食物串味的多间隔保温饭盒，底部的保温盒采用全真空保温结构来保持肉的高温，顶部的保温盒采用半保温结构使青菜、凉菜处于中等温度，口感更好；②电脑桌的桌底空间可增加移动储物柜来存放物品。

（2）应用案例

案例7-3：挂胶履带车辆。履带车辆为了增加越野时的摩擦力和抓地力，在金属履带上都安装有金属凸起的"钢齿"，其在野外湿滑泥泞的道路上使用效果良好，但在水泥路面行驶时，钢齿会对路面造成巨大的破坏。为了解决这一问题，履带车辆使用挂胶履带，在保护路面的同时起到减振、降噪的作用。图7-4为使用挂胶履带的坦克。

图7-4　使用挂胶履带的坦克

案例7-4：矿井除尘。为减少矿井中的粉尘，喷水装置同时向采掘机和运煤机喷洒水雾。水雾越细，防尘效果越好。但太细的水雾会阻碍工作，为解决这一问题，可在细雾外加一束较粗水雾。

7.2.1.3　第4条发明原理——不对称（asymmetry）

（1）原理描述

将对称物体变为不对称的，如：①为改善密封性，气缸密封圈的界面由圆形改进为椭圆形；②为提高焊接强度，将焊点由原来的椭圆形改为不规则形状。

增加不对称物体的不对称程度，如：①建筑上多重坡屋顶增强防水保温性；②防止插错的防呆设计，某些插头是类似圆的椭圆形或类似长方形的梯形，在暴力插入不对称的插口时也能被硬插进去，进而造成故障，因此可以将其与插口的不对称程度增加，以免插错。

（2）应用案例

案例 7-5：非对称形状漏斗。通常漏斗的出水孔位于漏斗的正下方，漏斗中的液体在下泻的过程中容易形成漩涡，漩涡产生的空洞会占据漏斗出水孔很大的位置。如果把出水孔设计成非对称形状，出水孔放在漏斗的侧面，下泻的效率会极大提高。图 7-5 为非对称形状的漏斗。

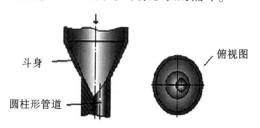

图 7-5　非对称形状的漏斗

7.2.1.4　第 5 条发明原理——合并（consolidation）

（1）原理描述

在空间上将相似的物体连接在一起，使其完成并行的操作，如：①蟹立爪装载机利用蟹爪和立爪联合扒取岩石；②工厂操作台将多台设备的操作组合在一起。

在时间上合并相似或相连的操作，如：①具有保护根部功能的草坪割草机；②预先制造的配件。

（2）应用案例

案例 7-6：血细胞分析仪。血细胞分析仪可同时对血细胞计数、白细胞分类和血红蛋白含量多个血液参数进行分析。

案例 7-7：自吸水保温烧水壶（图 7-6）。传统烧水壶要求手动蓄水后加热烧开，自吸水保温烧水壶具有免开盖机构、可自动旋转的加水柱和底座机构，加水时不用人为掀盖，通过按动底座机构上的控制按键，即可使加水柱自动旋转，随后壶盖重力上水装置利用水流重力原理，在加水时自动打开，从而使加水、烧水动作并行，避免人手被壶盖烫伤。

7.2.1.5　第 7 条发明原理——嵌套（nesting）

（1）原理描述

将一个物体放在第二个物体中，将第二个物体放在第三个物体中，以此类推，如：①碗的叠放；②超市手推购物车叠放。

图 7-6 自吸水保温烧水壶

使一个物体穿过另一个物体的空腔，如：①电线；②伸缩式钓鱼竿；③推拉门。

（2）应用案例

案例 7-8：光速测量。当进行光速测量时，可在一小段空腔两端放置两个略有倾斜、近似平行的反射镜片，使光在镜片间的空腔内多次反射，实现在小段空腔移动长段距离的延迟效果。

7.2.1.6 第 14 条发明原理——曲面化（spheroidicity）

（1）原理描述

将直线或平面部用曲线或曲面代替，例如变平行六面体或立方体结构为圆形、圆柱体或球体结构，如：①建筑中采用拱形或圆屋顶增加强度；②电脑（手机）曲面屏。

使用滚筒、球体、螺旋状结构，如：①千斤顶中螺旋机构产生升举力；②圆珠笔和钢笔的球形笔尖使书写流畅。

用旋转运动代替直线运动，采用离心力，如：①滚筒式搅拌机；②离心式风机；③发动机。

曲面化的内涵是通过结构和运动方式的改变，增加路径长度、增加接触面积、减少压强、利用离心力等，从而实现提高效率和省力的效果。

（2）应用案例

案例 7-9：滚筒采煤机。滚筒采煤机是一种用滚筒破煤的采煤机。滚筒上焊有端盘及螺旋叶片，上部装有截齿，通过螺旋叶片滚筒破煤，将煤装入输送机内。其与传统采煤机从上到下采煤、再从下回到上的往复式运动机构相比，节约时间，采煤效率显著提高。

案例7-10：汽车安全带系统（图7-7）。在典型的汽车安全带系统中，安全带与卷收器相连。在卷收器内部，弹簧为卷轴提供旋转作用力（或扭矩），以便卷起任何松弛的安全带。当乘客拉出安全带时，卷轴将逆时针旋转，并使相连的弹簧也沿相同方向旋转；当乘客松开安全带时，弹簧将收紧，并顺时针旋转卷轴，直至安全带张紧。卷收器中有一个锁定机构，如果乘客快速地拉动安全带（例如发生车祸），里面的卡轮会由于安全带滚轮的快速转动而被离心力带出，迅速将安全带锁死，把座位上的人员固定在椅子上。

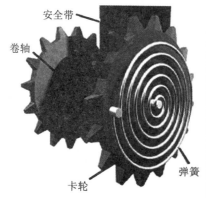

图7-7　汽车安全带系统

7.2.1.7　第17条发明原理——维数变化（shift to a new dimension）

（1）原理描述

将一维空间中运动或静止的物体变成在二维空间中运动或静止的物体，将二维空间中的物体变成一维空间中的物体，如螺旋楼梯。

对物体用多层结构代替单层结构，如：①立体停车场；②多层印刷电路板。

使物体倾斜或改变结构，如自动垃圾卸载车。

利用物体给定表面的反面，如：①叠层集成电路；②内嵌式门铰链。

（2）应用案例

案例7-11：电子双头听诊器（图7-8）。传统听诊产品是由耳机、导管、听头这三部分相连接形成一个二维平面空间；而电子双头听诊器则设计成一大一小两个听头的上下空间形态，实现坐式听诊和卧式听诊两种模式，在提高操作性的同时，增强患者使用的舒适度和测量的精确度。

案例7-12：印刷电路板。印刷电路板最初采用的是单面板。因单面板只能在单面插焊元器件，造成连接两个电路单元的等位点需要通过焊接跳线来实现。使用双面板后，焊插元器件可在电路板的相反两面相同坐标点上打孔实现等位点连接，比单面焊接节省面积。

双听头听诊器　　　　　坐式听诊模式　　　　　卧式听诊模式

图7-8　电子双头听诊器及使用方式

7.2.1.8　第24条发明原理——中介物（mediator）

（1）原理描述

使用中介物传递某一物体或某一种中间过程，如：①用拨子来弹奏乐器；②钻孔时，使用导套作为钻头的工具。

将一个容易移动的物体与另一个物体暂时接合，如：①用抹布清除灰尘；②防烫手的杯托。

（2）应用案例

案例7-13：化工萃取工艺生成大豆油。该工艺先将大豆长时间浸泡在一种低沸点烃类溶剂中。大豆中的油脂逐渐转移至该溶剂中，再将大豆与溶剂分离，加温，令萃取溶剂蒸发，留下的就是大豆油。由于萃取溶剂的沸点远低于大豆油的沸点，分离比较彻底。

案例7-14：易拉罐把手。在人们饮用经过冰冻处理的易拉罐饮料时，拿易拉罐的手会有冰冻感。如图7-9所示的易拉罐把手能将易拉罐牢牢固定住，解决人们在喝饮料时被冰凉刺激手的问题。

7.2.1.9　第29条发明原理——气动与液压结构（pneumatic or hydraulic construction）

（1）原理描述

用气动或液压零件代替固体零件，将气体或液体用于膨胀或减振，如：①汽车安全气囊；②水床；③液压减震器。

图 7-9　易拉罐把手

（2）应用案例

案例 7-15：气动钉枪。气动钉枪是一种在建筑、装潢、包装、家具生产等领域常用的气动打钉设备。它以压缩空气为动力源，依靠不同气道间气体压力的平衡和失衡进行工作。与传统电钉枪相比，气动钉枪射钉力量更大，连发速度也更快。

7.2.1.10　第 30 条发明原理——柔性壳体或薄膜（flexible shells or thin films）

（1）原理描述

使用柔性壳体或薄膜代替传统结构，如：①农业生产中塑料大棚代替温室；②儿童充气城堡；③军事假目标。

使用柔性壳体或薄膜将物体与环境隔离，如：①覆膜教科书；②蓄水池双极材料薄膜。

（2）应用案例

案例 7-16：柔性衬底太阳能电池。与传统硬底太阳能电池相比，柔性衬底太阳能电池最大的特点是质量轻、可折叠和不易破碎，具有极好的柔软性，可以任意卷曲、裁剪、粘贴，而电池性能不发生改变。该电池通常用于流线型汽车的顶部，帆船、赛艇、摩托艇的船舱等不平整表面，房屋等建筑物的楼顶与外墙面。图 7-10 为非晶硅柔性薄膜太阳能电池充电包。

7.2.1.11　第 31 条发明原理——多孔材料（porous meterials）

（1）原理描述

使物体多孔，或通过插入、涂层等增加多孔元素，如：①纱窗；②用于机翼制造的泡沫金属、泡沫纸板。

图 7-10 非晶硅柔性薄膜太阳能电池充电包

如果物体已经是多孔的，用这些孔引入有用的物质或功能，如用海绵储存液态氮。

（2）应用案例

案例 7-17：环保吸音棉。吸音棉属于多孔声学材料，当声波入射到吸音棉上时，声波能顺着孔隙进入材料内部，引起空隙中空气分子的振动。由于空气的黏滞阻力和空气分子与孔隙壁的摩擦，声能转化为热能而损耗。图 7-11 为环保吸音棉结构。

图 7-11 环保吸音棉结构

案例 7-18：分子筛。分子筛是一种硅铝酸盐多微孔晶体，它的晶体空穴内部有很强的极性和库伦场，对极性分子和不饱和分子表现出强烈的吸附能力，可用作高效干燥剂、选择性吸附剂和离子交换剂。

案例 7-19：为了保护娇贵材料，人们需要比海绵更软的材料。在海绵表面和内部引入孔，可以让海绵变得更柔软。

7.2.2 与时间相关的发明原理

7.2.2.1 第9条发明原理——预先反作用（prior counteraction）

（1）原理描述

当一种作用包含正反两种效果，预先施加反作用来减少或消除（不希望的、有害的）作用的效果，如酸碱缓冲溶液。

事先施加机械力，以抵消作用的效果，如：①汽车减震器；②为减少摩擦，设备加入润滑液。

（2）应用案例

案例7-20："魔毯"汽车主动悬挂系统（图7-12）。该系统因其驾乘体验如同坐在魔毯漂浮在路面上一样而得名。系统通过摄像头和激光雷达探测前方路面起伏情况，从而事先施加机械力，主动调节车轮高度，使车身在不平整的路面上保持平稳。

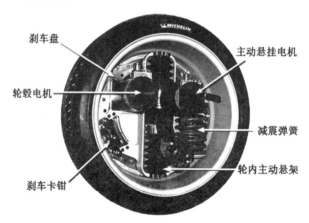

图7-12 "魔毯"汽车主动悬挂系统结构图

案例7-21：预应力混凝土（图7-13）。为防止混凝土过早出现裂缝的现象，在构件使用前预先给混凝土一个预压力，即在混凝土的受拉区内，用人工加力的方法，将钢筋进行张拉，利用钢筋的回缩力，使混凝土受拉区预先受压力。这种储存下来的预加压力，在构件承受由外荷载产生的拉力时，首先抵消受拉区混凝土中的预压力，然后随荷载增加使混凝土受拉，有效限制了混凝土的伸长，延缓了裂缝的出现。

图 7-13 预应力混凝土

案例 7-22：奥运火炬顶端结构。奥运火炬"祥云"顶端的纸卷形状，容易形成风的回旋。根据预先反作用原理，可在预燃室上方加上盖板，以提高它的抗风性能。遇到瞬时的风变，火炬依然可以正常燃烧。

7.2.2.2 第 10 条发明原理——预先作用（prior action）

（1）原理描述

事先完成全部或部分动作（作用），如将广告打印在不干胶上，粘贴时节省了涂胶水的动作。

预先准备对象，以便能及时地在最佳位置发挥作用，如：①建筑通道中的灭火器；②给树木刷渗透漆来阻止（枕木）腐朽。

（2）应用案例

案例 7-23：闪光灯预闪。这种功能相当于把测光表放进相机内部，通过镜头的入射光来分析场景中的明度、颜色、光比等。当快门释放的一瞬间，闪光灯会发出一束预闪光，用来监测环境光和计算所需的闪光量，从而闪光灯后续能够发出正确亮度的闪光，使环境光和人工闪光达到平衡。我们在比较暗的环境中拍摄人像特写时，人眼的瞳孔会放大，此时，闪光灯的光轴和相机镜头的光轴比较近，强烈的闪光灯光线会通过人的眼底反射入镜头形成红色光斑。预闪光能有效消除红眼，在正式闪光之前预闪一次，使人眼的瞳孔缩小，从而减轻"红眼"现象。

案例 7-24：预制梁（图 7-14）。预制梁是由工厂预制再运至施工现场按设计要求位置进行安装固定的梁。相对于现浇梁，预制梁减轻了现场工人的劳动强度，保证了施工人员的安全作业。在确保安全和质量的同时，也有效避免了现场粉尘、泥浆、灯光和噪声等污染，减少了对周围环境和市民生活的影响。

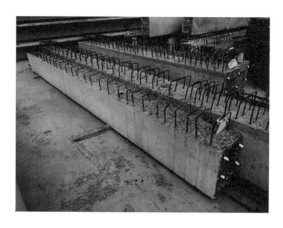

图 7-14　预制梁

7.2.2.3　第 11 条发明原理——事先防范（cushion in advance）

（1）原理描述

采取预先准备的应急措施补偿物体相对较低的可靠性，如：①飞机上的降落伞；②电梯应急按钮；③汽车保险杠；④旅行药箱。

（2）应用案例

案例 7-25：弹出式钉道订书机（图 7-15）。传统订书机装订书钉时，弹簧易回弹，容易伤手，需要两只手才可以装订。弹出式钉道订书机采用按压弹出式钉道设计，按压订书机尾端即可弹出钉槽，装入订书钉即可实现换钉，有效避免了装订夹手现象，使用起来更加安全。

案例 7-26：电子油门踏板（图 7-16）。目前机动车采用电子油门，其油门踏板设计有断裂保护机制。当发生激烈撞击时，加速踏板臂前端的诱导槽区域受到较大侧向力时会发生断裂。此时，油门踏板的断裂保护机制能保证断裂不发生在传感器部位，使断裂后的踏板仍能回到初始位置，不会输出加速信号，以保证驾驶员的安全。

7.2.2.4　第 15 条发明原理——动态化（dynamicity）

（1）原理描述

使一个物体或其环境在操作的每一阶段自动调整，以达到优化的性能，如：①飞机中的自动导航系统；②可调节座椅。

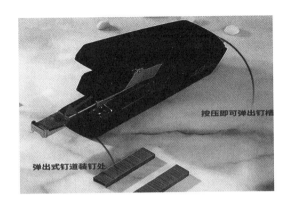

弹出式钉道装钉处

按压即可弹出钉槽

图 7-15 弹出式钉道订书机

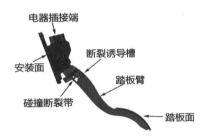

电器插接端

断裂诱导槽

安装面

踏板臂

碰撞断裂带

踏板面

图 7-16 电子油门踏板示意图

把一个物体划分成具有相互关系的元件，元件之间可以改变相对位置，如折叠椅。

使不动的物体成为运动的，如：①可弯曲的吸管；②在医疗检查中使用柔性肠镜。

（2）应用案例

案例 7-27：360 X95 扫地机器人。该机器人可根据地面类型和污染程度，实现智能调速增压，深度清洁环境灰尘且具有较长的续航能力。

案例 7-28：水下轨道摄像机。该摄像机可沿着泳道跟随运动员的动作进行拍摄。摄像机由通常的静止状态变得可移动，使观众在电视机前能更好地观看运动员比赛全过程。

7.2.2.5 第 18 条发明原理——机械振动（mechanical vibration）

（1）原理描述

使物体处于振动状态，如电动振动剃须刀。

如果对象已经处于振动状态，则提高振动的频率（直至超高频），如超声波碎石机。

使用共振频率，如：①振动给料机；②超声波清洗机；③医用骨锯。

使用电振动替代机械振动，如高精度时钟使用石英振动机芯。

使超声振动与电磁场耦合，如在高频炉中混合金属时，超声波振动和电磁场共用，使混合更加均匀。

（2）应用案例

案例7-29：振动筛（图7-17）。振动筛在工业生产（煤、矿石、石料等）、初级产品生产（食盐、味精、糖等）和农作物的收割（联合收割机、马铃薯收割机等）领域运用广泛。振动筛通常包括上旋锤和下旋锤，其工作原理是通过电机旋转使激振器产生复旋型振动，并使振动频率接近所需筛分产品的固有频率，从而提升筛分效率。

图7-17 机制砂振动筛

案例7-30：振动流化床（图7-18）。在流化床干燥过程中，分散的微粒状物料被置于孔板上，孔板下部向上输送气体，使物料颗粒呈悬浮状态，犹如液体沸腾一样，使得物料颗粒与气体充分接触，进行快速的热传递与水分传递。振动流化床的物料输送是由振动来完成的，供给的热风只是用来传热和传质，因此可以明显地降低能量消耗。另外，由于床层强烈振动，传热和传质的阻力减小，提高了振动流化床的干燥速率，使不易流化或流化时易产生大量夹带的块团性或高分散物料也能顺利干燥，克服了普通流化床易产生的返混、沟流、黏壁等现象，使物料受热均匀，热交换充分，干燥强度高。

7.2.2.6 第19条发明原理——周期性作用（periodic action）

（1）原理描述

用周期性运动或脉动代替连续运动，如：①打桩机；②闪烁报警灯。

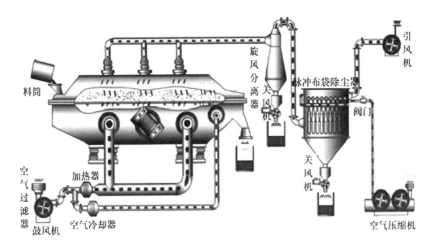

图 7-18 振动流化床

对于周期性的运动，改变其运动频率，如：①节拍器；②脉冲喷水器。

在两个无脉动的运动之间增加脉动，如：①医用呼吸机；②流水中传送带。

（2）应用案例

案例 7-31：脉冲式微灌系统。该系统是美国 Intertec 公司研发的节水型灌溉设备，具有抗堵塞性能，省去了昂贵的过滤系统。脉冲加压灌溉机工作时，被加压的水在通过各条毛细管前的脉冲阀后，以压力上升快而下降慢的脉冲水流方式进入各条毛细管，通过毛细管上的地下灌水器灌溉农作物。纵缝出水口在脉冲水流的作用下一张一合，机械拉力加水流冲击力共同作用于出水口，有效解决了出水口堵塞问题，对土壤损害减小。

7.2.2.7 第 20 条发明原理——有效作用的连续性（continuity of useful action，或译为持续作用）

（1）原理描述

让工作不间断进行（物体的所有部件都满负荷地工作），如：①内燃机活塞装置；②循环流水线。

消除运动过程中的中间间歇，如回程式打印机（针式打印机、喷墨打印机），使其一直处于满负荷工作状态。

（2）应用案例

案例 7-32：汽车在路口遇到红灯短时间停车时，它的飞轮或液压系统储存能量。这种功能使得发动机在汽车停止或行驶时，一直保持比较平稳的连续运转状态，减少了发动机的能量浪费。

7.2.2.8 第 21 条发明原理——快速通过（hurrying or skipping）

（1）原理描述

以最快的速度完成有害的操作。

（2）应用案例

案例 7-33：非接触式超快激光加工技术。传统玻璃切割技术采用金刚石或合金在玻璃上划出微槽，在微槽两侧施加外力使玻璃向厚度方向延展，形成纵向裂缝来实现切断。近年来，触控玻璃、蓝宝石等材料在智能手机领域的应用越来越普及，非接触式的超快激光加工成为其最主要的加工手段。凭借超快脉冲时间和超高峰值功率的特性，超快激光使得光脉冲的能量以极快的速度注入很小的作用区域，瞬间的高能量密度沉积将使电子的吸收和运动方式发生变化，避免了激光线性吸收所导致的能量转移和扩散，从而实现了对脆性材料的精密加工。

案例 7-34：2008 年北京奥运会使用的网球拍，对传统网球拍进行了升级，即在网拍下部第二根网线上加装了一个质量阻尼小球。这种设计可将网球拍击球之后出现的弯曲振动快速衰减掉。质量阻尼小球不会影响击球，从而使球员在第二次击球时能够得心应手。

7.2.2.9 第 34 条发明原理——抛弃与修复（rejecting regenerating parts）

（1）原理描述

当一个物体完成了其功能或变得无用时，抛弃或修改该元件，如：①可溶性药物胶囊；②子弹弹壳。

立即修复一个物体中所损耗的部分，如：①草坪剪草机的自锐刀片；②太阳能电池车。

（2）应用案例

案例 7-35：火箭利用自身推力将卫星送至 10 万米以上的高空。为保持高速，火箭需要持续减重。因此，在下级推进剂能量耗尽前，储存推进剂的罐体会与上级助推器分离，由装满推进剂的上级助推器带着载荷继续飞行。

7.2.3 与能量相关的发明原理

7.2.3.1 第8条发明原理——重量补偿（anti-weight）

（1）原理描述

另一个能产生提升力的物体补偿第一个物体的重量，如：①旅行热气球；②充气游泳圈。

通过与环境（利用空气动力、液体动力或其他力）的相互作用，实现物体的重量补偿，如：①直升机螺旋桨；②用浮筒打捞沉船，用若干浮筒在水下充气后，借浮力将沉船浮出水面。

（2）应用案例

案例7-36：舰载机起飞弹射器。舰载机起飞弹射器是航空母舰上推动舰载机增大起飞速度、缩短滑跑距离的装置。在飞机起飞前，由位持器钢圈把尾部扣在一个坚固点上，飞机前轮附近的牵引杆垂落到一个"滑梭"内，滑梭以挂钩钩住飞机。飞机起飞时，位持器会扣住飞机。蒸汽弹射器启动后，飞机引擎的动力加上蒸汽压力，使钢圈断开，飞机前冲，弹射起飞脱离滑梭后，活塞前端的注管就落入水池，在几米的距离内停顿，滑梭移回原位，推动另一架飞机起飞。

案例7-37：通过悬吊式微低重力环境模拟、中性浮力模拟器、飞机俯冲等方式模拟太空环境，通过杠杆原理补偿人身体的部分重量，达到低重力环境模拟的效果。

7.2.3.2 第12条发明原理——等势性（equipotentiality）

（1）原理描述

改变工作条件，使物体不需要被升高或降低，如使一个系统或加工过程的所有点或面处于同一水平，以减少重力做功，如：①利用船闸进行船体的升降；②无障碍通道方便轮椅通过。

（2）应用案例

案例7-38：当生产线前后两个工位的高度不同时，可以设置倾斜的传送带或生产线重力小车，也可以垫高或降低某个工位的高度，使产品高度不必变化。

案例7-39：汽车修理厂的维修地沟。通过维修地沟，工作人员可以不用升降汽车就很方便地实施维修操作，降低了汽车修理难度。

7.2.4 与效应相关的发明原理

7.2.4.1 第28条发明原理——机械系统的替代（replacement mechanical system）

（1）原理描述

用视觉、听觉、嗅觉系统代替部分机械系统，如：①超声波驱狗器；②视网膜验证开锁。

用电场、磁场及电磁场完成与物体的相互作用，如磁悬浮列车。

将固定场变为移动场，将静态场变为动态场，将随机场变为确定场，如：①核磁共振扫描仪；②变频电动机。

将铁磁粒子用于场的作用之中，如磁性纳米催化剂。

（2）应用案例

案例7-40：电磁炮。电磁炮是一种利用电磁发射技术制成的动能杀伤武器。与传统火药推动炮弹不同，它利用电磁系统中电磁场产生的安培力来对金属炮弹进行加速。如图7-19所示，导轨处在向上的磁场中，导轨接有电源，当把炮弹或导体棒放在导轨上时，在安培力的作用下，炮弹或导体棒将被加速，获得打击目标所需的动能，从而提高弹丸的速度和射程。

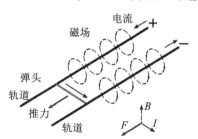

图7-19 电磁炮原理示意图

案例7-41：高压静电除尘器。高压静电除尘器是净化工业废气的设备，其原理是通过静电净化法收捕烟气中的粉尘。当向放电极和沉淀极两极间输入高压直流电时，电极空间会产生阴、阳离子，并作用于通过静电场的废气粒子表面，在电场力的作用下向其极性相反的电极移动，并沉积于电极上，达到收尘目的。放电极和沉淀极均有振打装置，当振打锤周期性地敲打两极装置时，黏附在上面的粉尘被抖落，经排灰装置排出机外，净化后的气体则排入大气。

案例 7-42：声学围栏（图 7-21）。声学围栏是用声音围栏（动物可听到的信号）代替物理围栏，以限制狗或猫的活动。

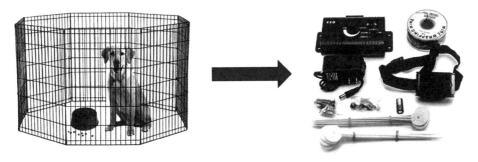

图 7-20 用声学围栏代替物理围栏

7.2.4.2 第 33 条发明原理——同质性（homogeneity）

（1）原理描述

采用相同或相似的物质制造与某物体相互作用的物体，如：①用金刚石刀具加工钻石；②手术中使用羊肠线缝合伤口。

（2）应用案例

案例 7-43：用球磨机粉碎产品时，磨球材料会磨损，混入产品中。为获得高纯粉末，可采用与产品同样材质的磨球。

7.2.4.3 第 35 条发明原理——物理或化学参数变化（transform the physical/chemical state，或译为物理或化学状态变化，但笔者认为这个译法不准确）

（1）原理描述

改变物体的物理状态，即让物体在气态、液态、固态之间变化，如将氧气、氮气和石油气从气态转换成液态，以减小体积。

改变物体的浓度或黏度，如：①皂液；②固态酸奶棒。

改变物体的柔性，如：①软天线；②橡胶硫化处理增加柔性和耐久性。

改变温度或压力，如使金属温度升高至居里点以上，金属由铁磁体变为顺磁体。

改变物体的其他参数，如将常用的便利贴的长度和宽度尺寸增大到 A5 或 A4，厚度增大到足以立在桌面，方便提醒，且可插入笔记本、打印纸中作为书签。

（2）应用案例

案例 7-44：在对有色金属合金材料进行切割作业时，高温会造成切割机零件高损耗。通常将液氮作为切削液，使管道、刀具或切削区处于低温冷却状态进行切割。应用后液氮直接挥发成气体返回到大气中，不会造成污染。

案例 7-45：固体水（图 7-21）。固体水是一种集微生物和化学技术为一体的生态环保产品。与普通水相比，固体水具有固态物质的物理特征。在雨水较少的缺水地区，植树造林时可将固体水靠着树苗的根部埋入土中，通过微生物分解，固体水逐渐缓释，可在 3 个月时间内为树苗提供充足的水分，直到树根扎进潮土层，使树苗存活。

图 7-21　固体水

7.2.4.4　第 36 条发明原理——相变（phase transformation）

（1）原理描述

在物质相态变化过程中实现某种效应（如体积变化、融化吸热等），如：①蒸汽机；②空调压缩机。

（2）应用案例

案例 7-46：维杜卡。维杜卡是一种智能温控家纺面料，人们把含有相变材料的维度素植入纤维中，通过相变材料吸收、储存和释放能量的特性，来调整睡眠环境的温度，以适应人体，使人获得更佳的舒适感。

案例 7-47：当水在开始结冰时，体积膨胀，产生的力量足以把水管、水泥制件等坚硬物体撑破。人们利用冰膨胀产生的力量，对需要拆除的楼房实施"无声"爆破。方法是在几处关键的爆破点，放入巨型水瓶，然后进行人工制冷。水结成冰后向外膨胀，墙体会因此拱起、破裂导致楼房坍塌。它避免了炸药爆破等剧烈的爆破方式造成的化学污染、粉尘污染和噪声污染，是一种绿色环保的爆破技术。

7.2.4.5 第37条发明原理——热膨胀（thermal expansion）

（1）原理描述

利用材料的热膨胀或热收缩性质，如：①膨胀接头；②热塑收缩包装。

使用具有不同热膨胀系数的材料，如锆钨酸盐在光学应用中消除畸变。

（2）应用案例

案例7-48：双金属片开关。双金属片开关通过特殊的熔接工艺把两种金属片熔接在一起。由于两种金属片的热胀冷缩率不同，当温度升高时，双金属片就朝热胀冷缩率小的金属片一侧弯曲；温度下降时，双金属片就朝热胀冷缩率大的金属片一侧弯曲。双金属片随温度变化而发生侧向动作，推动温控开关的传动机构，使温度开关的触点产生断开或闭合的动作，从而达到切断或接通电路的目的。

案例7-49：形状记忆合金。形状记忆合金是一种强而轻、具有特殊性能的合金，通常由两种或更多的金属构成。当弯曲或挤压造成一定限度的塑性变形后，通过加热到一定温度（通常是该材料马氏体完全消失温度），使材料恢复到变形前的初始状态。

7.2.4.6 第38条发明原理——加强氧化（strengthen oxidation）

（1）原理描述

用富氧空气代替普通空气，如潜水员使用的氧气瓶。

用纯氧替换富氧空气，如用高压氧气处理伤口。

用电离射线处理空气或氧气，使用离子化的氧气，如电离空气产生臭氧消毒食品。

利用臭氧，如利用臭氧为图书杀菌。

（2）应用案例

案例7-50：负氧离子空气清新机利用自身产生的负离子对空气进行净化、除尘、除味、灭菌，捕捉空气中的有害物质。

7.2.4.7 第39条发明原理——惰性环境（inert environment）

（1）原理描述

用惰性环境代替通常环境，如真空环境下电子束焊接。

让一个过程在真空中发生，如真空包装。

（2）应用案例

案例 7-51：垃圾气力输送系统。该系统利用抽风机制造气流，通过预先埋设在地下的真空管道网络，将各个垃圾投放口投入的垃圾输送至收集站，实施气、固分离，再经过压缩、过滤、净化、除臭等进行一系列处理，随后将处理后的垃圾运至垃圾处理厂。整个过程中，垃圾处于全封闭状态，几乎不会对环境产生任何污染。垃圾气力输送系统目前在世界各国得到了广泛应用。

案例 7-52：氩弧焊。氩弧焊利用氩气实现对金属焊材的保护。为防止焊材氧化，要求在高温熔融焊接中不断输入氩气，使焊材不与空气中的氧气接触。

7.2.4.8　第 40 条发明原理——复合材料（composite materials）

（1）原理描述

将单一材质的材料改为复合材料。

（2）应用案例

案例 7-53：逆渗透（-RO）直饮水机。反渗透膜作为直饮水设备的核心部件，是一种用高分子复合材料制成的膜材料，用于对原水进行过滤。这种膜的孔径最小可达到 1 纳米，而几乎所有细菌都大于 100 nm（0.1 μm），因此只有水分子可以通过孔，这样溶解在水中的有害物质等被有效截留清除，从而达到净化饮用水的目的。

案例 7-54：玻璃纤维增强塑料。玻璃纤维增强塑料是一种以玻璃纤维增强不饱和聚酯、环氧树脂与酚醛树脂为基体材料的复合塑料，具有耐高温、抗腐隔热、隔音和电绝缘性好的特点，广泛应用于航空航天、装饰建筑和环卫工程等行业。

7.2.5　与动作相关的发明原理

7.2.5.1　第 2 条发明原理——抽出（extraction）

（1）原理描述

将一个物体中的"干扰"部分分离出去，如空调由窗机升级为分体机，将产生噪声的空气压缩机放在室外。

将物体中的关键部分挑选或分离出来，如：①将战斗机的油箱分离到空中加油机；②为了将磁带录音机做得小巧便携，索尼的 Walkman 随身听用耳机代替大体积扬声器。

（2）应用案例

案例 7-55：多头螺丝刀。维修工人外出维修时，需携带多个不同尺寸的螺丝刀，其体积大、自重大，不便于携带。多头螺丝刀将刀头与手柄分离，手柄可组配任意刀头使用，便于组装和拆卸，同时减轻了工具的重量。

7.2.5.2　第 13 条发明原理——反向作用（inversion）

（1）原理描述

将一个问题中所规定的操作改为相反的操作，如使用冷却内部零件代替加热外部零件的方法来安装或分离零件。

使物体中的运动部分静止，静止部分运动，如室内游泳训练机。

使一个物体的上下或者内外颠倒，如：①将器皿倒置，让水由下往上喷洗容器；②切割时，为使切屑不落到零件上，将刀具安装在加工件下方。

（2）应用案例

案例 7-56：永磁起重技术。起重电磁铁在工作中需要源源不断的电力来维持磁力，耗电高，并且如遇外部断电或线圈系统故障，电磁铁将失磁造成工件掉落，使用安全性低。而电控永磁技术用永磁力作为工作吸力，用电源来控制充退磁。该技术仅在充退磁状态转换时通入瞬间电源，工作过程不再用电，因此不存在如传统电磁铁持续用电而发热升温影响吸力的现象，无断电失磁危险，操作安全可靠，同时节省电能 90% 以上。

例 7-57：风洞。一直以来，人类都在探索如何提高飞行器的空气动力性能，其方法是监测在飞行器不断高速飞行过程中气流对飞行器各关键点位的动态特性和参数。但存在一个问题，测试用的电线和记录表难以固定，于是人们通过思维转向，利用运动相对性，让飞行器静止、空气流动，这样就产生了风洞，即在一个大口径管道中，风流动速度可控，人们将被测试的飞行器安置其中，并将测试仪器或传感器安置在各个测点进行测试。

7.2.5.3　第 16 条发明原理——未达到或超过的作用（partial or excessive action）

（1）原理描述

如果 100% 达到所希望的效果是困难的，那么稍微未达到或稍微超过预期的效果将大大简化问题。

（2）应用案例

案例7-58：在铺设瓷砖填缝时，通常会先填充稍多一些的水泥，然后将多余的水泥铲掉。

案例7-59：收缩包装工艺利用包装的塑性变形来适应真空压力的变化。

7.2.5.4 第23条发明原理——反馈（feedback）

（1）原理描述

引入反馈以改善过程或动作，如：①音乐喷泉；②自动调温器。

如果反馈已经存在，改变反馈控制信号的大小或灵敏度，如烟雾报警器。

（2）应用案例

案例7-60：基于铣刨深度反馈的铣刨机洒水系统。传统路面铣刨机洒水系统的喷洒量是固定的，铣刨路面时需要操作员根据路面实际情况手动进行洒水量的调节。基于铣刨深度反馈的新型铣刨机洒水系统可通过检测铣刨深度和行驶速度，实现洒水系统喷洒量的实时调节。

案例7-61：轧制力传感器。在轧制时为了准确获取钢板的实际尺寸，需要安装轧制力传感器。根据送入轧辊的钢板尺寸的变化，传感器接收辐射强度变化信号，对料枪发出指令。金属板越厚，料枪移动速度越慢，金属板燃烧就越充分。

7.2.5.5 第25条发明原理——自服务（self-service）

（1）原理描述

让对象进行自我服务，具有自补充、自修复功能，如：①自锁螺母；②自清洁玻璃。

利用废弃的材料、能量与物质产生自己服务于自己的功能，如钢厂余热发电装置。

自服务强调让系统尽量少地降低对环境，特别是其他系统的依赖，能利用系统本身废弃的能量和材料来完成自服务。

（2）应用案例

案例7-62：自发热可控温便携式取暖器。这种取暖器可将人们日常生活中产生的机械能通过压电陶瓷的正压电效应转化为电能，在此基础上安置控温装置，便于户外携带。当人们在户外取暖时，取暖器仍处于发电状态，人体本身则作为动力源，无须寻找充电设备，起到节约能源的作用。

案例7-63：自动充气车轮系统（图7-22）。轮胎是导致车辆故障的最为重要的原因之一，轮胎自动充气系统可以自动检测车辆的轮胎气压，当胎压下降到预定值，调节器将打开开关，将空气吸入一个抽吸管。当轮胎滚动时，这个抽吸管会被压扁，将空气压入轮胎进气阀，这样不仅能够提高行车的安全性，同时也能提高燃油的经济性。

图 7-22　具有自动充气装置的车轮系统

案例 7-64：热解炉（图 7-23）。热解炉利用热解气化技术原理，采用二段式处理工艺，先将垃圾在一燃室进行热解气化（利用二燃室的废热），再将气化后产生的小分子可燃气体在二燃室进行富氧燃烧。二燃室燃烧的是小分子可燃混合气体，燃烧温度高，其产生的污染物少，减轻了垃圾处置对环境造成的二次污染。

图 7-23　热解炉

7.2.6 其他无法归类的发明原理

7.2.6.1 第 6 条发明原理——多用性（universality）

（1）原理描述

使一个产品（物体）能够完成多项功能，从而使用户不再需要多个产品。

（2）应用案例

案例 7-65：多功能梯（图 7-24）。当需要爬高取物时，可将其向前立起；平时可将梯子放倒当椅子使用。

图 7-24　多功能梯

案例 7-66：多功能安全座椅（图 7-25）。Donna 公司推出的一款安全座椅，采用折叠设计，打开可以做婴儿车使用，折叠起来又可以方便地成为汽车安全座椅，不会占用额外的车内空间，同时为宝宝提供安全保护。

图 7-25　多功能安全座椅

7.2.6.2 第22条发明原理——变害为利（convert a harm into a benefit）

（1）原理描述

利用有害因素，特别是对环境有害的因素，获得有益的结果，如：①疫苗；②余热发电。

一种有害的因素通过与另一种有害因素结合而被消除，如利用废水处理废气。

加大一种有害因素的程度使其不再有害，如液氮治疗疾病。

（2）应用案例

案例7-67：阳极氧化工艺。铝、铝合金制品容易发生化学氧化反应，阳极氧化处理能有效解决这一问题。将金属或合金的制件作为阳极，在相应的电解液和特定的工艺条件下，在外加电流的作用下，在铝制品（阳极）上形成一层致密的氧化膜，有效克服铝合金表面硬度、耐磨损性等方面的缺陷，扩大应用范围，延长使用寿命。图7-26为阳极氧化示意图。

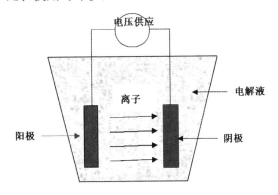

图7-26　阳极氧化示意图

案例7-68：刨花板将废旧木材（甚至是木屑）切削成一定规格的碎片，经过干燥，拌以胶料、硬化剂和防水剂，在一定的温度和压力下压制成人造板。

7.2.6.3 第26条发明原理——复制（copying）

（1）原理描述

用简单的、低廉的复制品代替复杂的、昂贵的、易碎的或不易操作的物体，如：①模型飞机；②微缩模型。

如果已使用了可见光复制品，用红外线或紫外线代替，如利用红外热像仪侦察替代普通摄像机侦察。

（2）应用案例

案例 7-69：射击模拟训练系统通过虚拟现实技术模拟战场情况。

案例 7-70：红外热成像仪检查身体。红外热成像仪是通过接收人体各部位代谢所产生的热量，形成图像，然后判别健康状况的。人体如同一个自然的生物红外辐射源，能够不断向周围发射和吸收红外辐射。当人体某处发生疾病或功能改变时，该处血流量会相应发生变化，导致人体局部温度改变，表现为温度偏高或偏低。红外热成像仪通过热成像系统采集人体红外辐射，并将其转换为数字信号，形成伪色彩热图，专业医师利用专用分析软件对热图进行分析，可以判断出人体病灶的部位、疾病的性质和病变的程度。图 7-27 为胸椎肿瘤在红外热成像下的呈现。

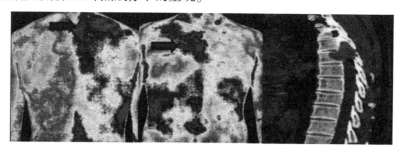

图 7-27　胸椎肿瘤在红外热成像下的呈现

7.2.6.4　第 27 条发明原理——廉价替代品（disposable objects）

（1）原理描述

用一些低成本物体代替昂贵物体，用一些不耐用物体代替耐用物体，对有关特性做折中处理。

（2）应用案例

案例 7-71：一种概念车的车顶（图 7-28）。这种车顶能够像叶子一样制造氧气（风电转换器，进行二氧化碳吸附和转换），同时车顶上的太阳能板可以制造并储存电（光电转化器，能把太阳能转化为电能）。

案例 7-72：人造金刚石代替天然金刚石用作切削工具。

7.2.6.5　第 32 条发明原理——改变颜色（change the color）

（1）原理描述

改变物体或环境的颜色，如荧光灯。

改变一个物体的透明度或改变某一过程的可视性，如感光玻璃随光线改变透明度，应用于车顶的变色全景天幕等场合。

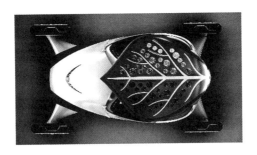

图 7-28　概念车

采用有颜色的添加物，使不易观察到的物体或过程被观察到，如：①增强 CT；②胃镜的钡餐。

改变物体的热辐射特性，如低辐射率玻璃。

（2）应用案例

案例 7-73：烟幕弹。烟幕弹由引信、弹壳、发烟剂和炸药管组成。发烟剂一般由黄磷、四氯化锡或三氧化硫等物质构成。当烟幕弹被发射到目标区域，引信引爆炸药管里的炸药，弹壳体炸开，将发烟剂的黄磷抛散到空气中，黄磷一遇到空气就立刻自行燃烧，不断地生出滚滚的浓烟雾来。多弹齐发，就会构成一道道"烟墙"，挡住敌人的视线，为己方创造有利战机。

案例 7-74：感光变色眼镜。该眼镜通过镜片变色调节透光度，使人眼适应环境光线的变化，减少视觉疲劳，保护眼睛。镜片的光致变色性是自动的和可逆的，在遇上强光照射时镜片就会变成有色的来做防护，而移去光源时，则其恢复原来的颜色，适合于室内室外使用。

案例 7-75：红外诱饵器。红外诱饵器用于对抗红外制导导弹。它采用固体热红外假目标（诱饵），在表面涂上高发射率涂层，提高诱饵的红外辐射强度，从而提高假目标的有效性。

7.3　结　语

40 条发明原理比较多，不便于记忆。一些研究者提出了各种便于记忆的符号、图例。

N. Faria 提出了发明原理符号，见表 7-2，供广大读者参考。

表 7-2 发明原理符号

序号	符号	原理名称	序号	符号	原理名称
1		分割	8		重量补偿
2		抽出	9		预先反作用
3		局部质量	10		预先作用
4		不对称	11		事先防范
5		合并	12		等势性
6		多用性	13		反向作用
7		嵌套	14		曲面化

续表

序号	符号	原理名称	序号	符号	原理名称
15		动态化	23		反馈
16		未达到或超过的作用	24		中介物
17		维数变化	25		自服务
18		机械振动	26		复制
19		周期性作用	27		廉价替代品
20		有效作用的连续性	28		机械系统的替代
21		快速通过	29		气动与液压结构
22		变害为利	30		柔性壳体或薄膜

续表

序号	符号	原理名称	序号	符号	原理名称
31		多孔材料	36		相变
32		改变颜色	37		热膨胀
33		同质性	38		加强氧化
34		抛弃与修复	39		惰性环境
35		物理或化学参数变化	40		复合材料

参考文献

［1］李正桐. 空间维数变化原理——TRIZ 试解［J］. 家电科技, 2011（11）：32.

［2］常州天恒一星电子有限公司. 易拉罐把手：CN200820160832. X［P］. 2009-10-20.

［3］杨忠. 气动钉枪工作原理及其典型问题分析［J］. 电动工具, 2014（1）：16-18.

［4］福州大学. 一种修剪平整度高的割草机：CN201922286772. 7［P］. 2020-08-31.

［5］米粮川, 杨洪澜, 徐长顺. TRIZ 发明原理在机械振动理论中的解析［J］. 高师理科学刊, 2020, 40（12）：32-36.

［6］中国农业科学院农田灌溉研究所. 脉冲地下灌溉系统：CN201110074183. 8［P］. 2011-09-13.

［7］吴国荣, 冷晨曦, 王微. TRIZ 原理对耳机的创意性减震改造设计［J］. 包装工程,

2011, 32 (12)：33-35.

[8] 李海燕，韩松，王兆龙. 路面铣刨机洒水系统结构及匹配参数 [J]. 工程机械与维修，2016 (4)：94-95.

[9] 胡家秀，陈峰. 机械创新设计概论 [M]. 北京：机械工业出版社，2005.

[10] 檀润华. 创新设计 [M]. 北京：机械工业出版社，2002.

[11] 陈广胜. 发明问题解决理论 [M]. 哈尔滨：黑龙江科学技术出版社，2008.

[12] 张忠友，宋世贵，陈桂芝. 创造理论与实践 [M]. 北京：中国矿业大学出版社，2002.

[13] 王凤岐. 现代设计方法及其应用 [M]. 天津：天津大学出版社，2008.

[14] Orloff M A. Inventive Thinking Through TRIZ [M]. Berlin：Springer-Verlag Herlin Heidelberg，2006.

[15] Savranskym S D. Engineering of C-relativity [M]. New York：CRC Press，2000.

[16] 张换高. 创新设计 [M]. 北京：机械工业出版社，2020.

[17] 刘训涛，曹贺，陈国晶，等. TRIZ 理论及应用 [M]. 北京：北京大学出版社，2017.

[18] 徐起贺，刘刚，戚新波. TRIZ 创新理论实用指南 [M]. 3 版. 北京：北京理工大学出版社，2019.

[19] 邓志俊. 自动鱼饲料投喂机：CN97210047.4 [P]. 1998-07-01.

[20] 阿奇舒勒. 哇! 发明家诞生了：TRIZ 创造性解决问题的理论和方法 [M]. 西南交通大学出版社，2004.

[21] 李青. 基于 TRIZ 理论和仿生原理的犁技术进化的研究 [D]. 长春：吉林大学，2007.

[22] 朱爱斌. TRIZ：发明问题解决理论 [EB/OL] (2007-09-14) [2023-05-04]. https：//wenku. baidu. com/view/a06c62dba58da0116c174940. html？_wkts_=1683203300796.

[23] 40 个发明创新原理及其应用 [EB/OL] (2018-10-14) [2023-05-04]. http：//www. doc88. com/p-9149143421279. html.

[24] 技术冲突解决原理 [EB/OL] (2015-03-28). [2023-05-04] http：//www. doc88. com/p-1354661745326. html.

[25] 高木芳德. 日常生活中的发明原理 [M]. 成都：四川人民出版社，2018.

8   技术矛盾和矛盾矩阵

8.1   矛盾和技术矛盾的定义

"矛盾"一词来自"自相矛盾"故事，此后一直被用作对互不相容、相互抵触的隐喻。在 TRIZ 理论中，矛盾指的是内在要素、职能或要求不一致或相反的情况，特别是指"双失"的情况，即由于使用常规方法来改善目前的问题状况，却产生不可容忍的后果。

技术矛盾（engineering contradiction，EC）是指为了改善系统的一个参数，导致了另一个参数的恶化。其中的参数可以理解为产品或物体的一种特性，如质量、温度等，技术矛盾描述了两个参数之间的矛盾。例如，汽车速度的提高导致了安全性的下降，在该例子中，所涉及的两个参数是速度和安全性。再比如，对于车床工人来说，要提高零件的加工速度，就必须增加进料量，但要安全增加进料量，就要减少零件表面的光洁度，这就是进料量和表面质量两个参数之间的矛盾。换句话说，针对一个问题，如果你让一方面性能变好，但是另一方面性能就可能会变坏，这样导致出现一个进退两难的局面，在 TRIZ 中我们称这种矛盾为技术矛盾。

8.2   通用工程参数

通过对大量发明专利的研究，阿奇舒勒将导致技术矛盾的因素归纳为 39 个适用范围广泛的通用工程参数，提出用其来代替各种具体参数来表征系统性能，见表 8-1。

后来的研究者们将通用工程参数扩充到 48 个，对其中部分调整了原编号，增加了 9 个新参数——信息的数量、运行效率、噪声、有害的散发、兼容性/可连通性、安全性、易受伤性、美观、测量难度。在表 8-2 中用斜体表示新参数。表 8-2 为 48 个通用工程参数表，表中括号里的序号是该旧参数

在 39 个参数表里的旧序号，括号中的文字是该旧参数在 39 个参数表里的旧
名称。理解这些参数和掌握这些参数的应用尤为重要。

表 8-1　39 个通用工程参数

序号	名称	序号	名称	序号	名称
1	运动物体的质量	14	强度	27	可靠性
2	静止物体的质量	15	运动物体作用时间	28	测量准确度
3	运动物体的长度	16	静止物体作用时间	29	制造准确度
4	静止物体的长度	17	温度	30	来自外部作用于物体的有害因素（外来有害因素）
5	运动物体的面积	18	明亮度	31	物体产生的有害因素（有害的副作用）
6	静止物体的面积	19	运动物体的能量消耗	32	可制造性
7	运动物体的体积	20	静止物体的能量消耗	33	可操作性（使用方便性）
8	静止物体的体积	21	功率	34	可维修性（易维护性）
9	速度	22	能量损失	35	适应性
10	力	23	物质损失	36	装置的复杂性
11	应力或压力	24	信息损失	37	控制的复杂性
12	形状	25	时间损失	38	自动化程度
13	结构的稳定性	26	物质的数量	39	生产率

表8-2　48个通用工程参数

序号（旧序号）名称（旧名称）	序号（旧序号）名称（旧名称）	序号（旧序号）名称（旧名称）
1（1）运动物体的质量	17（20）静止物体消耗的能量（能量消耗）	_33 兼容性/可连通性_
2（2）静止物体的质量	18（21）功率	34（33）使用方便性（操作性）
3（3）运动物体的尺寸	19（11）张力/压力（应力或压强）	35（27）可靠性
4（4）静止物体的尺寸	20（14）强度	36（34）易维护性（维修性）
5（5）运动物体的面积	21（13）结构的稳定性	_37 安全性_
6（6）静止物体的面积	22（17）温度	_38 易受伤性_
7（7）运动物体的体积	23（18）明亮度（照度）	_39 美观_
8（8）静止物体的体积	_24 运行效率_	40（30）外来有害因素（作用于物体有害因素）
9（12）形状	25（23）物质的浪费（损失）	41（32）可制造性（制造性）
10（26）物质的数量	26（25）时间的浪费	42（29）制造的准确度（精度）
11 信息的数量	27（22）能量的浪费	43（38）自动化程度
12（15）运动物体的耐久性（耐久时间）	28（24）信息的遗漏	44（39）生产率
13（16）静止物体的耐久性（耐久时间）	_29 噪声_	45（36）装置的复杂性
14（9）速度	_30 有害的散发_	46（37）控制的复杂性
15（10）力	31（31）有害的副作用（物体产生的有害因素）	_47 测量难度_
16（19）运动物体消耗的能量（能量消耗）	32（35）适应性	48（28）测量的准确度（精度）

在这些通用工程参数中，任何两个都可以表示一对技术矛盾。它们足以描述工程中发生的绝大多数技术冲突。可以说，通用工程参数是连接 TRIZ 与具体问题的桥梁。在通用参数的帮助下，一个特定的问题可以被翻译和表达为一个标准的 TRIZ 问题，再用后面介绍的矛盾矩阵推荐的发明原理查到一个标准的解法，再回到场景中得到特定的解法。这就是 TRIZ 的方法论哲学。就像数学中，将一个特定的未知答案的计算问题（如求书的数量），翻译为一个标准的方程组，再查到方程的标准解法公式算出未知数，再回到场景中得到特定的答案××本。

准确地理解每个参数的含义有助于从问题中正确地提取矛盾，由于这些参数具有很高的通用性，很难非常精确地界定它们，另一方面，如果对它们的定义过于死板，就会失去应有的灵活性。在对这些工程参数进行简要描述时，其中所说的对象既可以是技术系统、子系统，也可以是零件、部件或物体。

为了便于应用和理解，上述通用工程参数可大致分为以下三类。

（1）通用物理及几何参数

通用物理及几何参数包括运动物体和静止物体的质量、运动物体和静止物体的尺寸（长度）、运动物体和静止物体的面积、运动物体和静止物体的体积、速度、力、应力或压力、形状、温度、照度，以及功率等。

（2）通用技术负向参数

所谓负向参数，是指当这些参数的数值变大时，会使系统或子系统的性能变差。例如，子系统执行给定功能时，若所消耗的能量越大，则表示该子系统的设计越不合理。

通用技术负向参数包括运动物体和静止物体的作用时间、运动物体和静止物体的能量消耗、能量损失、物质损失、信息损失、时间损失、物质的数量、作用于对象的有害因素，以及对象产生的有害因素等。

（3）通用技术正向参数

所谓正向参数，是指当这些参数的数值变大时，会使系统或子系统的性能变好。例如，如果子系统的可制造性指标越高，则说明该子系统的制造成本就越低。

通用技术正向参数包括对象的稳定性、强度、可靠性、测量精度、制造精度、可制造性、操作流程的方便性、可维修性、适应性和通用性、系统的复杂性、控制和测量复杂度、自动化程度，以及生产率等。

8.3 矛盾矩阵

阿奇舒勒和他的学生们分析了大量的专利后发现了规律，虽然每一个专利都解决了不同的问题，但是用来解决这些问题的原理基本上是相似的，也就是说，尽管不同领域的解决方法有很大的不同，但它们使用了本质上相同的原则，即这些原则被反复用来使用从而产生大量的发明。阿奇舒勒总结了这些通用的原理，并进行了编号，形成了被人所熟知的 40 条发明原理。此后，在大量专利分析中，40 条发明原理得到进一步确认。由于这些发明原理来自大量的发明并且具有普遍的代表性，如果我们掌握了它们，就可以用它们来解决在我们自己的行业或领域中遇到的实际问题。但是，如何有效地运用这些发明原理呢？如果我们遇到了问题，一个一个地去找原理，那效率极其低下，因此，矛盾矩阵（又称阿奇舒勒矩阵）应运而生。

为了提高 40 条发明原理的使用效率，阿奇舒勒提出了（经典版/1970版）矛盾矩阵（或称为矛盾矩阵表）。它是一个 39 行 39 列的矛盾矩阵。每行和每列的表头包含 39 个通用工程参数中的一个，表中竖列中的数字为需要改进的参数，横行中的参数为恶化的参数。

这里所提到的改进和恶化是相对的，效果与我们的期望方向一致的为改进，与我们所期望方向相反的为恶化。技术矛盾则由一个包含改进参数行和恶化参数列的交叉单元格表示。显而易见，除了对角线上单元格以外（对角线意味着要改进和恶化的是同一参数，属于后面章节介绍的物理矛盾，所以是空的没有推荐发明原理），每个单元格中都有几个数字，这些数字是 40 条发明原理的编号，表示推荐采用这几条发明原理来解决该技术矛盾。矛盾矩阵是通过对大量专利的统计分析得出的，在多数情况下，推荐的这些发明原理能够解决工程技术领域所遇到的各种矛盾。

需要注意的是，2003 版矛盾矩阵对角线上的单元格也推荐了用于解决该物理矛盾的发明原理。

8.4   运用矛盾矩阵解决技术矛盾的步骤

在使用技术矛盾和矛盾矩阵解决具体工程问题时，操作步骤如图 8-1 所示。首先要把具体问题转换为通用的问题，利用矛盾矩阵中的通用工程参数来形成通用技术矛盾。接着，查找和应用矩阵中推荐的发明原理，得出可望解决该矛盾的通用解决方案。最后，将那些通用解决方案转化成具体技术方案。

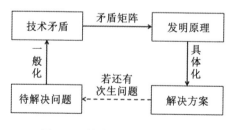

图 8-1   技术矛盾的解题模式

（1）描述需要解决的工程问题

这里的工程问题是指关键问题，这些问题来自前面讨论过的功能分析、因果链分析、剪裁或特性传递等，而不是我们所遇到的初始问题。

（2）把工程问题转化为技术矛盾

将技术矛盾采用"如果……那么……但是"的形式表达。如果改进后的参数导致一个以上参数的恶化，则将阐述每一对改进的和恶化的参数的技术矛盾，同时为了检验技术矛盾定义的正确性，通常需要对比正反两个技术矛盾。

（3）选择技术矛盾

选择前面确定的两个技术矛盾中的一个，一般选择与项目目标相一致的矛盾。

（4）确定参数

确定技术矛盾中欲改进和被恶化的参数

（5）一般化为通用工程参数

将欲改进和被恶化的参数一般化为通用工程参数。

（6）确定发明原理

在阿奇舒勒矛盾矩阵中定位改进和恶化通用工程参数交叉的单元，确定发明原理。

（7）确定解决方案

通过应用相应的发明原理确定最适合解决技术矛盾的解决方案。

解决技术矛盾的步骤如表8-3所示。

表8-3　解决技术矛盾的步骤

序号	步骤	内容
1	定义问题	描述需要解决的关键问题
2	定义技术矛盾	技术矛盾1： 如果___，那么___，但是___； 技术矛盾2： 如果___，那么___，但是___。
3	选择要解决的矛盾	要解决的技术矛盾＝技术矛盾1（或2）
4	明确有矛盾的特殊参数	欲改善的工程参数为___；被恶化的工程参数为___

续表

序号	步骤	内容
5	特殊参数上位成通用参数	欲改善的通用工程参数为____；被恶化的通用工程参数为____
6	在矛盾矩阵中找到推荐的发明原理	原理 X、原理 Y……
7	具体的解决方案	择优选取发明原理，得到解决思路，进而得到解决方案描述

8.5　案例分析

【案例 1】坦克装甲的改进

在第一次世界大战中，英军为了突破敌方由机枪火力点、堑壕和铁丝网组成的防御阵地，迫切需要一种将火力、机动和防护三个方面结合起来的新型进攻性武器。1915 年，英国利用已有的内燃机技术、履带技术、武器技术和装甲技术，制造出了世界上第一辆坦克——"小游民"坦克（图 8-2）。当时为了保密，称其为"水箱"。在以后的战争中，随着坦克与反坦克武器之间较量的不断升级，坦克的装甲越做越厚。到第二次世界大战末期，坦克装甲的厚度已经由第一次世界大战时的十几毫米变为一百多毫米，其中德国"虎Ⅱ"式重型坦克重点防护部位的装甲厚度达到了 180 毫米（图 8-3）。随着坦克装甲厚度的不断增加，坦克的战斗全重也由最初的 7 吨多迅速增加到将近 70 吨。重量的增加直接导致了速度、机动性和耗油量等一系列问题的出现。装甲的厚度与坦克的战斗全重这两个参数就构成了一对技术矛盾。

作为一个技术系统，坦克由以下几部分组成：武器系统、推进系统、防护系统、通信系统、电气设备、特种设备和装置。为了提高坦克的抗打击能力，最直接的方法就是增加坦克装甲厚度，这导致了坦克质量的增加。从而导致了坦克机动性的降低和耗油量的增加等一系列问题。

用自然语言可以描述为：为了改善（提高）坦克的抗打击能力，就改善（增加）坦克的装甲厚度，直接导致了坦克战斗全重的恶化（增加），间接导致了坦克机动性的恶化（降低）和坦克耗油量的恶化（增加）。

用 TRIZ 语言描述为：

技术矛盾 1：

图 8-2 第一次世界大战中第一辆坦克

图 8-3 "虎 Ⅱ" 式重型坦克

如果增加装甲厚度，那么抗打击能力提高，但是质量过大；

技术矛盾 2：

如果减少装甲厚度，那么质量减少，但是抗打击能力下降。

从上述逻辑推导可以看出：要改善的参数是坦克的抗打击能力。对应到通用工程参数中，最合适的是 20 强度。恶化的参数是 2 静止物体的质量（因为坦克速度慢，不视为运动物体）。

查 2003 版矛盾矩阵，交叉单元格里推荐的发明原理是：40 复合材料，31 多孔材料，2 抽出，1 分割，17 维数变化，26 复制，35 物理或化学参数变化，3 局部质量。

逐一分析这些发明原理用于本项目的可行性。发现 40 复合材料原理、1 分割原理可行。

根据第 40 条复合材料发明原理的启发，得到概念解 2：使用多层复合材料装甲，外层用硬的，内层用轻的。

根据 1 分割原理的启示，得到概念解 1：将全身装甲分割为几个部分。将易于被击中的正面装甲做厚，其他装甲做薄。

【案例 2】全天候自行车刹车装置

常用的用于减慢自行车速度的刹车装置由一对（两块）刹皮及支架构

成，安装在车轮轮缘的两侧。刹车时，支架向轮缘靠近，刹皮跟轮缘接触，靠摩擦力刹车。当干燥时，刹车力足够。问题在于，当下雨时（轮缘上有水膜），接触面摩擦系数变小，刹车力不足。家用自行车通常是以干燥地面为标准设计的。

后来的研究发现，铝合金轮缘配上一种特定的刹皮材料（在下雨时有较大的摩擦系数），这是近年来最常见的方法之一。新的问题是，干燥的时候摩擦系数小。并且如果有沙粒，很软的铝合金轮缘容易被磨损。

本项目目标是要研制出干燥时和下雨时摩擦系数都大的刹车装置。并且，不能对系统本身有过大的更改（以保持低成本和高可靠性）。

显然，如果根据天气换刹皮材料，那么可以实现高性能、摩擦系数都大的目标，但使用不方便；如果不换刹皮材料，那么使用方便，但有一种天气下刹车性能差。刹车装置的技术矛盾如表8-4所示。

表8-4 刹车装置的技术矛盾

	技术矛盾1	技术矛盾2
如果	反复更换刹皮材料	不换刹皮材料
那么	两种天气刹车性能都提高	使用方便
但是	使用不方便	一种天气刹车性能差

将提到的具体的特殊的参数（用词）通用化为标准工程参数——改善的参数为35可靠性、恶化的参数为34使用方便性（在2003版48个参数表里的序号）。根据刹车装置存在的技术矛盾，查2003版矛盾矩阵表。2003版矛盾矩阵表全表见附录2，表8-4是全表的一部分。

表8-4 2003版矛盾矩阵（部分表格）

改善的参数		恶化的参数		
		兼容性/可连通性	使用方便性	可靠性
		33	34	35
34	使用方便性	25，1，24，6，28，4	25，1，28，3，2，10，24，13	40，35，2，17，12，29，23
35	可靠性	1，25，10，3，5，35，13	28，1，40，29，3，19，13	35，3，40，10，1，13，28，4
36	易维护性	2，10，13，4，17，24	1，15，26，25，10	35，10，5，7，11，30

注意矩阵中阴影表示是对角线处的单元格，改善的参数与恶化的参数相同，为物理矛盾。

"35 可靠性"行与"34 使用方便性"列交叉的单元格中写的 28，1，40，29，3，19，13 即为推荐的用于解决该技术矛盾的发明原理。具体为：28 机械系统的替代；1 分割；40 复合材料；29 气动与液压结构；3 局部质量；19 周期性作用；13 反向作用。

逐一分析这些发明原理用于本项目的可行性。发现 1 分割原理、40 复合材料可行。

根据 1 分割原理的启示，可以将传统的 1 块刹皮分割为不同材料的两个半边，从而在任何情况下都获得大的摩擦系数。例如，1999 年授权的专利号为 5896955 的美国专利，同时适用于干燥的一种橡胶和适用于下雨的另一种橡胶。

根据 40 复合材料原理的启示，可以将刹皮前部的材料改为可以抹去水膜和沙粒的材料，前部的位置改为更靠近、先贴紧（采用弹簧来保持压紧力在适当范围）轮缘，从而让后面的刹皮接触相对干燥的轮缘，见图 8-4。

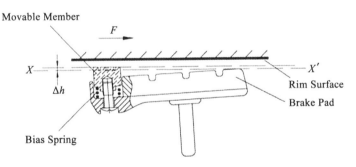

图 8-4　带抹去水膜和沙粒组件的刹车装置

8.6　小　结

基于数以万计的专利分析，所有组成技术矛盾的参数都可以一般化为 39 个（经典版矛盾矩阵）或 48 个（2003 版矛盾矩阵）通用参数，这将一般化的技术矛盾数量减少到千个。只需要 40 个通用方法——发明原理，即可解决所有的技术矛盾。通过对通用矛盾和通用解决矛盾方法的相互关系的统计分析，阿奇舒勒提出了矛盾矩阵，针对每一对矛盾推荐了具体的、适用的发明原理。应用矩阵推荐的原理，可以显著提高问题解决的效率和效果，减少了潜在考虑方案的数量，并且提高了方案的质量。如果矩阵推荐的发明原理未能解决该问题，建议按照发明原理使用频率，逐一尝试发明原理。

参考文献

［1］ Altshuller G S. The Innovation Algorithm：TRIZ，systematic innovation and technical crea-tivity ［M］. Worcester：Technical Innovation Center，1999.

［2］ 创新思维与科技创新第 7 章技术矛盾与矛盾矩阵 ［EB/OL］. （2019 – 01 – 10） ［2023 – 05 – 04］. https：//ishare. iask. sina. com. cn/f/LnbEExH8mF. html.

［3］ 李夏. 融合 QFD 及 TRIZ 的智能核桃破壳机创新设计研究 ［D］. 自贡：四川轻化工大学，2019.

［4］ 技术创新方法和 TRIZ 理论 ［EB/OL］. （2010 – 11 – 26） ［2023 – 05 – 04］. https：// www. docin. com/p – 101115975. html.

［5］ 创造创新方法概论 ［EB/OL］. （2011 – 06 – 18） ［2023 – 05 – 04］. https：// www. docin. com/p – 221614157. html.

［6］ 韩兵兵. 失效专利应用研究 ［D］. 镇江：江苏大学，2010.

［7］ 张武城. 创新方法与高端人才的培训 ［EB/OL］. ［2023 – 05 – 04］. https：// www. docin. com/p – 167929808. html.

9 物理矛盾

上一章介绍了技术矛盾，本章我们将继续介绍 TRIZ 理论中另一个重要概念——物理矛盾（physical contradictions，PC）。在绝大多数情况下，技术矛盾都可以转化为物理矛盾。

9.1 物理矛盾概述

9.1.1 物理矛盾的概念

阿奇舒勒对物理矛盾的定义是，当一个技术系统的工程参数具有相反且合乎情理的需求，就出现了物理矛盾。相对于技术矛盾，物理矛盾是一种在创新中需要加以解决的更尖锐的矛盾。比如说，要求系统的某个参数既要出现又不存在，或既要高又要低，或既要大又要小，等等。

例如，我们希望牙刷的刷毛能有效地清洁牙齿但不会伤害牙龈，我们既需要刷毛硬（硬度大），又需要刷毛软（硬度小）。或者说既需要有刷毛，又需要没有刷毛。

例如：我们希望汽车底盘质量小，因为这样使得汽车加速快且油耗低，但又希望汽车底盘质量大，因为这样能保证高速行驶时汽车的安全。这种要求底盘同时具有大质量和小质量的情况，对于汽车底盘的设计来说就是物理矛盾，解决该矛盾是汽车底盘设计的关键。希望燃烧气体的温度高，从而喷气发动机的效率高，但零件老化严重，又希望燃烧气体的温度低，从而零件寿命长，但喷气发动机的效率低。类似这样，对同一个参数有合乎情理的相反需求就是物理矛盾。

我们需要认识到物理矛盾及技术矛盾之间的区别：前者涉及单个参数（如质量），而后者总是涉及两个参数（如质量和强度）。可以说，与技术矛盾相比，物理矛盾代表了更深层次的问题表述和更深层次的抽象。因此，物理矛盾的解决常带来卓越的创新。

物质矛盾体现了唯物辩证法既对立又统一的相互依赖关系。一方面是同一种性质互相对抗的状态；另一方面，又要求一切排斥、对立的状态的统一，即矛盾的双方都存在于同一事物之中。解决物理矛盾需要对矛盾中涉及的参数进行筛选，再寻找合适的方式来改变该参数，从而实现矛盾由对立到统一的转变。

当遇到矛盾时，传统方法通常采取折中方案，而 TRIZ 则不规避矛盾，而是选择优化的方法或彻底的解决方案。TRIZ 追求通过有效的思考过程发现本质上的矛盾，并利用 40 条发明原理等完全解决矛盾。

物理矛盾是 TRIZ 研究的关键问题之一。与技术矛盾相比，物理矛盾是一种更突出、更难解决的冲突。一方面，物理矛盾描述的是同一个参数处于两种相反的状态；另一方面，物理冲突要求双方共存于一个统一体中。这种"自相矛盾"的冲突让人摒弃惯性思维，从更本质的角度多方面思考。

根据出发点不同，物理冲突有多种描述形式，其中最概括或最本质的描述是：

①子系统有害功能的减少导致子系统中有用功能减少；

②子系统有用功能的增强导致子系统中有害功能强化。

这个描述说明了物理矛盾和技术矛盾的根本区别，即"物理矛盾涉及单参数，而技术矛盾涉及双参数"。与技术冲突不同，物理冲突由同一个参数的两个相反方向组成，它无法从经典版矛盾矩阵中得到解。在 2003 版矛盾矩阵中，同一行（例如质量参数）与同一列（例如质量参数）的交叉格中填上了数字，其代表的发明原理就是推荐用于解决该物理矛盾的常用的发明原理。

9.1.2 物理矛盾的表述

物理矛盾常表现为：系统有害功能的减少导致有用功能减少；系统有用功能的增强同时导致了有害功能强化。

对一项工程问题进行物理矛盾定义时，可以用以下标准说法来明确描述物理矛盾：

为了（满足 M 需求），（B 参数）必须设置为（C 状态）；

但是为了（满足 N 需求），（B 参数）必须设置为（-C 状态）。

或者：

为了（满足 M 需求），（B 元件）必须（有）；

但是为了（满足 N 需求），（B 元件）必须（无）。

其中：-C 表示与 C 相反的状态。

9.1.3 常见的物理矛盾

物理矛盾可能涉及几何类、材料及能量类、功能类的参数。常见的物理矛盾见表 9-1。

表 9-1 典型的物理矛盾

几何类	材料及能量类	功能类
长与短	时间长与短	喷射与堵塞
对称与非对称	黏度高与低	推与拉
平行与交叉	功率大与小	冷与热
厚与薄	摩擦系数大与小	快与慢
圆与非圆	多与少	运动与静止
锋利与钝	密度大与小	强与弱
宽与窄	导热率高与低	软与硬
水平与垂直	温度高与低	成本高与低

9.2 物理矛盾的解决方法

如果已经将一个经过了功能分析、因果链分析、裁剪或者特性传递后产生的关键问题转化为物理矛盾，则可以用满足矛盾需求、绕过矛盾需求和分离矛盾需求 3 种方法来解决物理矛盾（有时更像是管理物理矛盾）。有时可以用 TRIZ 科学效应库、裁剪、进化法则等工具来满足矛盾、绕过矛盾或分离矛盾需求。

9.2.1 满足矛盾

要满足矛盾，可以考虑以下发明原理：

发明原理 13：反向作用

发明原理 36：相变

发明原理 37：热膨胀

发明原理 28：机械系统替代

发明原理 35：物理或化学参数变化

发明原理 38：强氧化剂

发明原理 39：惰性环境

不少情况下是通过改变系统的物理或化学参数来满足矛盾的。

TRIZ 启发我们，还可以考虑利用周边的无成本或廉价的不被重视的"资源"来创新性地满足矛盾。资源是 TRIZ 理论中重要的概念和工具，限于篇幅，本书不涉及资源的部分。例如，1990 年代初，福特某个紧凑型车型怠速时，汽车发动机产生的振动频率非常接近转向柱的固有频率，导致方向盘剧烈晃动。这个问题严重影响其销售，并造成高昂的保修成本。

传统解决方案一：加装特殊的发动机平衡器，它可以减少有害振动，但生产成本更高；

传统解决方案二：快速实用的方法是使用阻尼器来抑制抖动。在转向柱上安装了一个 1 磅（453.59 g）重的铅块，但振动仍然比其他紧凑型汽车要剧烈得多；

传统解决方案三：3 磅重的铅块阻尼器理论上更有效，但没有空间容纳这么大的铅块。

物理矛盾：阻尼器必须大（重，以便抑制振动），又必须小（以便适应可用空间）；阻尼器必须存在，它又必须不存在。

思考：转向柱周围有没有足够重的部件可以代替铅块实现阻尼功能？

创新解决方案：用 3.5 磅重的安全气囊代替铅块。最初，它与转向柱刚性连接。为了将安全气囊用作阻尼器，现在通过柔性连接器将其连接到转向柱上。这使得其振动幅度显著下降，当时振动幅度方面性能一流的丰田卡罗拉的振动幅度是其 6 倍。福特已申请专利并将其应用于其他车型。

这个例子可以视为裁剪工具的应用。裁剪掉了 1 磅重的铅块阻尼器，将其阻尼功能交由安全气囊来执行。

发明原理 28：机械系统的替代也有望用于解决此问题。磁流体阻尼器有望实现小体积、高阻尼的效果。

9.2.2　绕过矛盾

要绕过矛盾，可以考虑以下发明原理：

　　发明原理 13：反向作用

　　发明原理 6：多用性

　　发明原理 25：自服务

9.2.3　用于分离矛盾的几种分离原理

　　当不能满足矛盾或绕过矛盾时，就要分离矛盾需求。解决物理矛盾最主要的方式是把相互矛盾的需求分开，其核心思想是在某种情况下，实现矛盾双方的分离，其解题模式如图 9-1 所示。

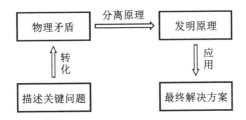

图 9-1　物理矛盾的解题模式

　　为解决（分离）物理矛盾，阿奇舒勒总结出 11 个原理。但由于这 11 个原理较难记忆，其中有些原理很常用，有些原理很少被用到，所以一般将分离矛盾需求的方法分为四种分离原理（原则）：

　　空间分离原理、时间分离原理、条件分离原理、整体与部分（系统级别）分离原理。

　　分离原理或译为分离方法，笔者认为通常的译法——分离"原理"容易与发明"原理"混淆，用"方法"更便于区分。但这里沿用常用译法，请读者注意此原理与彼原理的区分。

　　分离原理的本质是把给定的问题，按时间、空间或其他条件，分成两个独立的部分（方面），在第一部分满足两个矛盾要求中的一个，而在第二部分满足另一个。如果通过分离不能解决一个物理矛盾，那么应该从根本上改变系统，使矛盾不再存在，考虑变为不同的系统。

　　在求解物理矛盾时，一般来说先考虑空间分离原理和时间分离原理，再考虑其他分离原理。下面将对分离原理逐一加以介绍。

9.3 四种分离原理

9.3.1 空间分离原理

如果对某个参数的互斥要求于不同的空间中存在，换句话说，在一个空间中要求该参数为 A（或有），在另一个空间中要求该参数为–A（或无），则可以使用空间分离原理解决该物理矛盾。

所谓空间分离是指在不同的空间内把矛盾的双方分离开来，从而获得解决问题的方法和降低解决问题的困难。利用空间分离前，要判断矛盾的要求是否会在空间整体上向一定方向转变。如果在空间的某一点，矛盾可以朝着这个方向或那个方向变化，那么就可以利用空间分离原理来解决问题，当物理矛盾的双方出现在不同空间时，空间分离就成为可能。

采用空间分离原理解决矛盾时，推荐的发明原理如下：

发明原理 1：分割

发明原理 2：抽出

发明原理 3：局部质量

发明原理 4：不对称

发明原理 7：嵌套

发明原理 17：维数变化

例 1：十字路口的交通拥堵问题。十字路口处，四面车辆（行人）都需要通过交叉路口，传统的解决方案是设置红绿灯，使车辆（行人）按照先后顺序依次行驶。这是一种折中的方案，并没有创新性地真正解决问题，通行效率低。

通过查询 TRIZ 理论后，我们可以利用空间分离原理解决交叉路口的交通问题，通过桥梁、隧道以及地面来对道路在空间上进行分割，车辆在不同方向上行走在不同空间中，从而达到道路通畅的效果。

解决问题的过程如下：

①描述关键问题：对这个问题进行了详细的分析，出现的主要问题是如何在安全的前提下保证车辆的通行效率。

②写下物理矛盾：在十字路口，按照普通的红绿灯通行方案，汽车依次

朝着不同的方向行驶，会影响交通效率，我们需要车辆都通过路口，但是又希望不产生拥堵，不影响交通效率。

③确定拟采用的分离原理——空间分离原理。

④选择最适用的发明原理：在分析了几种解决空间分离问题的发明原理之后，确定"发明原理7：嵌套"是最合适的。

⑤根据发明原理得到概念解，再形成具体的解决方案：如"嵌套"原则所建议的那样，使用桥梁、隧道、路面将道路进行空间划分，分为不同的高度，不同方向的车辆走不同的空间，从而实现道路畅通。

例2：自行车链传动是空间分离的一个典型例子。在链轮和链条发明之前，自行车的踏板是固定在前轮上的，参见幼儿三轮车。这种古代自行车的物理矛盾在于希望骑手的脚蹬脚踏板的速度快，从而车轮的速度快，但脚蹬脚踏板的速度快会很累。希望骑手的脚蹬脚踏板的速度慢，从而不累，但车轮的速度慢。

链轮和飞轮的发明解决了这一物理矛盾。在空间分离链轮和飞轮，用链条连接它们，使链轮直径大于飞轮（与车轮同轴）直径，仅需要以较低的速度蹬脚踏板，自行车的车轮旋转速度就会较快。

例3：炮筒的设计，如图9-2所示。炮弹作为由火炮投掷的直接或间接对敌方目标造成伤害的武器，在人类武器史上占有举足轻重的地位。它依靠自身携带的动能击穿目标的表面防护，产生向防护后面方向飞行的高速碎片和弹体，共同对目标造成杀伤与损毁。炮筒设计时，炮筒直径需要小，因为需要与炮弹形成密封空间，产生高的速度；炮筒直径又需要大，因为要减小与高速运行的炮弹的摩擦力。这里，考虑用空间分离原理解决矛盾，推荐的发明原理是"发明原理17：维数变化"。解决方案是在装填炸药处炮筒直径小，炮弹经过处炮筒直径变大。

装填炸药的地方　　炮弹经过的地方

图9-2　炮筒设计方案

例4：有些短时间出差人士喜欢携带一个大电脑双肩包。在从本地与外地往返的路上，需要大的包放电脑和少量衣服。在外地酒店到客户办公室的路上，需要小的包放电脑或钱包和手机。这要求包的体积既要大又要小。有的双肩包采用嵌套发明原理，设计为可扩展，拉链拉开可变厚，见图9-3。有的厂家也在小行李箱上分割出（将行李箱的上盖改为）一个双肩背包。

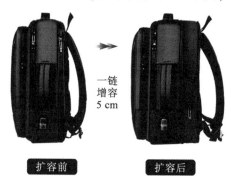

一链
增容
5 cm

扩容前　　　　　扩容后

图9-3　可扩展背包

有的双肩包采用组合发明原理，设计为子母包。带有可拆下的小的子包，见图9-4。

小包　　　　斜挎包　　　　主包

图9-4　子母双肩包

9.3.2　时间分离原理

所谓时间分离，是把矛盾双方在不同的时间中隔离开来，得出问题的解决方法或者降低问题的难度。如果两个相矛盾的参数要求是针对系统的不同时间提出的，就可以用"时间分离"的方法来分离矛盾的参数要求。采用时间分离原理解决矛盾时，推荐的发明原理如下：

发明原理15：动态化

发明原理10：预先作用

发明原理11：事先防范

发明原理34：抛弃与修复

发明原理9：预先反作用

例1：用胶带粘东西时，希望胶带黏性小，因为粘错了可以撕下来重新粘；又希望胶带黏性大，因为这样粘上去的东西才不会掉。这里，矛盾的两个要求是在不同时间的要求。刚撕开胶带刚开始粘东西时，希望胶带黏性小；粘上去时间长了（不需要重新粘或已经重新粘过了），希望胶带黏性大。可以采用"发明原理15：动态化"，使胶带黏性动态变化，具体来说，在胶水配方中加入随着氧化或随着吸收水汽，黏性会变大的材料。

例2：潮汐车道。在部分路段，早高峰多数车辆的走向与晚高峰时多数车辆的走向不一致，早上人们主要从居住区到商业办公区上班，希望从居住区到商业办公区方向的车道多；晚上主要从商业办公区回到居住区，希望从商业办公区到居住区方向的车道多。将固定车道改为潮汐车道，随时间调整驾驶方向，从而解决了该问题。

例3：喷砂（喷丸）处理工艺。喷砂处理可以去除毛刺，打磨表面，提高表面层硬度。在对工件表面进行喷砂处理时，需要使用硬的研磨剂来达到研磨和抛光的作用。但在喷砂结束后，产品内部会残留一些研磨剂，影响后续工艺的进行，因此又不需要研磨剂。这个砂粒残留问题可以用时间分离。利用"发明原理27：廉价替代品"，采用干冰颗粒作为研磨剂。当喷砂处理工艺结束后，干冰能够升华消失，从而解决砂粒残留的问题。

例4：安全气囊。安全气囊充气压力若不足，无法保护乘客安全；安全气囊充气压力若过大，容易对乘客带来伤害。为了解决安全气囊的压力既要大又要小的矛盾，可以利用时间分离的方法来解决这一物理矛盾，具体采用"发明原理16：未达到或超过的作用"来解决。当发生安全问题时，首先迅速使气囊膨胀到一定的压力值，保证在最短的时间内达到保护乘客的气压。同时气囊上设置一些微小的孔，当气囊压力超过阈值后，气囊上的小孔会张开，气囊压力不再升高，从而解决了气囊压力既要大又要小、膨胀速度既要快又要慢的问题。

9.3.3 条件分离原理

条件分离（或称为关系分离）是指根据条件的不同，将矛盾双方互斥的需求分离开，即通过在不同的条件下满足不同的需求，从而解决物理矛盾。

当系统中存在互斥需求（P和-P）的时候，如果其中的一个需求（P）只在某一种条件下存在，而在其他条件下不存在的时候，就可以使用条件分离的方法将这种互斥的需求分离开。

在应用这种分离方法的时候，首先要回答下列问题：

是否在任何的条件（时间和空间也可以看作是一种条件）下，都需要既是"P"又是"–P"？

如果不是，则表示至少在某一个条件下，没有要求既是"P"又是"–P"。因此，就可以在该条件下，将这种对于系统的矛盾需求分离开。

在条件分离之前，要确定不同条件下相互矛盾的要求是否朝着某一方向变化。如果在某个条件下，矛盾的一方可以朝一个方向改变或只出现了一方时，就可以使用条件分离的原理来解决这个问题。

以下几个发明原理常被用来解决基于条件分离的物理矛盾：

发明原理 3：局部质量

发明原理 17：空间维数变化

发明原理 19：周期性作用

发明原理 31：多孔材料

发明原理 32：改变颜色

发明原理 40：复合材料

例 1：对输水管路而言，水管要刚性好，以免因水的质量而变形，但又要求水管要软，以免冬天如果水结冰，管路容易被冻裂。解决方法是选用弹塑性好的材料制造管路可以有效解决这一矛盾。

例 2：厨房用漏斗就是利用条件分离原理，它有很强的渗水能力，可以让液体通过，但对固体食物却严格不允许通过，从而实现固体和液体的分离。

例 3：船需要水来产生浮力，又希望没有水（尤其是在与船底紧挨的空间）来降低阻力。利用"发明原理 35：物理或化学参数变化"，或利用本书第十章的"标准解 5.1.1.1 利用'虚无物质'（如真空、空气、气泡等）替代实物"，启发我们想到，可以在船头和船身两侧预留气孔，以一定的压力从气孔向水中打入空气产生气泡，这样可以降低与船底紧挨的空间内水的密度和黏度，从而降低船的阻力。

例 4：骨折病人手臂痊愈后，需要锯开手臂外的石膏。如何让锯能锯开石膏但锯不开手臂？分析石膏与手臂皮肤在各个物理特性上的区别，发现石膏硬，皮肤软。驱动锯往复运动而不是旋转运动，锯的振动频率与石膏的振动频率相同，产生共振，有效传递能量到石膏上而对手臂皮肤却毫无伤害。

9.3.4 整体与部分（系统级别）分离原理

整体与部分分离原理是将矛盾双方在不同的系统层次分离，来解决问题或降低解决问题的难度。当矛盾双方在某个系统层次只出现一方，而另一方在子系统、系统或超系统层次内不出现时，可以进行整体和部分分离。

利用以下几个发明原理来解决和整体与部分分离有关的物理矛盾。

转换到子系统：发明原理 1 分割、25 自服务、40 复合材料、33 同质性、12 等势性；

转换到超系统：5 合并、6 多用性、23 反馈、22 变害为利；

转换到竞争性系统：27 廉价替代品、33 同质性；

转换到相反系统：13 反向作用、8 重量补偿。

其中，最常用的发明原理是发明原理 1 分割、5 组合、12 等势性、33 同质性。

事实证明，这种分离原则在解决刚性与柔性等物理矛盾时特别有用。在某些情况下，这种矛盾的解决方案会使用可流动和松散的材料，如薄膜、纤维、颗粒、粉末等。

例 1：自行车的链条。自行车的链条整体上要求是柔性的，这样能实现两链轮远距离传动，且具有一定的减震性能。但从局部来看，每个链节为刚性，在链轮转动时，不易发生断裂等破坏。

例 2：55 ℃杯的设计。当水存放于保温杯中时，希望水温高，能尽可能长时间的保温，同时，又希望杯子中的水温不那么高，方便饮用，不至于烫伤人。如何设计杯子，解决这个问题呢？

55 ℃杯很好地解决了这一问题，利用"发明原理 36 相变"材料，采用的相变温度为 40~60 ℃的相变材料，填充于内部导热层与外部隔热层之间，热水通过导热层将热量释放至相变材料，相变材料吸热并融化，使热水温度迅速降低，方便即时饮用。

如果我们不喝水，把水杯放在一边，当水降温至低于 55 ℃的时候，相变材料就开始慢慢释放热量并保持在 55 ℃，从而使水温保持在适中的范围。

例 3：对于各种异形的工件，如果夹具表面为坚硬的直线，会造成对工件的压力不均匀，可能导致工件变形或滑动。如果夹具表面软，对工件的压力较为均匀，但可能提供不了足够的夹持力。夹具如何既硬又软？

为了方便夹持异形的工件，美国专利 US005145157A "可调工件夹持系统"设计了多个并排的手指状元件。手指状元件的两个侧面有锯齿，允许手指状元件相对于相邻手指状元件在纵向（长度方向）在一定范围内调节，从而可以符合工件的轮廓（图9-5）。

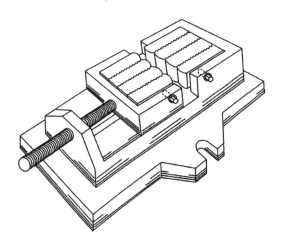

图9-5　手指状元件群组成的异形工件夹具

9.4　案例分析

【案例】十字路口交通问题的物理矛盾

对于十字路口的交通问题，可以分别采用多种分离原理加以解决。

下面我们尝试通过时间分离原理、空间分离原理、条件分离原理、整体与局部分离原理来解决交通问题。

9.4.1　时间分离

解决方案：利用"发明原理19周期性作用"，使用红绿灯，让车辆分时通过。为了更好地分配红绿灯时间，可以利用"发明原理23反馈"，用地下的线圈或路边的摄像头统计车流量，实时调整红绿灯时间。

9.4.2　空间分离

容易想到的是利用空间分离原理解决十字路口的交通问题。将矛盾双方在不同的空间上分离开来，以获得问题的解决或降低问题的解决难度。利用

"发明原理 17 维数变化"，采用立体交流道（高架桥、深槽路和地下通道等）消除十字路口的矛盾。一个方向走地下空间，第二个方向走地面空间，第三个方向走高架空间。

9.4.3 条件分离

解决方案：利用"发明原理 14 曲面化"，改直线运动为回转运动，如图 9-6 所示。在十字路口使用转盘，四个方向的车流到达路口后，均进入转盘，形成减速和分流。其所遵循的条件是，各路进入转盘的车辆都向右逆时针行驶，再右转进入要去的路口。

图 9-6　转盘

9.4.4 整体与局部分离

解决方案：利用"发明原理 1 分割"，将十字路口设计成两个丁字路口，延缓一个方向的行车速度，加大与另外一个方向的避让距离，如图 9-7 所示。

图 9-7　丁字路口

9.5 物理矛盾与技术矛盾的转化

技术矛盾和物理矛盾都反映的是技术系统的参数属性，就定义而言，技术矛盾是技术系统中两个参数之间存在着相互制约；物理矛盾是技术系统中一个参数无法满足系统内相互排斥的需求。二者都是 TRIZ 理论中问题的模型，是有着相互联系的。物理矛盾可以转化为技术矛盾，同时技术矛盾也能转化为物理矛盾。相对于技术矛盾而言，物理矛盾的描述更加准确，更能反映真正的问题所在。因此在实际应用中，用物理矛盾得到的问题解决方案更加富有创新性和成效。

参考文献

［1］周华. 日程生活及工作中的 TRIZ 运用［EB/OL］.（2020-03-28）［2023-04-01］. http：//www. itrizs. com/news_ 202003281. html.

［2］王中秋. 创新理论 TRIZ 在汽车生产与维修中的应用［J］. 汽车工艺与材料，2008（8）：35-40.

［3］夏培均. 基于工业设计的一种概念手机的开发［D］. 成都：电子科技大学，2007.

［4］陆和建，张芳源. TRIZ 创新理论在图书馆文献资源布局的应用探析［J］. 图书情报知识，2013（3）：52-58.

［5］《创新的方法》作业与解答［EB/OL］.（2023-12-03）［2023-04-01］. https：//www. docin. com/p-734563832. html

［6］甄鹏. 基于 TRIZ 的物联网实验类产品创新设计研究［D］. 广州：华南理工大学，2018.

［7］黄振永，谢海军，唐佳林，等. 基于 TRIZ 理论的大型粮仓中储粮害虫防治方法创新策略的研究［J］. 中国粮油学报，2022，37（10）：21-28.

［8］技术创新方法 TRIZ 简介［EB/OL］.［2023-04-01］. https：//wenku. baidu. com/view/b31b8d002d3f5727a5e9856a561252d380eb2028. html？ _wkts_ = 1689510365116&bdQuery = % E6% 8A% 80% E6% 9C% AF% E5% 88% 9B% E6% 96% B0% E6% 96% B9% E6% B3% 95TRIZ% E7% AE% 80% E4% BB% 8B-% E7% 99% BE% E5% BA% A6% E6% 96% 87% E5% BA% 93.

［9］黄麓升，丁问司. TRIZ 原理与汽车专业人才培养创新教育实践［J］. 教师，2014（8）：36-37.

10 物场分析与标准解

在前面章节中，我们详细阐述了技术矛盾和物理矛盾的相关知识，并介绍了如何应用矛盾矩阵表来求解具体的技术问题。这种方法解决问题的前提是根据技术系统的"参数属性"，找到对应的矛盾对，再查找矛盾矩阵表，寻找具体的解决方案。但面临实际的技术难题时，有时难以或并不能准确地找出系统的"参数属性"，这为应用矛盾矩阵表解决问题带来了一定的阻碍。此外，发明原理和分离原理给出的启示有时过于抽象和广义，难以应用到具体工程问题上。本章将为大家介绍一种更加具有普适性的方法——物场分析及标准解系统。

物场分析前，要先建立物场模型（也称为物质–场模型）。物场分析与标准解是经典 TRIZ 理论中的重要内容，是阿奇舒勒原创的第二套解决发明问题的知识。

根据阿奇舒勒及其弟子对大量发明专利的比较和研究，尽管技术系统的问题无限多，但是描述和定义问题的"问题模型"不多，与之相对应的"解决方案模型"也不多。如果可以通过一定的方式定义出问题模型，并在解决方案模型库中找到对应的解决方案，就能为解决具体的发明问题提供清晰的路径。这些可以准确定义的问题模型，被称为"标准问题"。在经典的 TRIZ 理论中，共有 76 个物场问题模型，分别对应 76 个物场标准解法。可见，仅从解题方法的数量上来看，76 个标准解法都是比 40 个发明措施更综合、更有效、应用更广泛的解题方法。

10.1 物场模型

在数学问题中，如果我们想要描述一个具体的函数，可以通过文字、表格、图像等方法来解释函数中自变量和因变量的对应关系，这几种方法各有优缺点。文字可以详细描述对应规律，表格可以准确展示某一时刻的对应关系，而图像不仅能够直观地显示对应关系，更能体现函数的发展趋势，因此，在分析实际的数学问题时，最常使用的描述函数的方法是图像法。同样的，在求解发明问题时，除了使用文字对问题进行描述外，还可以使用图像来构建具体的问题模型。受到化学方程式的启发后，阿奇舒勒发现，任何一个技术系统，都可以用"物质"和"场"来描述，而描述技术系统结构的最小模型就被称为基本物场模型。物场模型是图形化的表达工具和技术语言，是高度一般化的模型，具有普适性。

10.1.1 物场模型的组成要素

"物场"是"物质"和"场"的组合语，是 TRIZ 理论中的专用词汇。一个基本的物场模型至少包括两个物质和一个场——S_1 和 S_2 和 F（测量模型例外，至少包括 1 个物质和 2 个场）。

（1）物质

辩证唯物主义认为，物质是标志客观实在的哲学范畴，这种客观实在是人通过感知感觉的，它不依赖于我们的感觉而存在，为我们的感觉所复写、摄影、反映。物质的含义非常广泛，自然界中的太阳、水、动物、植物以及各种人造物都是物质，通常用 S 来表示。

（2）场

"场"是指两个物质间的相互作用，通常用 F 表示。物理学中，我们所熟知的场包括电场、磁场、引力场等。在 TRIZ 理论中，"场"的概念有所不同，更加广泛，包括机械场、声场、热场、化学场（氧化、还原、水解等化学作用）、电场、磁场、电磁场（含光场）等。比如敲击键盘时，手与键盘之间的作用就可以被称为机械场。

图 10-1 即为基本物场模型，在圆圈内标注 S_1、S_2 和 F，分别表示物质1、物质 2 和场，三者缺一不可。圆圈之间的连线表示物质之间的相互作用关系，连线上的箭头表示作用的方向。

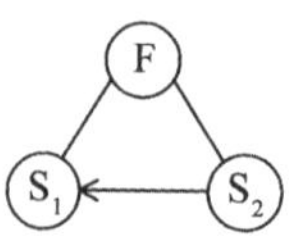

图 10-1　基本物场模型

在面对具体的技术系统问题时，物质之间相互作用不总是有效的，也存在其他多种不同的情况，在构建物场模型时，通常用多种不同的连线对物质之间的相互作用进行区分，常用连线有三种，其对应含义如表 10-1 所示。

表 10-1 物场模型中的连接线及其含义

连接线	含义
←———	有用的作用（有用的相互作用）
←- - - - -	不足的作用
←〜〜〜	有害的作用

基本物场模型是构建物场模型的最小单元，一个复杂系统的物场模型可以由多个基本物场模型串联或并联起来。当系统中存在多个物质和场时，可用下角标进行区分，如图 10-2 所示。

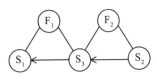

图 10-2 复杂的物场模型

10.1.2 物场模型的特征

应用物场模型分析解决问题时，要充分思考和利用以下三个特性。

（1）完备性

物场模型必须包含三种基本元素 S_1、S_2 和 F。例如，在桌面放置书本时，桌子、课本和重力场就构成了一个基本物场模型，它们缺一不可，如图 10-3 所示。

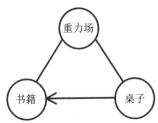

图 10-3 桌面放置书籍和其对应的物场模型

（2）可修改性

在构建实际问题的物场模型时，存在基本要素齐全，但物质之间的作用力 F 不足或有害的情况。这就要求物场模型要有可修改性，通过寻找更合适的物质和场，去替换原有物场模型中的对应元素，就可以达到改善系统功能的目的。

（3）扩展性

复杂系统可以用多个基本物场模型串联或并联的方式来进行描述，物场模型中物质和场的数量没有上限。因此，当单个物场模型无法实现对应功能时，可通过引入新的物质或场，使系统的功能属性得到改善。

10.1.3 物场模型的分类

物场模型是用图形去描述技术系统问题的方式，根据实际问题的不同，可将物场模型分为以下四类。

（1）完整且有效的物场模型

完整且有效的物场模型是指基本三要素齐全且物质之间的相互作用充分、有效的物场模型，它是技术系统物场模型改进的目标和方向。例如，一个人去推一扇门，若把人看成 S_2，门看成 S_1，则人、门和他们之间的力场（机械场）就构成了一个完整有效的物场模型，如图 10-4 所示。

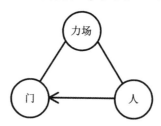

图 10-4　推门——完整且有效的物场模型

（2）不完整的物场模型

不完整的物场模型是指模型中缺少了基本物场模型组成元素中的一种或多种。例如，一个人只是把手轻轻搭在门上，那么手和门之间就缺失了关键的力场，物场模型如图 10-5 所示。

图 10-5　没用力推门——不完整的物场模型

（3）作用不足的物场模型

作用不足的物场模型是指物场模型要素齐全，但物质之间的相互作用不足，影响了系统的性能。例如，一个人给门施加了一个很小的力，只能将门轻轻推开一个小缝，而不能将门完全打开，那么，人、门和他们之间的力场就构成了一个完整但作用不足的物场模型，如图 10-6 所示。

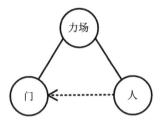

图 10-6 人推门——作用不足的物场模型

（4）有害的物场模型

有害的物场模型是指物场模型要素齐全，但物质之间存在有害的相互作用。例如，门上的木刺没有打磨平整，导致人在推门时，木刺对手的力使手被木刺划破，那么人、门和他们之间的力场就构成了一个完整但存在有害作用的物场模型，如图 10-7 所示。

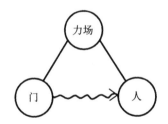

图 10-7 人推门——有害的物场模型

10.2 标准解系统

程序员要使计算机按照特定的命令进行工作，需要使用编程语言。物场分析就是标准解系统使用的语言。使用标准解系统解决实际的发明问题时，必须先通过物场分析对问题进行描述，根据具体问题类型的不同，阿奇舒勒把 76 种标准解法分为了五级（或称五类，均为并列关系，第二级不比第一级高或低）。

第一级：基本物场模型的标准解。包含物场建立与拆解的 2 个子集，共 13 种标准解法。

第二级：增强物场模型的标准解。包含增加柔性与移动性的 4 个子集，共 23 种标准解法。

第三级：转换到超系统或微观级别的标准解。该级别包含 2 个子集，共 6 种标准解法。

第四级：检测和测量的标准解。包含 5 个子集，共 17 种标准解法。

第五级：标准解应用的标准。包含 5 个子集，共 17 条标准解法，第五级也叫简化的标准解。

标准解系统具有普适性，它并不针对某一特定领域的具体问题，而是对不同科学技术领域的发明问题都具有指导意义。每一个标准解至少包含两部分内容，分别是：

①适用于标准解的问题描述和物场模型；

②解决方案的建议和改进后的物场模型。

每个标准解都有它对应的编号，这些编号的具体含义如图 10-8 所示。

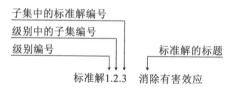

图 10-8　标准解编号的具体含义

接下来，我们将从标准解系统的前四个级别中的每个子集中各挑选一个具体的标准解来进行举例说明。

10.2.1　基本物场模型的标准解

基本物场模型的标准解主要解决的是物场模型中基本三元素缺失和物质之间相互作用有害或不足的问题，共包含两个子集，具体内容如表 10-2 所示。

（1）子集 1.1：建立和改变物场模型的标准解（物场模型的建立）

该子集共包含 8 个标准解，核心思路是将不完整的物场模型转换为完整的物场模型。例如标准解 1.1.1——由不完整的物场模型向完整的物场模型转换。

物场模型具有可修改性，针对缺失某一元素的问题模型，可通过引入缺失的元素使物场模型变得完整，从而解决问题。

表 10-2 第一级 基本物场模型的标准解

标准解编号	标准解内容	解决问题的方向
1.1	**物场模型的建立**	
1.1.1	由不完整的物场模型向完整的物场模型转换	使物场完整
1.1.2	从物质内部引入附加物，建立内部合成的物场模型	
1.1.3	从物质外部引入附加物，建立外部合成的物场模型	
1.1.4	建立与环境一起的物场模型	
1.1.5	建立与环境和附加物一起的物场模型	
1.1.6	对物质作用的最小模式	最大—最小模式（移除多余或局部增强）
1.1.7	对物质作用的最大模式	
1.1.8	分别向最大和最小作用场区域选择性地引入附加物	
1.2	**物场模型的拆解**	
1.2.1	在系统的两个物质间引入外部现成的物质	引入内部或外部物质（场）
1.2.2	引入系统中现有物质的变异物	
1.2.3	引入第二物质	
1.2.4	引入场	
1.2.5	切断磁影响	

例 1：炎热的夏天人们将购买的食材放入冰箱保存，但如果缺少相关的提醒，常常会忘记冰箱里的食物变化和相应的采购需求。将提醒事项记在纸上，那么纸和冰箱之间怎么连接在一起呢？用物场分析的语言称为缺少关键的场 F，物场模型如图 10-9 所示。

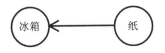

图 10-9 纸和冰箱之间的物场模型

根据基本物场模型的构成元素，可以看出，纸和冰箱之间缺失了基本元素——场，因此，冰箱贴应运而生。目前市场上最常用的冰箱贴有两种，分别是不干胶贴和磁性贴。以磁性冰箱贴为例，它的一面是软胶磁铁，另一面是可以记录提醒事项的覆膜纸。这样，纸和冰箱之间就引入了磁场，形成了一个完整的物场模型，如图 10-10 所示。

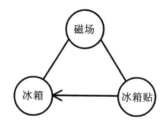

图 10-10　冰箱贴和冰箱之间的物场模型

（2）子集 1.2：消除有害作用的标准解（物场模型的拆解）

如果物场模型中两个物质之间存在有害的相互作用，则可以引入现有物质或新的物质来消除有害的相互作用。例如标准解 1.2.2——引入系统中现有物质的变异物。该标准解法针对的问题是物场模型中物质之间存在有害作用，但不能引入新的物质 S_3，此时可以通过改变现有物质 S_1 和 S_2 来消除有害作用，如利用空气、真空、气泡等，或者加入一种可以实现所需添加物质的场。

例 2：日常生活中我们经常使用玻璃杯喝水，由于玻璃的导热性能良好，当用手捏住盛有热水的玻璃杯时，可能会将手烫伤。如果建立手拿玻璃杯这一系统的物场模型，可以看到，手和玻璃杯之间存在有害的相互作用，如图 10-11 所示。

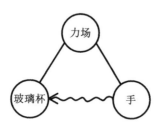

图 10-11　手持玻璃杯的物场模型

为消除手和玻璃杯之间有害的相互作用，可在玻璃杯外层再加一层玻璃，再将两层玻璃之间抽成真空，由于真空能减缓热量的传递，原本烫手的杯子就不再烫手了。新建立的物场模型如图 10-12 所示。

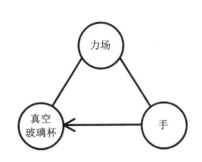

图 10-12   手持真空玻璃杯的物场模型

10. 2. 2   增强物场模型的标准解

增强物场模型的标准解主要用来加强系统物质之间的有利作用，通过引入微小的改进使系统的运行效率更高。这一层级的标准解包含 4 个子集，主要建议有：使用链式物场模型、使用双物场模型、分割（包括利用多孔性）、动态化、频率协调、使用磁性物质，具体内容如表 10-3 所示。

表 10-3   第二级 增强物场模型的标准解

标准解编号	标准解内容	解决问题的方向
2.1	**转化为复杂物场模型**	
2.1.1	引入物质向串联式复合物场模型转换	使用链式物场模型
2.1.2	引入场向并联式物场模型转换	使用双物场模型
2.2	**增强物场模型**	
2.2.1	利用更易控制的场替代原来不易控制的场（类似第 28 条发明原理：机械系统的替代）	分割
2.2.2	加大对工具物质的分割程度，使系统向微观控制转换	分割
2.2.3	利用毛细管和多孔结构的物质	
2.2.4	提高物质的动态性	
2.2.5	构造场	动态化
2.2.6	构造物质	
2.3	**频率协调**	

续表

标准解编号	标准解内容	解决问题的方向
2.3.1	匹配组成物场模型中的场与物质元素的节奏	频率协调
2.3.2	匹配组成复合物场模型中的场与物质元素的节奏	
2.3.3	利用周期性作用	
2.4	**运用磁场**	
2.4.1	引入固体铁磁物质,建立原铁磁场模型	使用磁性物质
2.4.2	将标准解 2.2.1 与 2.4.1 结合,使物场模型向磁场跃迁	
2.4.3	引入磁性液体	
2.4.4	在铁磁场模型中应用毛细管或多孔结构的物质	分割
2.4.5	向铁磁物质场系统中引入添加剂 如果需要提高控制效率,并且具有铁磁性颗粒的物质不能被替换,则必须通过在其中一种物质中引入添加剂来组成内部和外部复杂的铁磁性物质-场系统	使用磁性物质
2.4.6	将铁磁性颗粒引入外部环境 如果需要提高控制效率,并且含有铁磁性颗粒的物质不能被替代,那么应该将铁磁性颗粒引入外部环境。然后,使用磁场,应该改变环境的参数,使得系统变得更可控	
2.4.7	利用自然现象或知识效应	
2.4.8	提高铁磁场模型的动态性	动态化
2.4.9	构造场	
2.4.10	在铁磁场模型中匹配节奏	频率协调
2.4.11	引入电流,建立电磁场模型	使用磁性物质
2.4.12	利用电流变流体(通过电场可以控制流变体的黏度,从而使其能够模仿固-液相变)	

(1)子集 2.1:转化为复杂物场模型

该子集包含两种标准解法,通过引入新的物质和新的场拓展原有的基本物场模型,来达到加强有效作用的目的。例如标准解 2.1.1——引入物质向串联式复合物场模型转换。该标准解法针对的问题模型是物场模型中 S_1 对 S_2 作用不足,此时可以引入新的物质 S_3。S_1 作用于 S_3,再由 S_3 作用于 S_2,形成链式的物场模型。

例3：芯片制造是近年来全球科技领域备受瞩目的高精尖技术，根据摩尔定律，同样大小的芯片每隔两年，其内部的晶体管数量就会增加一倍，相应的芯片性能也会增加一倍，这就要求芯片制造得越来越精细，现如今，芯片制造已经进化到要求两个器件之间只能有几纳米的距离。要在如此小的尺寸上精确制造芯片，必须在制作工程中通过光对芯片进行放大，具体方法是通过制造一个放大的透光的模子，把想要的芯片结构印在模子上面，光透过模子照射到硅晶片上，这样就能制造出小尺寸了，这个过程和投影仪的放大原理是一样的。

根据瑞利判据，$\theta = \dfrac{1.22\lambda}{D}$（$\theta$ 为最小分辨角；D 为被光学系统观察的物体上两点之间的距离；λ 为光的波长），即一个光学系统能够分辨的尺寸和光的波长成正比。因此，想要制造出更小的尺寸，就必须采用波长更短的光。目前，业界主要生产主力使用的波长是 193 nm，叫作深度紫外光，即 DUV（Deep UltraViolet），DUV 光源的成熟度很高，在医疗领域也有应用，比如可以用来矫正近视眼。但随着芯片技术的飞速发展，DUV 这个波长的光想要加工更精细的尺寸就吃力了，其物场模型如图 10-13 所示。

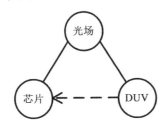

图 10-13　DUV 技术的物场模型

如何升级 DUV 技术来加工尺寸更小的芯片呢？这个困扰芯片制造业多年的难题现在已经被攻克。具体操作方法是同样使用 193 nm 的 DUV 作为光源，用 DUV 光源产生的脉冲去击打液态金属锡，从而激发出波长为 13.5 nm 的可用光。这种技术被称为极紫外光制造技术，即 EUV（extra ultraviolet）。EUV 技术的本质是通过引入新物质，将不足的物场模型转化为链式物场模型，从而解决技术问题。EUV 技术的物场模型如图 10-14 所示。

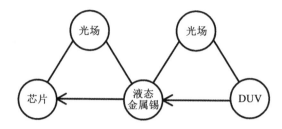

图 10-14　EUV 技术的物场模型

（2）子集 2.2：增强物场模型

该子集包含六种标准解法，核心思路是在不引入新物质或新的场的前提下，通过改变原有物场模型中元素的类型、状态、质量等来增强物质之间的有利作用。例如标准解 2.2.4——提高物质的动态性。该标准解通过将原物场模型中的刚性、非弹性物质转变为具有柔韧性、动态性的物质来提高系统的运行效率。

例 4：切割是生产加工过程中几乎所有原材料都必须经历的步骤，使用切割片来完成材料的切割是材料加工的一种常见方式。根据材质的不同，切割片主要分为纤维树脂切割片和金刚石切割片。以金刚石切割片为例，它的刀头部分使用金刚石作为切割工具，由于金刚石是硬度最高的物质，因此这种切割方式广泛应用于陶瓷、石材、玻璃等硬脆材料的切割。但是金刚石切割速度相对较慢，对切割厚度也有要求，且在切割过程中会产生有害的热量。如果将金刚石切割片切割陶瓷看作一个系统，那么它的物场模型如图 10-15 所示。

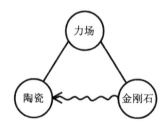

图 10-15　金刚石切割的物场模型

为提高切割效率，可使用水刀代替切割片完成切割。水刀也叫高压水射流切割技术，与传统的切割刀相比，水刀的柔韧性更好，可高效率完成任意形状工件的切割加工，对原材料的种类和厚度也没有规定，因此在建筑、电力、航空航天等各行各业得到了广泛的应用。水刀切割的物场模型如图 10-

16 所示。

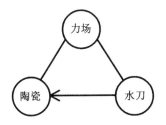

图 10-16　水刀切割的物场模型

（3）子集 2.3：频率协调

该子集包含三种标准解法，通过改变频率使物场模型中的物质和场协同协调一致进行工作，从而提高效率。例如标准解 2.3.1——匹配组成物场模型中的场与物质元素的节奏。

例 5：吸声材料按照其吸声的原理可以分为多孔吸声材料和共振吸声材料两大类。其中多孔吸声材料是利用材料孔内的空气振动，将声能转化为热能，从而达到吸声的效果。多孔吸声材料对高频声音信号吸收效果较好，但对中低频声音信号的吸收效果较差。多孔吸声材料吸收中低频声音信号的物场模型如图 10-17 所示。

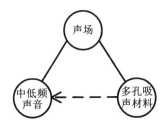

图 10-17　多孔吸声材料吸收中低频声音的物场模型

为解决这一缺陷，共振吸声材料应运而生。共振吸声材料的吸声原理是：当声音信号的频率与共振吸声材料的自振频率一致时，就会发生共振，声波激发共振使吸声材料产生最大振幅的振动，将声能转化为动能，从而达到吸声的效果。共振的本质是频率的协调。根据共振吸声的原理，当需要对中低频声音信号进行吸收时，只需要根据目标声音的频率选择对应的共振腔、共振板、共振薄膜，就可以实现良好的吸声效果。共振吸声材料对中低频声音信号吸收的物场模型如图 10-18 所示。

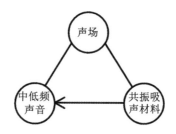

图 10-18　共振吸声材料吸收中低频声音的物场模型

（4）子集 2.4：运用磁场

该子集包含十二种标准解法，通过引入磁性物质，利用磁场达到增强物场模型的目的。该子集包含的标准解数量较多，这主要是由于标准解系统的产生和开发主要集中在 20 世纪七八十年代，当时盛行用磁性去解决很多发明问题，也因此产生了很多与磁相关的专利。此处举例标准解 2.4.2——利用磁性物质，使物场模型向磁场跃迁。

例 6：陶瓷刀又称锆宝石刀，采用高科技纳米材料"氧化锆"和氧化铝粉末加 300 吨的重压压制成刀坯，再经高温烧制和金刚石打磨制成的新型刀片，与传统刀片相比，陶瓷刀具有高硬度、耐高温、抗氧化等优点。但氧化锆材料本身的韧度低，比较脆，高处摔落易崩口、缺角或断裂，也不能用于剁、砍硬物，如骨头、粗鱼刺、冷冻食品等。因此，提高陶瓷刀的韧性成为研究热点。

2016 年 7 月，大连理工大学研发出一种磁场辅助激光近净成形氧化铝基共晶陶瓷刀具的方法，该方法以惰性气体作为送粉和保护气体，用高能激光束熔化陶瓷粉末。在刀具成型过程中利用陶瓷晶粒磁的各向异性，通过附加强磁场使陶瓷中的各陶瓷晶粒择优取向，定向排列，实现氧化铝基共晶陶瓷刀具的织构化结构，从而使陶瓷刀的物理性能产生异向性，可获得良好机械强度，延长刀具使用寿命。陶瓷刀具的磁场辅助激光近净成形系统如图 10-19 所示，图中 1 为激光器，2 为氧化铝基共晶陶瓷刀具，3 为基板，4 为磁极线圈，5 为脉冲发生器。

10.2.3 转换到超系统或微观级别的标准解

转换到超系统或微观级别的标准解用于在超系统或子系统层面产生解决方案，共包含两个子集，具体内容如表 10-4 所示。

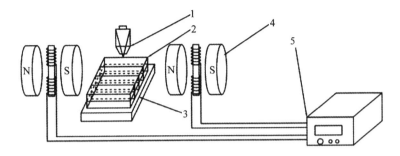

图 10-19 陶瓷刀具的磁场辅助激光近净成形系统

表 10-4 第三级 转换到超系统或微观级别的标准解

标准解编号	标准解内容	解决问题的方向
3.1	**转换到超系统的标准解**	
3.1.1	系统转换 1a：利用组合，创建双系统或多级系统	单系统—双系统—多系统
3.1.2	改进双系统或多级系统	
3.1.3	系统转换 1b：加大系统元素间的特性差异	
3.1.4	简化双、多级系统	
3.1.5	系统转换 1c：使系统的部分与整体具有相反的特性	
3.2	**转换到微观级别的标准解**	
3.2.1	利用更易控制的场代替	裁剪

（1）子集 3.1：转换到超系统

该子集包含五种标准解法，用于在超系统层面产生解决方案。例如标准解 3.1.1——利用组合，创建双系统或多级系统。具体来讲，如果物质 S_1 对物质 S_2 作用不足，可以尝试运用多个物质 S_1 或者多个物质 S_2，以提高效率。

例 7：随着科技的发展，越来越多智能家居产品进入人们的日常生活，比如蒸烤一体机，就是近年来备受欢迎的家用电器。蒸烤一体机的烤功能主要看温控，影响温控的有两大因素——容量和加热配置。通常容量大的蒸烤箱在烤制食物时温度更均匀，此外加热管的数量与布局也影响着蒸烤箱的温度控制。以市场上热销的某品牌蒸烤箱一体机为例，其内部容量为 60 L，若使用单个加热管对食物进行加热，容易导致受热不均匀，无法达到令人满意的烹饪效果。单个加热管与食物之间的物场模型如图 10-20 所示。

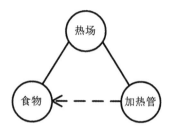

图 10-20　单个加热管加热食物时的物场模型

为解决单个加热管无法使食物受热均匀的问题，在加热模式的设计上，该品牌蒸烤箱一体机采用上下四组加热管加后部双驱热风的方式，实现五维热风烘烤，使温场更均匀，从而使热量触达食物的每一面，达到良好的烹饪效果。该品牌蒸烤箱一体机在烤制食物时的物场模型如图 10-21 所示。

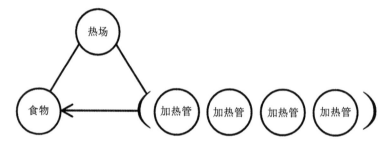

图 10-21　某品牌蒸烤箱一体机在加热食物时的物场模型

（2）子集 3.2：转换到微观级别

该子集用于在子系统层面产生解决方案。如果物质 S_1 对物质 S_2 作用不足，则可以通过将物质 S_1 或物质 S_2 从宏观向微观转变，以提高效率。系统或者部件均可以被能够与场相互作用而实现所需要功能的更低级别的物质代替。一种物质有很多的微观形态（如晶格、分子、离子、原子、基本粒子、场等）。因此，在解决问题时可以考虑各种转换到微观级别或各种从一个微观级别转换到另一个较低层级别的方案。

例 8：形状记忆合金，是一种在加热升温后能完全消除其在较低温度下发生的变形，恢复至变形前的原始形状的合金材料，即拥有记忆效应的合金。目前已获得实际应用的形状记忆合金主要有三大类别：TiNi 基、Cu 基和 Fe 基合金。除了形状记忆特性外，形状记忆合金还具有超弹性、耐磨性、耐蚀性、高阻尼、生物相容性的特点，作为一种前沿材料，形状记忆合金已经在航天航空、能源、机械、电子、建筑、日常生活等多个领域获得了广泛应用，例如某品牌的记忆金属合金配镜架，就使用到了这种形状记忆技术，如图 10-22 所示。

图 10-22 记忆金属合金配镜架

在形状记忆合金出现前，配镜架的材料分为普通金属、塑料、树脂等天然材料三种，这几种材料在长期使用或外力破坏时都会产生形变，甚至完全损坏导致镜架无法使用。而记忆金属合金配镜架则不易损坏，可任意弯曲，可调整性强，也能更好地贴合脸型大小。

那么，这种神奇的材料究竟是如何实现形状记忆的功能的呢？以 TiNi 基记忆合金为例，在微观的原子层面，TiNi 基记忆合金具有两种固体形态，高温时呈现奥氏体形态，其特点是晶体结构稳固、排列整齐，低温时呈现马氏体形态，是一种镜像对称的菱形晶格，称为孪晶，如图 10-23 所示。

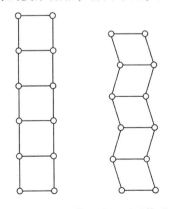

图 10-23 奥氏体形态和马氏体形态

由于孪晶的存在，TiNi 合金在室温下扭曲形变时，不同于普通金属晶格中的位错所造成原子的整体移动，孪晶只是让菱形晶格沿着对称面切向变形，并不会造成金属键的断裂，当 TiNi 合金受热变为奥氏体时，原子没有位错移动，而是保持原来的原子排列次序，因此这种形变是一种可逆的过程，如图 10-24 所示。

图 10-24　孪晶受热恢复奥氏体形态

可以说，形状记忆合金的出现，是对合金材料微观原子世界的有效探索，它推动了材料领域技术的发展和革新。

10.2.4　检测和测量的标准解

检测和测量的标准解主要用来解决技术系统的测量或检测问题，从而使系统的相关数据更易被度量。这一层级标准解的主要建议有：改变系统使测量或检测不再需要、间接测量、建立测量物场模型等。这一层级标准解包含 5 个子集，具体内容如表 10-5 所示。

表 10-5　第四级 检测和测量的标准解

标准解编号	标准解内容	解决问题的方向
4.1	**利用间接的方法**	
4.1.1	以系统的变化来替代检测或测量	使测量或检测不再需要
4.1.2	利用被测对象的复制品	间接测量
4.1.3	利用二级检测来代替	
4.2	**构建基本完整的和复合的测量物场模型**	
4.2.1	构建基本完整的测量物场模型	建立测量物场模型
4.2.2	引入附加物，测量附加物所引起的变化	
4.2.3	在环境中引入附加物，构建与环境一起的测量物场模型	间接测量
4.2.4	改变环境，从环境已有的物质中分解需要的附加物	

续表

标准解编号	标准解内容	解决问题的方向
4.3	**增强测量的物场模型**	
4.3.1	利用物理效应或自然现象	间接测量
4.3.2	利用系统整体或部分的共振频率	
4.3.3	连接已知特性的附加物后，利用其共振频率	
4.4	**向铁磁场测量模型转换**	
4.4.1	构建原铁磁场测量模型	建立测量物场模型
4.4.2	构建铁磁场测量模型	
4.4.3	构建复合铁磁场测量模型	
4.4.4	构建与环境一起的铁磁场测量模型	
4.4.5	利用与磁场有关的物理效应或自然现象	间接测量
4.5	**测量系统的进化方向**	
4.5.1	向双系统或多系统转换	间接测量
4.5.2	向测量被测量的一级或二级衍生物（导数）转换	

（1）子集4.1：利用间接的方法

该子集包含三种标准解法，通过间接的方法使测量或检测不再需要。例如标准解4.1.1——以系统的变化来替代检测或测量。

例9：一些桥梁或者山洞的高度或者宽度有限，有些高度或宽度超限的车辆经过的时候，有必要对车辆的高度和宽度进行测量，以防止车上的物品破坏桥梁或山洞，或者防止桥梁或山洞破坏车上的物品，但测量车的这些参数的时候，车必须停下来，测量的过程也比较慢。可以在靠近桥梁或山洞的外面，加一限高或限宽装置，低于这一高度或宽度都是安全的。如果车辆可以通过限高（宽）装置，则说明车辆是可以安全地通过桥梁或山洞的。如果不能通过限高（宽）装置，则说明车辆是超高或超宽，不允许超限车辆通过。限高（宽）装置使得对车辆高度或者宽度的测量过程不再需要。

（2）子集4.2：构建基本完整的和复合的测量物场模型

该子集包含四种标准解法，核心思路是通过引入附加物或场解决测量和检测的问题。

例如标准解4.2.1——构建基本完整的测量物场模型：如果一个完整的物场模型难以进行测量和检测，则可以通过完善一个合格的物场模型或输出具有场的双物场模型来得到解决。

例 10：为测量液体开始沸腾（出现气泡）的瞬间，让电流通过液体，开始出现气泡时电阻会有相应的增加，通过测量电阻得到想要的测量结果。

例如标准解 4.2.4——引入附加物，测量附加物所引起的变化。

例 11：在判断大额纸币的真伪的时候，如果直接用肉眼或者手感来辨别，通常识别率比较低。为提高识别效率，可以在纸币表面加入荧光物质，在强紫外线的照射下，荧光物质可以产生明亮的荧光，由此判断纸币的真伪。

（3）子集 4.3：增强测量的物场模型

该子集包含三种标准解法，都是采用间接测量的方法。例如标准解 4.3.1——利用物理效应或自然现象。

例 12：胎心和胎动是检测胎儿生命体征的重要方法，如果胎心和胎动出现了异常，就需要视情况及时处理。可以利用多普勒效应间接进行测量。将超声波束的一部分入射通过人体组织后投射到胎心运动表面，由于多普勒效应，超声波的频率会发生一定的频移，这些频移信号被接收器接受并经数据处理后，可以得到胎儿的心率等数据。

（4）子集 4.4：向铁磁场测量模型转换

该子集包含五种标准解法，通过铁磁场解决测量问题。例如标准解 4.4.1——构建原铁磁场测量模型。

例 13：交通管理中使用交通灯进行指挥。如果还想知道车辆需要等候多久，或者想知道车辆已经排了多长，除了用摄像头看以外，还可以在路面下铺设一个环形感应线圈，从而轻易地检测出上面车辆的铁磁成分，经过转换后得出测量结果。

（5）子集 4.5：测量系统的进化方向

该子集包含两种标准解法，通过测量系统的进化趋势解决测量问题。例如标准解 4.5.1——向双系统和多系统转换。如果单一测量系统不能给出足够的精度，可以应用两个或者更多的测量系统。

例 14：为了准确测量视力，验光师使用含多传感器融合技术的仪器来测量远处聚焦、近处聚焦、视网膜整体一致性等多项指标，来全面反映整体视力水平。

10.2.5 标准解应用的标准

应用前四级标准解时，如何更有效地引入新物质、场、科学效应？为了解决这一问题，阿奇舒勒提出了第五类标准解，即标准解应用的标准，这一层级的标准解将帮助研发人员更有效地获得解决方案，共包含 5 个子集，具体内容如表 10-6 所示。

表 10-6 第五级 标准解应用的标准

标准解编号	标准解内容
5.1	**引入物质**
5.1.1	间接方法引入物质
5.1.1.1	利用"虚无物质"（如真空、空气、气泡等）替代实物
5.1.1.2	用引入一个场来替代引入物质
5.1.1.3	引入外部附加物替代内部附加物
5.1.1.4	引入小剂量活性附加物
5.1.1.5	在特定区域引入小剂量活性附加物
5.1.1.6	临时引入附加物
5.1.1.7	利用模型或复制品替代实物，允许其中再引入附加物
5.1.1.8	引入经分解能生成所需附加物的化合物
5.1.1.9	引入环境或物体本身经分解能获得所需的附加物
5.1.2	将物质分割成若干更小的单元
5.1.3	应用能"自消失"的附加物
5.1.4	利用可膨胀结构

续表

标准解编号	标准解内容
5.2	**引入场**
5.2.1	利用系统中已存在的场
5.2.2	利用环境中已存在的场
5.2.3	利用场源物质
5.3	**利用相变**
5.3.1	相变1：改变相态
5.3.2	相变2：在变化的环境作用下，物质由一种状态转变为另一种状态
5.3.3	相变3：利用伴随相变过程中发生的自然现象或物理效应
5.3.4	相变4：利用双相态物质替代
5.3.5	利用物理与化学作用
5.4	**利用物理效应或自然现象**
5.4.1	利用由"自控制"能实现相变的物质
5.4.2	增强输出场
5.5	**产生更高或更低形式的物质粒子**
5.5.1	通过分解获得物质粒子
5.5.2	通过合成获得物质粒子
5.5.3	综合运用5.5.1和5.5.2获得物质粒子

（1）子集5.1：引入物质

该子集包含四种标准解法，例如标准解 5.1.1.1——利用"虚无物质"（如真空、空气、气泡等）替代实物。将空腔引入 S_1 或 S_2，以改进物场元件的相互作用。

例15：对于恶劣环境中的光学窗口镜片，其表面的增透膜易损伤、易脱落。可以在窗口材料表面层加工出凸凹微结构形成部分"空结构"来减小折射率，替代增透膜实现增加透过率的效果。

（2）子集 5.2：引入场

该子集包含三种标准解法，核心思路是通过使用系统中和环境中的场，提高技术系统的工作效率。例如标准解 5.2.2——利用环境中已存在的场。

例 16：电子设备在使用过程中会产生大量的热。可以用温度记忆金属制备花瓣状散热片，热量可以使散热片张开，自动增大散热面积。

再例如利用设备自身热量及与外界的温差，依靠温差发电，驱动风扇或液态金属流动散热，实现自服务。

（3）子集 5.3：利用相变

该子集包含五种标准解法，通过物场模型中物质的相态来提高技术系统的工作效率。例如标准解 5.3.3——相变 3：利用伴随相变过程中发生的自然现象或物理效应。可以通过使用伴随相变的物理现象来提高系统的效率。

例 17：暖手器里面，有一个盛有液体的塑料袋，袋内有一个薄金属片。需要释放热量时，在液体中弯曲薄金属片，可以产生一定的声信号，触发液体转变为固体。当全部液体转变为固体后，人们将暖手器放回热源中加热，固体可还原为液体。

中国空气动力研究与发展中心 2021 年申请公布号 CN113415428A 的发明专利《一种用于除冰的热发泡式冲击力发生器》，没有采用简单低效能耗大的加热除冰、质量大、激励电压高的振动除冰等传统机翼除冰方法，而是巧妙地通过加热，使柔性密封腔中液体产生高温高压气体，使得柔性密闭腔的腔体向外膨胀产生的冲击力敲打飞机蒙皮进行振动除冰。具有激励电路简单，并且取消了复杂的、质量较大的外部管路和控制阀门，除冰装置的体积小、质量轻、能量利用率高，安全性高等优点。

（4）子集 5.4：利用物理效应或自然现象

该子集包含两种标准解法，通过利用物理效应或自然现象，使技术系统运行更加简洁和高效。例如标准解 5.4.2——增强输出场。

例 18：真空管、继电器和晶体管，都可以利用很小的电流来控制很大的电流。

（5）子集 5.5：产生物质粒子的更高或更低形式

该子集包含三种标准解法，通过分解或组合，使技术系统简化。例如标准解 5.5.1——通过分解获得物质粒子（通过分解更高一级结构的物质来获取所需的物质）。

例 19：如果系统需要氢原子，但系统本身又不允许引入氢原子的时候，可以向系统引入氢气，仅在需要的特定的地方将氢气分解成氢原子。

10.3 如何应用物场模型解决实际问题

物场分析方法和标准解系统是解决发明问题的一个重要工具，为人们解决技术问题提供了方向明确、种类丰富、可行性高的多种方案。与发明原理和分离方法相比，它对用户的启发更为详细。但初学者在使用这一工具时，常常由于缺乏清晰的思路，导致无法准确筛选出有效的解决方案。其实，通过对 TRIZ 理论的研究，结合技术领域大量具体的应用案例，我们总结出一套简单明了且行之有效的使用流程，让物场分析方法和标准解系统更易被掌握，具体过程如下。

（1）分析技术系统，形成对初始问题的描述

分析技术系统的工作过程和工作原理，分析各组件的作用，尽量使用图文并茂的方式清晰地描述初始问题。

（2）建立初始问题的物场模型

分析初始问题中各组件之间的相互作用，使用物场分析方法建立初始问题的物场模型。如果是检测或测量的问题，则应用 76 个标准解中的第四级标准解。

（3）对技术系统进行改进

①如果是不完整的物场模型，应用标准解中第一级中的 1.1.1~1.1.5；

②如果是有害的物场模型，应用标准解第一级中的 1.1.6~1.1.8 和 1.2.1~1.2.5；

③如果是不足的物场模型，应用标准解法第二级中的 23 个标准解法和标准解法第三级中的 6 个标准解法。

（4）改善和简化技术系统

在通过上述步骤获得了对应的标准解法和解决方案后，检查技术系统能否用标准解法第五级中的 17 个标准解法进行简化，如可以对技术系统进行简化，则在简化后形成最终的解决方案。

为便于理解，绘制流程图如图 10-25 所示。

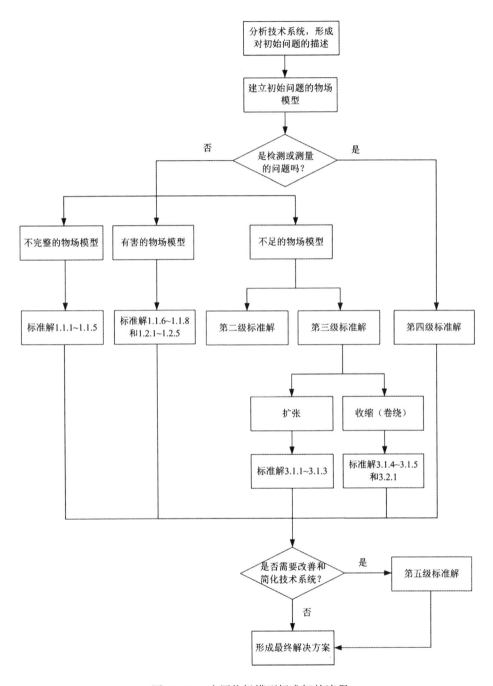

图 10-25 应用物场模型标准解的流程

在实际应用标准解法的过程中，必须紧紧围绕技术系统所存在的问题进行分析，考虑系统的实际限制条件，灵活使用多种标准解法，对比它们的优劣，找出最优的解决方案。

10.4 小　结

物场模型反映了技术系统的结构属性，其作用是分析和解决实现技术系统功能的某结构要素出现的问题。在技术创新中应用物场分析法具有以下优势：

①能正确地描述产品或者技术系统的构成要素以及构成要素之间相互联系，从而使技术人员能正确地理解系统问题的所在。

②通过理解元素之间的相互作用，物场模型从一种形式变换到另一种形式，并最终把物场模型映射到真实的产品改进，而实现技术创新。

③伴随着技术系统问题的解决，物场模型可以在结构上实现形式变换，因此各种技术系统及其变换形式都可用物质和场的相互作用形式表述，这些变化的作用形式汇集成了发明问题的标准解。

④标准解法可以及时正确地运用先进技术和快速满足市场需求，为技术创新的实践提供了具体的、有效的方法。

参考文献

[1] 姚威，韩旭，储昭卫. 创新之道——TRIZ 理论与实战精要 [M]. 北京：清华大学出版社，2020.

[2] 赵敏，史晓凌，段海波. TRIZ 入门及实践 [M]. 北京：科学出版社，2009.

[3] 孙永伟，Litvin S，Gerasimov V，等. TRIZ 打开创新之门的金钥匙 [M]. 北京：科学出版社，2020.

[4] 大连理工大学. 一种磁场辅助激光近净成形 Al_2O_3 基共晶陶瓷刀具的方法：CN106278195A [P]. 2017-01-04.

[5] 中国空气动力研究与发展中心. 一种用于除冰的热发泡式冲击力发生器：CN113415428A [P]. 2021-09-21.

[6] 物场的模板与76个标准解 [EB/OL]. (2019-05-15) [2023-05-04]. https://max.book118.com/html/2019/0514/6034232131002031.shtm.

11　TRIZ 的科学效应库

　　随着科学的发展，人们陆续发现了繁多的科学效应，主要分为物理、化学、生物和几何效应等。即使是历史上的大发明家，也只掌握和应用了少数而不是全部科学效应。当遇到问题时，几乎没有人足够了解能够用于解决该问题的所有科学效应，也缺乏一个将想实现的功能和可实现该功能的科学效应联系起来的可查询的索引。

　　科学效应库就是这样一种索引。它是 TRIZ 理论中的一种基于知识的强力的解决问题的工具，用它经常能做出发明等级高的颠覆性的（破坏性的）重大创新。

11.1　科学效应

　　科学效应体现的是自然界中的因果关系。它是各领域的定律，是实现对应功能的"作用力"。科学效应充分体现了输入与输出之间的转换过程，由其涉及的科学原理以及系统属性决定，并在其转换过程中伴有现象发生。典型的科学效应模型如图 11-1 所示。

图 11-1　典型效应模型

　　其中，输入、输出以及控制可以是单个或多个，所对应的级数也可以有所变化。

　　例如，光电效应是将光能转化为电能。

　　如果单一的科学效应尚不足以解决问题，还可以在典型的效应模型的基础上，将单一的效应根据需要进行变化，来得到更多的模型。例如需要将光能转化为磁能，如果没有能直接完成转化的科学效应，可以先用第一种科学效应将光能转化为电能，再用第二种科学效应将电能转化为磁能。

11.1.1 串联模式

将效应按照一定的顺序进行搭配，构成一个串行的效应流程即为串联模式，所有的效应按照先后关系依次发生，前一级的输出即为下一级的输入。比如，电气控制中常用的热继电器，其结构如图 11-2 所示。

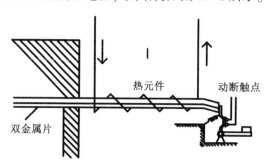

图 11-2 热继电器结构

显然，先利用热电效应改变双金属片的温度，双金属片的双金属结构产生形变，触点断开。热电效应的输出是双金属结构形变的输入，双金属结构形变使得触点断开。因此，热电效应与热膨胀效应构成了一个串联效应，如图 11-3 所示。

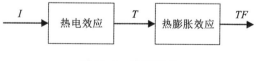

图 11-3 串联模式

11.1.2 并联模式

并联模式是指所需的结果由多个效应同时作用得到，每一个效应之间是独立的，效应与效应之间不存在互相制约的关系。比如液压系统中常用的液压缸与蓄能器组成的液压执行机构，其结构如图 11-4 所示。

液压缸应用液体流效应，蓄能器则采用气体体积改变所产生的几何效应，两者不分先后共同作用于活塞，推动活塞在不同条件下平稳完成预定动作。这里的两种效应构成了一个并联效应，如图 11-5 所示。

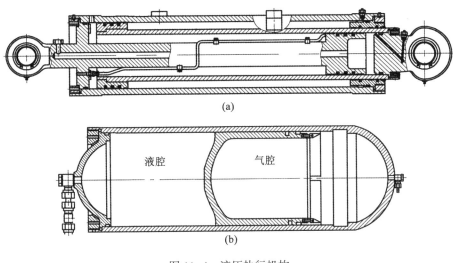

(a)

(b)

图 11-4 液压执行机构

(a) 液压缸；(b) 蓄能器

图 11-5 并联模式

11.1.3 环形模式

环形模式是指效应集合的输出作用于效应集合自身的输入，构成了一个反馈网络。比如灯光闪烁控制电路，如图 11-6 所示。

电路中的 D1 所输出的光作为光敏电阻 R2 的输入，两者都是基于光电效应。这里的前后两级光电效应构成了一个环形模式，如图 11-7 所示。

11.1.4 控制效应模式

多个效应共同作用实现，效应与效应之间存在着控制关系，如图 11-8 所示。

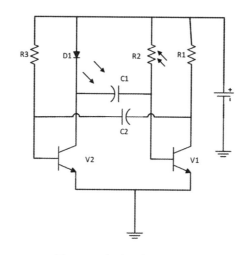

图 11-6　灯光闪烁控制电路

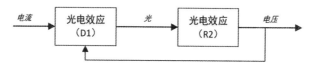

图 11-7　环形模式

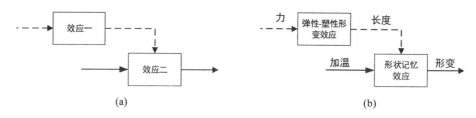

(a)　　　　　　　　　　　　　　　　(b)

图 11-8　控制效应模式

（a）控制效应模式；（b）形变效应与形状记忆效应的控制模式

11.2　科学效应的工程应用

　　阿奇舒勒的科研团队从 1969 年开始有计划收集和整理所应用的效应，在 1979 年发布了关于物理效应的技术手册，1988 年又出版了关于化学效应的手册。到目前为止，研究人员已经总结归纳了超过 10 000 个效应，涵盖了物理、化学、生物、几何等学科和领域，在工程中常用的效应大概有 1 400 多个。

11.2.1　几种典型的科学效应

11.2.1.1　光电效应

光电效应是物理学中一个重要而神奇的现象。在高于某特定频率的电磁波（该频率称为极限频率 threshold frequency）照射下，某些物质内部的电子吸收能量后逸出而形成电流，即光生电，如图 11-9 所示。

光电现象由德国物理学家赫兹于 1887 年发现，而正确的解释为爱因斯坦所提出。科学家们在研究光电效应的过程中，物理学者对光子的量子性质有了更加深入的了解，这对波粒二象性概念的提出有重大影响。

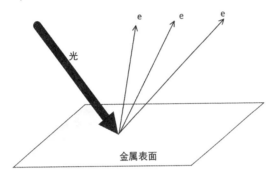

图 11-9　光电效应示意图

利用光电效应可以制造多种光电器件，如光电倍增管、电视摄像管、光电管、电光度计等。

这里介绍一下光电倍增管。这种管子可以测量非常微弱的光。光电倍增管的管内除有一个阴极 K 和一个阳极 A 外，还有若干个倍增电极 K1、K2、K3、K4、K5 等。使用时不但要在阴极和阳极之间加上电压，各倍增电极也要加上电压，使阴极电势最低，各个倍增电极的电势依次升高，阳极电势最高，这样，相邻两个电极之间都有加速电场，当阴极受到光的照射时，就发射光电子，并在加速电场的作用下，以较大的动能撞击到第一个倍增电极上，光电子能从这个倍增电极上激发出较多的电子，这些电子在电场的作用下，又撞击到第二个倍增电极上，从而激发出更多的电子，这样，激发出的电子数不断增加，最后从阳极收集到的电子数将比最初从阴极发射的电子数增加了很多倍（一般为 $10^5 \sim 10^8$ 倍）。因而，这种管子只要受到很微弱的光照，就能产生很大电流，它在工程、天文、军事等方面都有重要的作用。

显然，利用光电效应可以由光产生电，作为光的探测器。进一步思考，电可以产生光，光再产生电，从而可以用一个电路在电隔离状态下控制另一个电路，实现单向控制而不被另一个电路干扰和破坏（避免另一个电路可能产生的瞬间高压损伤前一个电路）。

11.2.1.2 伯努利效应

1726 年，伯努利通过无数次实验，发现了"边界层表面效应"：流体速度加快时，物体与流体接触的界面上的压力会减小，反之压力会增加。为纪念这位科学家的贡献，这一发现被称为"伯努利效应"，见图 11-10。利用伯努利效应可以设计抽水、抽气的装置。

伯努利效应适用于包括液体和气体在内的一切理想流体，是流体做稳定流动时的基本现象之一，反映出流体的压强与流速的关系，流速与压强的关系：流体的流速越大，压强越小；流体的流速越小，压强越大。

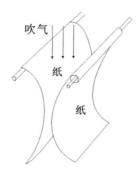

图 11-10 伯努利效应

比如，管道内有一稳定流动的流体，在管道不同截面处的竖直开口细管内的液柱的高度不同，表明在稳定流动中，流速大的地方压强小，流速小的地方压强大。

伯努利方程为

$$p+（1/2）\rho v^2+\rho gh=C$$

其中，p 为压强，ρ 为流体密度，v 为流体速度，g 为重力加速度，h 为高度。

生活中跟伯努利效应相关的例子很多。比如船吸现象，1911 年 9 月 20 日，"奥林匹克"号正在大海上航行，在距离这艘当时世界上最大远洋轮的 100 米处，有一艘比它小得多的英国皇家海军铁甲巡洋舰"豪克"号正在向前疾驶，两艘船似乎在比赛，彼此靠得较拢，平行着驶向前方。忽然，正在疾驶中的"豪克"号好像被大船吸引似地，一点也不服从舵手的操纵，竟一头向"奥林匹克"号撞去。最后，"豪克"号的船头撞在"奥林匹克"号的船舷上，撞出个大洞，酿成一件海难。这次海面上的飞来横祸，就是伯努利原理的现象。我们知道，根据流体力学的伯努利原理，流体的压强与它的流速有关，流速越大，压强越小；反之亦然。用这个原理来审视这次事故，就不难找出事故的原因了。原来，当两艘船平行着向前航行时，在两艘船中间的水比外侧的水流得快，中间水对两船内侧的压强，也就比外侧对两船外侧的压强要小。于是，在外侧水的压力作用下，两船渐渐靠近，最后相撞。又由于"豪克"号较小，在同样大小压力的作用下，它向两船中间靠拢时速度要快得多，因此，造成了"豪克"号撞击"奥林匹克"号的事故。现在航海上把这种现象称为"船吸现象"。

鉴于这类海难不断发生，而且轮船和军舰越造越大，一旦发生撞船事故，它们的危害性也越大，因此，世界海事组织对这种情况下的航海规则都做了严格的规定，它们包括两船同向行驶时，彼此必须保持多大的间隔，在通过狭窄地段时，小船与大船彼此应作怎样的规避，等等。乘客禁止站在火车站台上离轨道太近的地方，也是为了避免被吸向行驶的火车。

还有体育运动中的"香蕉球"。例如足球中罚"香蕉球"的时候，运动员并不是把脚踢中足球的中心，而是稍稍偏向一侧，同时用脚背摩擦足球，使球在空气中前进的同时还不断地旋转。这时，一方面空气迎着球向后流动，另一方面，由于空气与球之间的摩擦，球周围的空气又会被带着一起旋转。这样，球一侧空气的流动速度加快，而另一侧空气的流动速度减慢。物理知识告诉我们：气体的流速越大，压强越小。由于足球两侧空气的流动速度不一样，它们对足球所产生的压强也不一样，于是，足球在空气压力的作用下，被迫向空气流速大的一侧转弯了。

伯努利效应的应用还有很多，例如飞机机翼、喷雾器、汽油发动机的汽化器等。

11.2.1.3 热电效应

（1）珀耳帖效应

1834 年法国科学家珀尔帖发现了热电致冷（也称为制冷）和致热现象——温差电效应。由 N、P 型材料组成一对热电偶，当热电偶通入直流电流后，因直流电通入的方向不同，将在电偶结点处产生吸热和放热现象，这种现象被称为珀尔帖效应。显然利用珀尔帖效应可以用电搬运热量（制冷）。

当有电流通过不同的导体组成的回路时，除产生不可逆的焦耳热外，在不同导体的接头处随着电流方向的不同会分别出现吸热、放热现象。如果电流通过导线由导体 1 流向导体 2，则在单位时间内，导体 1 处单位面积吸收的热量与通过导体 1 处的电流密度成正比。

简单可以理解为：外加电场作用下，电子发生定向运动，将一部分内能带到电场另一端。

（2）塞贝克效应

T. J. 塞贝克在 1821 年发现，如果两种不同的导体连接成回路，且两接头的温度 T1 和 T2 不同时，则回路中产生电动势，会有电流出现。温差电动势与两接头的温度势及两种材料的性质有关，可用温差电动势率，即单位温差产生的电动势来描述这一效应。显然塞贝克效应可用于热发电或测量温度。

（3）汤姆逊效应

1856 年 W. 汤姆逊（即开尔文）用热力学分析上述两种温差电效应时指出，还应有第三种温差电现象存在。后来有人在实验上发现，如果在存在温度梯度的均匀导体中通有电流时，导体中除了产生不可逆的焦耳热外，还要吸收或放出一定的热量，这一现象定名为汤姆逊效应。在单位时间和单位体积内吸收或放出的热量与电流密度及温度梯度成正比。

以上三种热电现象都是可逆的。

热电效应的应用也是很广泛的，比如温差电制冷或半导体制冷，可以用来做成小型热电制冷器。

11.2.1.4 渗透效应

渗透指两种不同浓度的溶液隔以半透膜（允许溶剂分子通过，不允许溶质分子通过的膜），水分子或其他溶剂分子从低浓度的溶液通过半透膜进入高浓度溶液中，或水分子从水势高的一方通过半透膜向水势低的一方移动的现象。

渗透膜早已存在于自然界中，但直到 1748 年，Nollet 发现水能自然地扩散到装有酒精溶液的猪膀胱内，人类才发现了渗透现象。

在自然的渗透过程中，溶剂都是通过渗透膜从低浓度向高浓度部分扩散。而反渗透是指在外界压力作用下，浓溶液中的溶剂透过膜向稀溶液中扩散，具有这种功能的半透膜称为反渗透膜，也称 RO（reverse osmoses）膜。

渗透和反渗透的应用有很多，特别是反渗透，最早用于美国宇航员将尿液回收为纯水。医学界还以反渗透法的技术用来洗肾（血液透析）。目前渗透和反渗透被广泛用于食品、饮料、纯净水生产工艺中、医药、电子等行业用水制备、化工工艺的浓缩、分离、提纯及配水制备、锅炉补给水除盐软水、海水、苦咸水淡化、造纸、电镀、印染等行业用水及废水处理。

11.2.1.5 纳米效应

1 纳米（1 nm）表示十亿分之一。在纳米尺度下，物质中电子波性依据原子之间的相互作用将受到尺度大小的影响，会发生各种不同的变化，表现出明显有别于传统模式和理论的特性。

纳米技术的定义为"在原子分子纳米级控制结构和机能的关于物质、材料、器件及过程系统的科学"。其重要的特性主要包含 4 个方面。

（1）表面效应

球形颗粒的表面积与直径的平方成正比，其体积与直径的立方成正比，所以，球形颗粒的比表面积（表面积/体积）与直径成反比。随着颗粒直径的减小，比表面积将会显著地增大，表面原子数也将迅速增加。

由此可见，当颗粒的直径减小到纳米尺度时，会引起它的表面原子数、比表面积和表面能的大幅度增加，由于表面原子的周围缺少相邻的原子，使得颗粒出现大量剩余的悬键而具有不饱和的性质。同时，表面原子具有高的活性，且极不稳定，它们很容易与外来的原子相结合，形成稳定的结构。所以，表面原子与内部原子相比，具有更低的化学活性和表面能。金属的纳米颗粒在空气中会燃烧，无机的纳米颗粒暴露在空气中会吸附气体并与气体进行反应都是因为这些纳米颗粒的表面活性高的原因。

（2）小尺寸效应

随着颗粒尺寸的量变，在一定的条件下会引起颗粒性质的质变。由于颗粒尺寸变小所引起的宏观物理性质的变化称为小尺寸效应。纳米颗粒尺寸小，其熔点、磁性、热阻、电学性能、光学性能、化学活性和催化性能等都发生了变化，产生一系列奇特的性质。例如，金属纳米颗粒对光的吸收效果显著增加，并产生吸收峰的等离子共振频率偏移；磁性磁有序态向磁无序态，超导相向正常相的转变。纳米颗粒的熔点也将大幅度下降。例如，金和银大块材料的熔点分别为 1 063 ℃ 和 960 ℃，但是直径为 2 nm 的金和银的颗粒，其熔点分别降为 330 ℃ 和 100 ℃，试设想一下，开水就可以将银熔化，这是多么奇特的性能。

金属纳米颗粒熔点大幅度降低，可以为粉末冶金工业带来了全新的工艺，而对光吸收效果的显著增加，可以制造具有一定频宽的微波吸收材料，用于电磁屏蔽和隐形飞机等。

（3）量子尺寸效应

金属大块材料的能带可以看成是连续的，而介于原子和大块材料之间的纳米材料的能带将分裂为分立的能级，即能级是量子化。这种能级间的间距随着颗粒尺寸的减小而增大。当能级间距大于热能、光子能量、静电能、磁能、静磁能或朝导态的凝聚能等的平均能级间距时，就会出现一系列与大块材料截然不同的反常特性，称为量子尺寸效应。这种量子尺寸效应导致纳米颗粒的磁、光、电、声、热以及超导电性等特性与大块材料显著不同。例如，纳米颗粒具有高的光学非线性和特异的催化等性质，而且金属纳米颗粒（如纳米银）具有类似于绝缘体的很高的电阻。

半导体的能带结构与颗粒的尺寸也有密切的关系。随着颗粒的减小，半导体的发光带或者吸光带可由长波移向短波长，发光的颜色从红光移向蓝光，这就是半导体的蓝移（blue moved）现象。这种随颗粒尺寸的减小，能隙变宽发生蓝移的现象也是由量子尺寸效应引起的。

（4）宏观量子隧道效应

微观粒子具有穿透势垒的能力称为隧道效应。近年来，人们发现一些宏观的物理量，如微小颗粒的磁化强度，量子相干器件中的磁通以及电荷等也具有隧道效应，它们可以穿越宏观系统的势垒而产生变化。宏观量子隧道效应的研究对基础研究和应用都有重要意义。例如，它限定了采用磁带、磁盘进行信息存储的最短时间。这种效应和量子尺寸效应一起，将会是未来微电子器件的基础，它们确定了微电子器件进一步微型化的极限。

11.2.2 基于效应的功能设计

我们在产品的设计中，首先需要通过对需求进行分析，分解总功能为各个分功能和功能元，然后找到每个功能元的原理解。那么，在求解原理解的过程中，如何根据功能查找效应库，并能利用好科学效应就成了一个非常重要的技术环节。效应解决问题的一般过程如图 11-11 所示。首先，分析需求，找到问题之所在；分析问题，找到问题与功能的对应关系；根据功能导向搜索或根据功能查找科学效应库并得到推荐的效应；对效应进行梳理，优选适用的效应；最后验证是否有效，若问题没有被解决，则进行再一次的分析、效应选取和验证，直至问题被解决，形成最终方案。

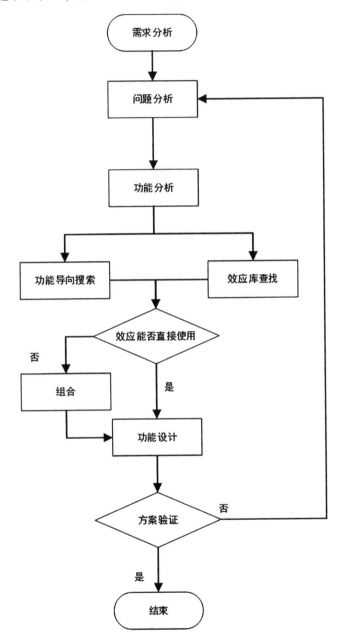

图 11-11 效应应用的一般流程

阿奇舒勒提出了应用"How to"模型结合科学效应知识库进行发明创造的方法，并给出了常见的 30 个标准"How to"模型，见表 11-1，以及这些模型实现经常要用到的 100 个科学效应，来帮助我们解决工程中常见的问题，见表 11-2（只列举了部分）。

使用"How to"模型前，需要先对功能进行一般化（通用化、抽象化）处理，见本书"13.2.1 一般化处理"章节。

表 11-1　30 个标准"How to"模型

序号	实现的功能	序号	实现的功能	序号	实现的功能
1	测量温度	11	稳定物体位置	21	改变表面性质
2	降低温度	12	产生/控制力，形成高的压力	22	检查物体容量的状态和特征
3	提高温度	13	控制摩擦力	23	改变物体空间性质
4	稳定温度	14	解体物体	24	形成要求的结构，稳定物体结构
5	探测物体的位移和运动	15	积蓄机械能与热能	25	探测电场和磁场
6	控制物体的位移	16	传递能量	26	探测辐射
7	控制液体及气体的运动	17	建立移动物体和固定物体之间的交互作用	27	产生辐射
8	控制浮质的流动	18	测量物体的尺寸	28	控制磁场
9	搅拌混合物，形成溶液	19	改变物体的尺寸	29	控制光
10	分解混合物	20	检查表面状态和性质	30	激发及加强化学变化

表 11-2　常用科学效应

序号	需要实现的功能	效应、现象、方法
1	测量温度	热膨胀、热电现象、光谱辐射、热辐射……
2	降低温度	传导、对流、辐射、相变……
3	提高温度	传导、对流、辐射、压缩……
4	稳定温度	相变、热绝缘
5	探测物体的位移和运动	光的反射和辐射、光电效应、相变……
⋮	⋮	⋮
30	激发及加强化学变化	催化剂、强氧化剂和还原剂、分子激活……

11.3 应用实例

在科学效应知识库工程应用实践中，应充分利用现有的工具软件和互联网资源，通过功能导向搜索等方式帮助工程人员克服自身知识面有限实际，快速找到突破技术瓶颈的合理思路，从而及时、有针对性地提出解决方案和途径。

11.3.1 英国 TRIZ 科学效应库网站（TRIZ Effects Database）简介

英国牛津创意公司建设了 TRIZ 科学效应库查询网站（TRIZ Effects Database），网站首页如图 11-12 所示，网址为：TRIZ. co. uk/TRIZ-effects-database 或 http://wbam2244. dns-systems. net/EDB/，可用于查询产品开发中需要用到的科学效应。点击"VISIT NOW"进入查询界面，如图 11-13 所示。效应库的查询方式分为三种，分别是：功能查询方式（FUNCTION）、参数查询方式（PARAMETER）、转换方式查询方式（TRANSFORM）。

图 11-12　TRIZ Effects Database 首页

11.3.1.1　功能查询方式（FUNCTION）

如图 11-14 所示，按照产品功能需求分析得到需要实现的一般化的功能，在功能菜单中找到对应功能选项、功能实施对象以及查询结果范围进行查询，获取与功能需求相对应的科学效应结果。

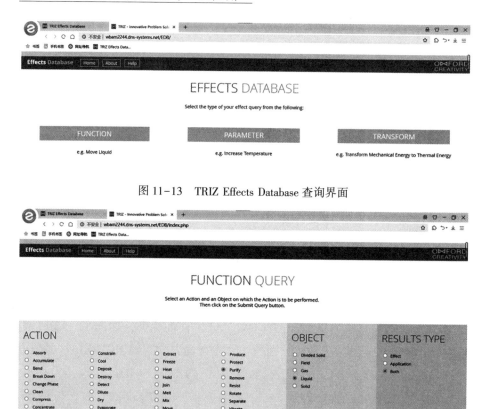

图 11-13　TRIZ Effects Database 查询界面

图 11-14　功能查询界面

11.3.1.2　参数查询方式（PARAMETER）

如图 11-15 所示，按照产品重要控制参数要求，在功能菜单中找到对应操作方式选项、参数对象以及查询结果范围进行查询，获取与参数要求相对应的科学效应结果。

11.3.1.3　转换方式查询方式（TRANSFORM）

一些发明创新本质是实现了能量从一个场向另一个场的转换。当我们需要某种场的转换时，就可以用这一查询方式。如图 11-16 所示，按照产品转换方式要求，在功能菜单中找到对应被转换选项、目标选项对象以及查询结果范围进行查询，获取与转换要求相对应的科学效应结果。

图 11-15 参数查询界面

图 11-16 转换方式查询界面

11.3.2 TRIZ Effects Database 应用

11.3.2.1 检测闭锁机构的性能

（1）问题分析

在某设备中装配了一个闭锁机构。闭锁机构在使用的过程中会因使用次数、材料老化、磨损等因素造成对应性能下降，为此及时掌握参数变化可以做到有效预防故障发生。

传统的方法是将闭锁机构从设备取下，在专用的检测平台上通过复现其工作过程检测其性能参数。在这种模式下，每一次的检测实际就是对闭锁机构的一次损耗，而且其检测的结论只能反映闭锁机构前一次作用时的技术性能，仅能作为当前状态的参考。

（2）确定功能需求

那么，如何检测当前闭锁装置状态？通过对闭锁机构的结构和工作原理分析，可以得出一个结论：闭锁机构的闭锁力可以通过检测闭锁体之间压力、检测闭锁体形变量、检测螺栓轴形变量、检测螺母与闭锁体之间的压力等手段获得。根据实际工作环境和技术要求，确定采用测量螺母与闭锁体之间的压力方式，来测算出实际闭锁力的大小。

功能需求：压力测量。

（3）查找效应库

在 PARAMETER 页面中选择测量，对象为压力，输出结果包括效应（Effect）和应用（Application）两类，在结果中，一共提供了 59 个结果，如图 11-17 所示。

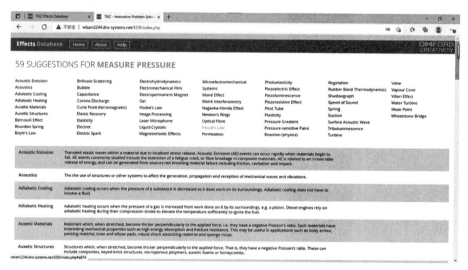

图 11-17 效应库查询结果

考虑到周边可用的资源，逐一考察这些效应的可行性、难度、成本等因素，发现其中 Piezoelectric Effect（压电效应，在某些固体材料中响应于施加的机械应力而产生的电荷）等效应可以在测量螺母压力中应用。

（4）效应应用及解决方案

采用基于压电效应的应变式测力传感器，如图 11-18 所示，实现测量螺母与闭锁体之间的压力，通过测量电信号转换后测算出闭锁力的大小。由此，闭锁力的检测及实时监测问题得到解决。

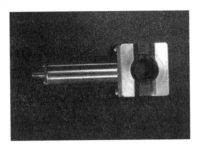

图 11-18 压力传感器

11.3.2.2 血栓过滤器"腿"上的钩子

（1）问题分析

血栓性静脉炎患者的血栓可能会脱落使血管堵塞。因此需要在患者的静脉中插入血栓过滤器（滤网）。然而过滤器"腿"上的钩子不能很好地固定在静脉中，有乱跑的风险（图 11-19）。

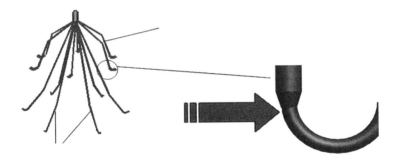

图 11-19 血栓过滤器"腿"上的钩子

（2）确定功能需求

如果过滤器有钩子，那么过滤器能很好地固定在静脉壁上，但过滤器难以放入静脉；

如果过滤器没有钩子，那么过滤器容易放入静脉，但不能很好地固定在静脉壁上。

如何让钩子在放入时是直的，在放入后变成弯的？

（3）查找效应库

选择功能查询方式（FUNCTION），在页面中的动作（ACTION）中选择弯曲（Bend），对象（OBJECT）中选择固体（Solid），输出结果选效应

（Effect）和应用（Application）两类，见图 11-20。

网站查询到（功能查询结果）61 种效应，见图 11-21（已机翻为中文）。

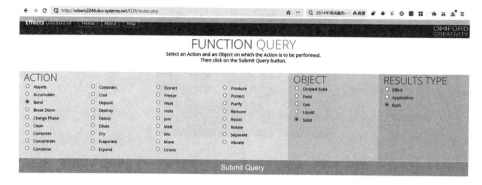

图 11-20 功能查询页面

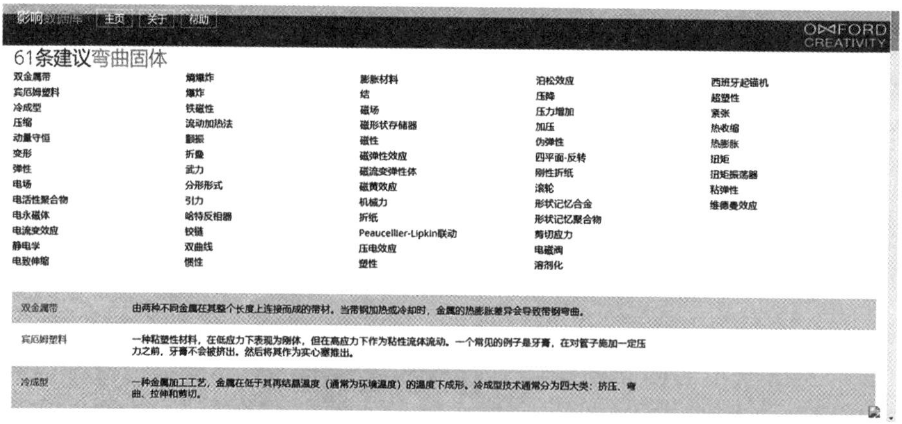

图 11-21 功能查询结果

考虑到本技术系统周围可利用的资源中有人体的热能，选择"形状记忆合金"效应。解决方案见图 11-22。

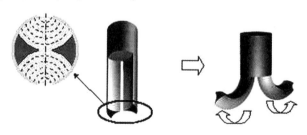

图 11-22 解决方案

参考文献

［1］成思源，周金平，郭钟宁. 技术创新方法——TRIZ 理论及应用［M］. 北京：清华大学出版社，2014.

［2］高长青. TRIZ-发明问题解决理论［M］. 北京：科学出版社，2011.

［3］Litvin S S. New TRIZ-based tool-function-oriented search（FOS）［J］. An earlier version of this paper appeared in the proceedings of the Altshuller Institute's TRIZCON2005，April 2005.

［4］豆浆. 101 个科学效应和现象详解［EB/OL］.（2019-05-18）［2023-05-01］. https：//ishare. iask. sina. com. cn/f/bsPO7tg21Pv. html.

［5］刘红云. 纳米铜等纳米材料对斑马鱼胚胎发育的影响［D］. 淮南：安徽理工大学，2009.

［6］宁汉生. 纳米氧化锌/纯丙复合乳液的制备与表征［D］. 青岛：青岛科技大学，2009.

［7］王晓丽. 纳米材料修饰电极及其在生物传感器中的应用研究［D］. 上海：华东师范大学，2005.

［8］伯努利原理讲解［EB/OL］.［2023－05－01］. https：//wenku. baidu. com/view/3b2b0b86e3bd960590c69ec3d5bbfd0a7856d523. html？ _ wkts_ = 1688744167396.

［9］科技百科. 光电效应［EB/OL］.［2023－05－01］. http：//www. techcn. com. cn/index. php？ doc-view-75154. html.

12 技术系统进化

谁能猜到 20 年后的拐杖是什么样子吗？也许这拐杖中带有智能芯片，具备实时监控、全面定位、紧急呼救等多种功能。即使拿拐杖的老年人尚未发现身体不适，拐杖就会率先感知到，帮助老人联系家人和救护车。如何在今天想到这些未来的功能和组件呢？

企业要在市场竞争中获胜，很重要的一点就是要能够正确预测未来。要预测未来，就要研究技术系统的发展规律。TRIZ 理论认为，技术系统的发展和演变不是随机的，而是有内在的客观规律。20 世纪 70 年代中期，阿奇舒勒提出了技术进化论。技术进化论与达尔文的生物进化论、斯宾塞的社会达尔文主义并称为"三大进化论"，可见其地位之重要。

由于人们接受新事物新产品存在滞后时间差，市场调研不一定能反映出消费者（用户）对产品的未来需求。S 曲线和技术系统八大进化法则可用于产生市场需求、定性技术预测、产生新技术、专利布局（专利规避）、制定企业战略等，为企业新产品研发提供有力的帮助。

在所有的发明方法中，只有 TRIZ 理论具备技术系统进化的完整内容，这是 TRIZ 理论的独特性和重要性之一。

12.1 S 曲线

12.1.1 S 曲线的含义

阿奇舒勒通过对大量专利进行研究发现，任何领域的技术革新都需要经过几个相同的阶段：婴儿期、成长期、成熟期、衰退期。这类似于人的一生，总是要经历出生、成长、成熟和衰老的过程。如果将技术革新的发展过程在平面直角坐标系中展现，其中横轴为时间，纵轴为衡量技术系统发展情况的"主要价值参数（MPV, main parameter of value）"或"理想度"，那么，参数随时间发展变化的规律将表现为一条 S 形的曲线，这就是技术系统进化的

S 曲线，如图 12-1 所示。

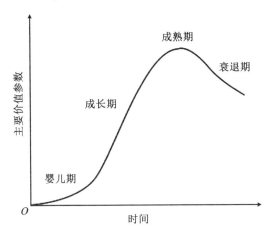

图 12-1　S 曲线

加拿大 Thought Guiding Systems 公司的 Y．B．Karasik 认为主要价值参数有些难以确定，纵轴可以用某种"质量参数"。例如汽车的"质量参数"的"近似值"之一是：

质量参数近似值 = （有效载荷 × 距离×速度）／（汽车成本 × 汽油成本 × 维护成本）

S 曲线的各个阶段都有其显著特征，具体内容如下。

12.1.1.1　婴儿期

顾名思义，婴儿期是新技术系统诞生的初期，在这一阶段，个别有前瞻性的发明者发现了市场对新技术的需求，使得新技术诞生并开始发展。但总体来讲，新技术系统尚无法满足社会发展的需要，存在效率低、可靠性差等缺点。在这一阶段，技术系统发展的物质、信息、金钱等资源比较匮乏，容易遇到发展瓶颈，因此发展速度缓慢。因此这一阶段在坐标系中表现为一条坡度平缓的曲线。

12.1.1.2　成长期

在这一阶段，新的技术系统逐渐被社会认识到它的价值，大量的人力、物力、财力将投入技术发展的研究，大量的新想法、新论文、新专利使技术系统迅速发展革新，技术系统发展速度很快，系统效能得到很大提高。因此这一阶段在平面直角坐标系中表现为一条坡度较陡的直线。

12.1.1.3　成熟期

技术系统发展到成熟期时，系统性能水平达到最高，在社会生活中得到大量应用。此时不再产生根本性的技术革新，技术系统的发展多表现为局部功能的优化和改进，发展速度趋于平缓。

12.1.1.4 衰退期

在这一阶段，由于社会系统中法规、标准的限制，或者因为自然界中的客观法则，技术系统的各个参数已经发展到极限，很难再取得新突破，产品性能甚至有下降的趋势。此时，技术系统将不再有大量的需求，或将被新的技术系统所取代。

12.1.2 判断 S 曲线各阶段的指标

明确了 S 曲线的四个发展阶段后，如何判断当前技术系统处于 S 曲线的哪个阶段呢？阿奇舒勒在经典 TRIZ 理论中指出，衡量技术系统发展阶段的标志主要包含四个方面：性能参数、专利数量、发明级别、利润。其相应曲线如图 12-2 所示。

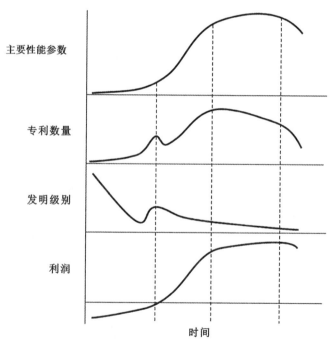

图 12-2 S 曲线对应的性能参数、专利数量、发明级别、利润曲线

其中"发明级别"这个指标是指该发明在 TRIZ 理论中的等级，分为以下 5 个等级，具体如下：

第 1 级是最小型（最小级）发明。这类发明只改变了组件的某个参数，或在产品的单独组件中进行了少量的变更，但这些变更不会影响产品系统的整体结构，通常可以用折中法解决这类问题。该类发明并不需要任何相邻领域的专门技术或知识。特定专业领域的任何专家，依靠个人专业知识基本上都能做到该类创新。例如以厚度隔离减少热损失，以大卡车取代小车改善运输成本效率等。据统计大约有 32% 的发明专利属于第 1 级发明。例如，专利号 CN209776793U 的实用新型专利《一种用于飞机起落架与舱体的降噪结构及其飞机》，将通常的降噪设计中普遍采用的锯齿结构的放置角度和位置进行了简单改进。通过带有锯齿的气流干扰件对来流进行干扰，改变气流的状态，从而降低气流对起落架、舱体的撞击作用，改变来流与舱体腔底气流的相互作用，破坏噪声形成机制，进而实现降噪的目的。申请公布号 CN108706092A 的发明专利《一种锯齿形飞行器武器舱噪声抑制装置》，将锯齿结构的放置角度由固定变为可调（符合动态性增强进化法则），将锯齿由单面改为双面。转动后的扰流片与底面基板的夹角为 0°~90° 之间的任一角度。扰流片横梁上下表面均为锯齿结构，可以大幅度提高对来流的控制效果；扰流片底部的间隙减小了装置在来流法向上的投影面积，从而降低了飞行器的气动阻力；通过改变扰流片与基板间的倾角，保证扰流片的高度与边界层厚度相当（符合协调性增强进化法则），在不同速度条件下均可对下游舱体产生最佳降噪效果。

第 2 级是小型发明。此类产品系统中的某个组件发生部分变化，改变的参数约十几个或数十个，即以定性方式改善产品，可通过解决一个技术矛盾对已有系统进行少量改进。这一类问题的解决主要采用行业内已有的理论、知识和经验，通过与同类系统的类比即可找到创新方案。如在焊接装置上增加灭火器，中空的斧头柄可以储藏钉子等，中空的拖把柄储藏清洗剂，中空的喷漆枪杆储藏油漆等。约有 45% 的发明专利属于此等级。

第 3 级是中型发明。这类发明是对已有系统进行根本性改进。产品系统中的几个组件可能会出现全面变化，其中大概要有上百个变量加以改善。它需利用领域外的知识，但不需要借鉴其他学科的知识。此类的发明如原子笔、登山自行车、计算机上使用鼠标、汽车上用自动传动系统代替机械传动系统、电钻上安装离合器、手机使用触摸屏等。约有 18% 的发明专利属于第 3 等级。

最早的飞机除冰方式有加热（电加热、气加热）除冰、气动带除冰、振动除冰等，常具有复杂、质量大、耗能高等缺点，因此急需一种激励电路简单、轻量化、小体积的除冰用装置。连续的电加热除冰效果差，耗能高。首先想到变为周期性电加热除冰，热冲击更强，除冰效果更好。然后想到连续加热改为电动机驱动的可动支架上安装有热沉和加热器，先让可动支架远离蒙皮，待温度传感器测量发现热沉被加热器加热到较高温度后，可动支架再移动到贴紧蒙皮处，实现快速加热除冰。下一步，为缩小质量、体积、成本，试图去除电动机和可动支架。例如，申请公布号 CN111731485A 的发明专利《一种自主间歇式除冰装置及其安装方法和除冰方法》采用记忆材料取代电动机和可动支架，在低温时远离蒙皮，利于保温和热沉温度的快速升高；在高温时自动贴紧蒙皮实现快速加热除冰。对比现有技术中的缓慢加热，本发明具有单位面积除冰的能量利用率更高、结构简单可靠的优点；不需要额外的温度传感器、位移作动部件、位移作动控制器等器件，仅需要进行电加热器件温度设定和记忆材料支架的形貌设计，技术可靠性极高，成本和轻量化优势明显。

第 4 级是大型发明。这类发明采用全新的原理完成对已有系统基本功能的创新，是指创造新的事物，需要数千个甚至数万个变量加以改善的情境，一般需引用新的科学知识而非利用科技信息。这一类问题的解决主要是从科学的角度而不是从工程的角度出发，充分控制和利用科学知识、科学原理实现新的发明创造。该类发明需要综合其他学科领域知识的启发方可找到解决方案。大约有 4% 的发明专利属于第 4 级发明，如内燃机、集成电路、个人电脑、充气轮胎、记忆合金管接头等。

例如，申请公布号 CN113415428A 的发明专利《一种用于除冰的热发泡式冲击力发生器》，没有采用简单低效的加热除冰、凸轮带动机械装置运动除冰等传统除冰方法，而是通过加热，使柔性袋中的液体介质发泡产生高温高压气体，对蒙皮进行冲击除冰。其激励电路简单，并且取消了复杂的、质量较大的外部管路和控制阀门，使得除冰装置的体积小、质量轻、能量利用率高，安全性高。

申请公布号 CN113415428A 的发明专利《一种飞机除冰方法及除冰装置》也是用高温气体冲击除冰，而它产生高温气体的方式是燃烧。在外壳与飞机蒙皮形成的反应室内喷射反应剂和氧化剂，在点火器的作用下反应剂与氧化剂反应产生高温气体，高温气体产生的冲击载荷作用在飞机蒙皮上，在振动和加热的耦合作用下去除飞机蒙皮上的结冰。反应剂和氧化剂在反应的瞬间产生气体和高温，所以形成了高温气体，高温气体向外膨胀作用在蒙皮上，在蒙皮上产生冲击振动，并对蒙皮加热，在振动和加热的耦合作用下实现冰的去除。

最高级是特大型发明，即第 5 级。这类发明主要是指那些科学发现（罕见的科学原理），一般是先有新的发现，建立新的知识，然后才有广泛的运用。大约有 1% 的发明专利属于第 5 级发明，如蒸汽发动机、飞机、激光、计算机、形状记忆合金、灯泡等。

平时我们遇到的绝大多数发明都属于第 1、2 和 3 级。虽然高等级发明对于推动技术文明进步具有重大意义，但是这一级的发明数量相当稀少，而较低等级的发明则会起到不断完善技术的作用。

但仅仅依靠上述四种指标判断技术发展位于 S 曲线的哪个阶段，得到的结论可能不一定准确，这主要是由某些客观原因所导致的。比如专利申请到授权的周期一般为 2 年，与技术系统发展的实际情况相比，专利数量和专利级别等信息的获取是滞后的，这影响了人们对技术系统发展阶段的判断。同时，由于国家政策对某一领域技术发展扶持力度的不同，也会导致专利数量和级别不能客观反映技术系统所处的发展阶段。

为使衡量技术系统发展阶段的判断更加准确，在现代 TRIZ 理论中，除传统的四个因素外，通常还会增加一些其他辅助判断的指标，比如与市场表现相关的技术系统参数（市场占有率、利润率、性价比等），以便根据实际情况，对技术系统发展的阶段做出更为准确的判断，从而采取相应的策略，提高产品研发的效率。

12.1.3　S 曲线各阶段的策略

S 曲线是 TRIZ 理论的一个重要分支，这是因为通过分析技术发展的 S 曲线，可以帮助企业在不同的研发阶段做出相应的决策，使产品技术研发更有方向性，从而节省时间和金钱成本。

根据 S 曲线在各阶段的特征，可采取如下策略。

12.1.3.1　婴儿期的策略

在技术系统发展的婴儿期，资源少，系统可靠性差，因此在选择策略时，应着重利用现有资源，将新技术系统与其他成熟的技术系统结合，灵活使用前面章节介绍的 TRIZ 分析方法，如功能分析、矛盾分析、物场分析等，使得当前的技术瓶颈得到解决。

此外，由于新技术系统诞生时，存在很多未知因素，各种技术手段的优劣无法被准确预知，因此可以尽可能地做出新的尝试，甚至可以对技术系统的运行方式做根本性的改变。在这一阶段，还需要总结新技术系统的特点和功能，明确其在市场中的定位，使投资者看到技术系统在市场上的发展潜力，为技术系统的成长和成熟奠定基础。

12.1.3.2 成长期的策略

在该阶段，由于前期对瓶颈问题的攻克，技术系统的发展前景逐渐被市场认可，大量的人员、资金、物质开始投入，技术系统进入多个细分市场，可以说，这个阶段是技术系统发展最好的阶段，同时也是技术系统由不成熟发展到成熟的重要过渡阶段。

在这一阶段，基本的技术瓶颈已经被突破，技术系统的功能得以实现，显著优势也已经被投资者看到，因此在成长期最重要的策略是要加快推进技术系统进入市场。但同时开发者也要注意，此时，技术系统还存在很多细节需要完善，在占领市场的同时，还要利用当前充足的资源做出大量创新，还可与超系统相结合，利用超系统中适合的资源，使技术系统的功能、稳定性、性价比等得到进一步升级，从而提高用户的使用体验。由于市场本身存在"优胜劣汰"，因此在这一发展阶段结束时，质量高的技术系统得以保留，质量低的技术系统则在竞争中被市场所淘汰。

12.1.3.3 成熟期的策略

在这一时期，技术系统的功能已经比较成熟，从技术层面来说，此时系统的 MVP 已经很难得到继续提升。此外，成熟的技术系统被大量应用，成为市场上的主流产品，潜在用户的增长趋势也在减缓。此时，不宜再投入大量的资源，而应将目光放在局部组件的创新上，主要考虑在不改变产品功能的前提下，节省生产成本或增加销售利润。此外，还可以增加产品的美学设计、开发技术系统的服务组件、优化产品的使用环境等，使得用户的使用体验进一步完善。

12.1.3.4 衰退期的策略

在这一阶段，技术系统的发展不能适应时代发展的需求，市场份额和利润都大大下降，甚至可能被市场淘汰。在这一阶段，首先降低售价，以牺牲部分利润的方式提高产品的性价比，从而提高市场竞争力。其次，必须采取措施寻找新的方法手段，在当前技术系统上做出颠覆性变革，促使新技术系统的产生，或针对某一细分市场进行适应性改造。

12.1.4 S曲线族

当技术系统的发展进入衰退期后，原有的技术系统发展到极限，其技术水平与社会需求之间会产生一定的矛盾，促使新的技术系统的诞生，形成新老事物的交替，新的技术系统的发展依然遵循S曲线的发展规律。如此不断的替代，就形成了S曲线族。

某个市场（某种需求方面）上，当旧系统耗尽其发展潜力，即当其主要功能的改进（体现为主要参数）停滞不前（或跟不上需求）时，新的技术系统的研发将被分配更多的资金和资源，得到迅速的发展，例如：

使用螺旋桨推进的飞机的速度存在理论上的限制。第二次世界大战期间，当几乎达到这个极限时，喷气式飞机出现了；

在提高纽科门型蒸汽机效率的工作停滞不前时，瓦特蒸汽机出现了。

目前，汽车发动机冷却风扇中，机械直连式风扇和感温片式硅油风扇处于衰退期，电子风扇、电磁风扇、电控硅油风扇处于成熟期，液压风扇处于成长期。

如果新技术系统出现时，在性能、成本、有害功能方面相比旧系统显示出巨大的优势，新技术系统将得到迅速发展，一般不会等到旧系统耗尽其发展潜力时新技术系统才得到迅速发展。

S曲线族如图12-3所示，其形成具有多方面的因素，主要可概括为以下两种：

①受思维习惯的影响。人们通常会将研究目标和资源集中投入在某一个或几个子系统，因而在大多数情况下，系统性能的变化首先遵循的是以某一子系统或几个子系统的进化为基础的S曲线。但子系统也是系统，它的进化也符合S曲线进化法则，也存在着衰退期。当上述某子系统上的性能发展到极限时，为了改变系统性能就需要改变发展方向，系统的组成也可能会发生变化。当出现了上述情况时，系统将以另一条S曲线开始其进化历程，即出现了多条S曲线。

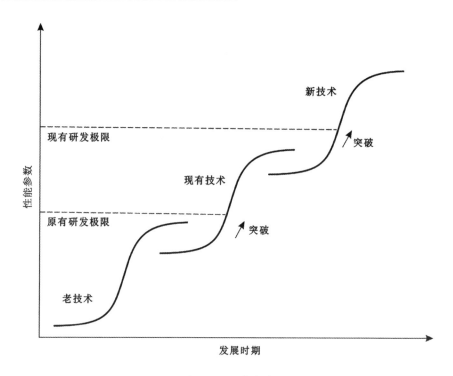

图 12-3   S 曲线族

②新技术产生的影响。在原系统的进化过程中，各种新技术也在不断地出现。如新技术被应用于当前系统时，新的 S 曲线也将产生，此时前一个 S 曲线的发育可能是不完整的，即当它还没有走完成熟期时，其发展的历程也就结束了。

12.1.5   基于 S 曲线的专利布局

国内外对知识产权保护力度的进一步加大，对企业在产品开发过程中的专利挖掘、专利布局、专利规避等提出了更高的要求。通过分析某一技术系统领域的专利数量和专利级别，定位产品在 S 曲线上的发展阶段，可以帮助企业制订更科学、更具前瞻性的专利发展顶层设计。具体来说，在 S 曲线的婴儿期，要围绕技术系统的基础技术进行研究与突破，产生基础性（核心、关键）专利。在成长期，要在现有基础性专利发展的基础上，布局与技术系统核心技术相关的应用性专利。在成熟期，要进行专利规避的布局。而在衰退期，要挖掘技术和专利新的应用方向。

12.2 技术系统进化法则

技术进化论是以生物进化论来借喻技术发展的机制和模式的技术史学理论。学者乔治·巴萨拉、约翰·奇曼将技术进化与生物进化类比，提出技术发展的进化假说和技术创新进化论。该理论主要研究技术进化的传承连续、创新动因和选择机制，但没有从技术创新视角对技术系统进化的微观过程进行探讨。1946 年阿奇舒勒等人开始从工程领域探索发明问题解决理论的研究，通过对大量的工程系统和专利进行分析发现，技术系统总是遵循一定的客观规律不断地进化、发展和变化，而且同一或类似的规律往往在不同的技术领域被反复应用。为此，阿奇舒勒对技术系统的创新发展规律进行了总结和抽象，提出了以技术创新为基础的 TRIZ 技术系统进化理论。

TRIZ 经典理论中包含的进化法则（或译为进化定律、进化趋势、演化模式）包括提高理想度法则，完备性法则，能量传导法则，提高柔性、移动性和可控性法则，子系统非一致性进化法则，向超系统进化法则，向微观系统进化法则和协调法则这八大法则。这些技术系统进化法则基本涵盖了各种产品核心技术的进化规律，每条法则中又包含不同数目的具体进化路线和模式。

在阿奇舒勒提出的进化法则基础上，不同的 TRIZ 研究者提出了不同的体系和版本，造成了对技术系统进化法则表述的差异，但其本质是相同的。经典 TRIZ 提出了八大进化法则，后来有学者提出九大法则，也有学者把 S 曲线作为一个进化法则，提出了十大法则，具体为：S 曲线法则，提高理想度法则，系统完备性法则，向超系统进化法则，增加剪裁度趋势法则，子系统协调性法则，可控性进化法则，动态性进化法则，减少人工介入的进化法则，子系统不均衡进化法则。

现代 TRIZ 理论中各个进化法则之间及与 S 曲线的关系如图 12-4 所示。

本书采用阿奇舒勒提出的经典 TRIZ 技术系统八大进化法则，以此为基础逐条介绍这些进化法则及其包含的主要进化路线（子法则）。

后来，涌现了新的 TRIZ 流派和新的技术进化路线，如美国 Ideation International 公司提出了 400 条技术进化路线，称为 "Directed Evolution，DE，定向进化"，这些新成果值得关注和研究。

关于技术系统进化法则，有以下几种分类方法：

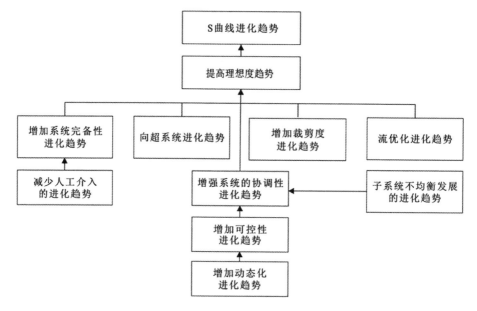

图 12-4　现代 TRIZ 理论中各进化法则之间及与 S 曲线的关系

（1）分为三类

20 世纪 70 年代中期，阿奇舒勒在论文和《创造是一门精密的科学》一书中详细阐述了技术系统进化法则，并提出进化法则分为三类（三组）：

①静力学法则：描述新创建系统可行性标准。包括完备性法则，能量传递法则，协调性进化法则。

②运动学法则：不考虑条件，技术系统如何进化。包括提高理想度法则，子系统不均衡进化法则，向超系统进化法则。

③动力学法则：定义特定条件下技术系统如何进化。包括向微观系统进化法则，动态性进化法则。

以上是经典 TRIZ 理论的进化理论体系。

（2）分为两类

八大法则还可以分为生存类法则和发展类法则。

生存类法则是技术系统正常发挥功能的必要条件。生存类法则包括完备性法则，能量传递法则，协调性进化法则。

与生存类法则相对应的，发展类法则揭示了系统在人为作用下，不断完善自身性能，提高理想度时遵循的规律。与生存类法则不同，发展类法则技术系统无需同时遵从所有的发展法则。不同的技术系统，在其发展的不同阶段，所遵循的发展法则可能不同。发展类法则包括提高理想度法则，子系统不均衡进化法则，向超系统进化法则，向微观系统进化法则，动态性进化法则。

12.2.1 提高理想度法则

本法则是技术系统进化法则的总纲，其他法则以及若干进化路线都可以视为从不同的角度来提高技术系统的理想度。

提高理想度法则是指任何技术系统，在其生命周期之中是沿着提高其理想度的方向进化的，提高理想度法则代表着所有技术系统进化法则的最终方向。

12.2.1.1 理想度的概念

理想度是从技术角度对技术系统的有用功能与有害功能（包括成本和耗费）之间综合效益的一种度量，用公式表述为

$$I = \frac{\sum F}{\sum C + \sum H}$$

分子为有用功能 F 之和，分母为成本 C 与有害功能 H 之和（有害功能可以视为不想要的功能，包括体积、质量。有的文献将成本也视为广义的有害功能，因为成本也是不想要的）。从公式中可以看出，技术系统的理想度与有用功能之和成正比，与有害功能和成本之和成反比。

12.2.1.2 提高理想度的主要途径

由上述公式可见，要提高理想度 I，可以通过以下方式：

①有用功能 F 增加，成本 C 或有害功能 H 不变或下降。能量传递法则、协调性进化法则提高了能量传递效率，由此提高了理想度。

②有用功能 F 大幅度增加，成本 C（或有害功能 H）小幅度增加。这在 TRIZ 中称为"扩张"。完备性法则就是技术系统越来越完备，分系统（装置）增加，成本 C 小幅度增加，但有用功能 F 大幅度增加；动态性法则也是这样，增加动态性可控性虽然使成本 C 小幅度增加，但换来的是有用功能 F 大幅度增加；向超系统进化法则中的"从单系统→双系统→多系统"进化路线（子法则）也是如此。

③有用功能 F 不变或小幅度减少，成本 C 大幅度下降。这在 TRIZ 中称为"收缩、卷积"，类似于超系统中裁剪。向超系统进化法则就是如此。

例如，MP5 播放器。随着媒体播放器的发展，MP3、MP4 等下载视听类产品已无法满足用户个性化需求，新型 MP5 播放器不仅可以下载音乐收听歌曲，还可以 WiFi 联网收看电视节目、播放视频、处理文档、查询词典和游戏娱乐，支持的播放格式较之前也增加了不少。功能的增加并没有使价格大幅上涨，受到用户的欢迎。

从另一方面，提高理想度的途径包括：

①增加系统的功能，或从超系统获得有用功能。例如计算机的进化，计算机由最初的计算用途到现在集上网、视频、游戏、交友聊天、制图等，功能日趋强大。

②将尽可能多的功能集中到尽可能少的工作元件上。例如，复印机在没有增加更多元件的基础上集成了扫描仪的功能。

③利用外部或内部已存在的可利用的资源。例如苹果 AirTag 蓝牙追踪器，不是利用费电且昂贵的 GPS 定位技术，而是利用周围的苹果设备来确定自己的位置。

④将一些系统功能转移到超系统和外部环境中。例如将飞机油箱的存储煤油的功能转移到空中加油机。空中加油机为飞行中的战斗机及直升机补加燃料，这样可以使受油机延长续航时间，增加有效载重，提高受油机的作战能力。

理想度最大的终极状态（最终理想解）是有用功能最大，成本为零，有害功能为零。然而这种理想化结果在现实世界中永远无法达到。但 TRIZ 教导我们大胆去设想、去追求这种终极状态，能有效避免传统创新方法中存在的缺乏目标导向，受思维惯性束缚等问题，或由于客观条件限制导致被迫折中妥协的现象，能有效提升创新设计的效率。

技术系统改进的一般方向是努力提升其理想度水平，但特殊领域的技术系统理想度可能随着进化非但不增加反而降低，如军事领域。其原因一是由于军事领域的资源几乎是无限的，几乎可以使用任何昂贵的资源来完成系统功能，对成本考虑较少；二是军事领域追求最大化功能，此功能是决定战争成败的关键，系统功能每提高一点，其作用会显著增加；三是其功能效应边际递增。

12.2.2 完备性法则

技术系统完备性法则告诉我们，技术系统要实现某项功能的必要条件是：

一个完整的技术系统应具有控制功能、传动功能、执行功能和动力（能源）功能。其中，执行功能是工程系统功能得以实现的最主要功能；控制功能是工程系统或超系统控制其他部件的部分；传动功能是工程系统或超系统将一种场（能量）等从能量源传递到执行机构的部分；动力功能是工程系统或超系统提供能量的部分。

系统具有单独要素所不具备的系统特性。为了实现系统功能，系统还必须具备最基本的部件，部件之间紧密联系。系统如果缺少其中的任一部件，就不能成为一个完整的技术系统；如果系统中的任一部件失效，整个技术系统也无法"幸存"。完备性法则有助于确定实现所需技术功能的部件并节约资源，利用它可以对效率低下的技术系统进行裁剪。

12.2.2.1 系统的基本要素

（1）动力装置（部分、单元）

动力装置是从能量源获取能量，并将能量转换为系统所需要的形式的装置。以电风扇为例，系统需要的能量是机械能，而拥有的能量是电能。电动机能将电能转化为机械能，因此，电动机是风扇系统的动力装置。

（2）传动装置

传动装置是将能量输送到执行装置的装置。电风扇通过电动机获得机械能后，其传动轴将机械能传递给扇叶，扇叶作用于空气，使之快速流动。

（3）执行装置

执行装置是直接作用于产品（或称目标）的装置。产品是系统完成其功能的产物，也称为"对象"。对于电风扇而言，产品是空气。

（4）控制装置

控制装置是协调和控制系统其他要素的装置。电风扇的运转依靠开关控制电能的供与断，控制风扇的启动与停止。

需要注意的是，完全自动的系统是不存在的，需要利用系统外部的控制来指挥系统内部的控制装置。对于电风扇来说，是由人来完成对开关的操作。

12.2.2.2 系统各装置间的联系

系统是为实现功能而建立的。技术系统从能量源获得能量，并将能量转换，传递到需要能量的部件，作用到对象上，即"能量源→动力装置→传动装置→执行装置→产品"的工作路线（能量流向），控制装置改变系统中的能量流，加强或减弱某个要素，从而协调整个系统。各装置间的逻辑关系如

图 12-5 所示。

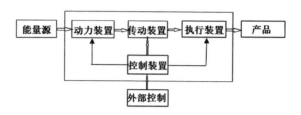

图 12-5　各装置间的逻辑关系图

需要指出的是，技术系统初生阶段，首先是执行其主要功能（此时技术系统不一定具备控制装置、传动装置和动力装置，但一定具备执行装置）。新生的技术系统通常不具有执行主要功能所需的资源，所以通常依赖超系统提供。随着系统的进化，系统能够逐步代替超系统（例如人）执行其他装置（子系统）的功能。

我们同样以电风扇为例，来了解一下电风扇的进化路线。电风扇的进化经历了由"蒲扇→手摇风扇→电风扇"的发展过程。在蒲扇时期只有执行装置，其他装置则由超系统（人）提供资源完成。在手摇风扇时期，系统有执行装置和传动装置，其装置由超系统资源完成。在最早的电风扇时期，执行装置、传动装置、动力装置都由系统自身实现，控制功能则由超系统完成（方向和风力大小，自身不可控，需要人工移动底座来改变吹风方向）。随着电风扇技术的发展，现代电风扇已经同时具备这 4 个装置。电机是动力装置，传动轴是传输装置，叶片是执行装置，开关是控制装置。从上述分析不难发现，系统进化最终是由系统自身完成所有功能，逐渐减少对超系统的依赖和人为介入，最终脱离人的参与。图 12-6 为完备性法则进化趋势。

拖把由原始拖把（需要手拧干）→旋转拖把（将脚踩或手压的运动传输为拖把的旋转运动）→电动拖把→电动拖地机器人的进化，也体现了传动装置、动力装置、控制装置由超系统（人）提供资源完成逐步升级为由拖把技术系统自身实现的进化过程。

定滑轮手动晾衣架→动滑轮手动晾衣架（省力，改进了传动装置）→电动晾衣架→自动晾衣架（阳光好时自动下降，下雨时自动上升）的进化，也体现了完备性法则。

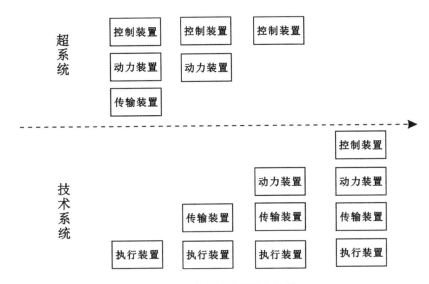

图 12-6 完备性法则进化趋势

12.2.3 能量传递法则

该法则是指技术系统进化的趋势是向着能量传递效率最大、减少能量损失的方向进化。技术系统要实现其功能，必须要保证能量能够贯穿系统的所有部分。每个技术系统都是一个能量传递系统，将能量从动力装置经传动装置传递到执行装置。为了实现技术系统的某部分可控性，必须保证该部分与控制装置之间的能量传导。

12.2.3.1 能量传递法则的主要内容

①技术系统实现其基本功能的必要条件之一是能量能够从"能量源"传递到技术系统的所有组件。

②如果技术系统中某个组件不能接收能量，就会影响其效用发挥，整个技术系统就不能执行其有用功能或者有用功能不足。

③要使技术系统的某组件具有可控性，必须在该组件和控制装置之间提供能量传递的通路。

例如，车载收音机的能量传递。收音机在汽车金属车体屏蔽的环境下收听广播时信号差，时断时续。尽管收音机内各子系统工作都很正常，但电台传导的能量源受阻，使整个系统不能正常工作。在汽车车顶增加天线（鞭式天线/汽车玻璃天线/鲨鱼鳍天线），天线提高能量传递效率，问题就解决了。

12.2.3.2 能量传递法则的主要途径

①提高系统各部分（对于能量）的传导率。例如远程电力传输材料可以由铜、铝发展为超导材料，有效解决电能传输过程中损耗问题。

②减少能量转换的次数。能量在转化和转移过程中会造成能量的损耗。因此，最好用单一能量（或场）贯穿于系统的整个工作过程。如机车的进化，由蒸汽式机车（化学能→热能→压力能→机械能）进化到柴油机车（化学能→压力能→机械能）进化到电力机车（电能→机械能）。

③缩短能量传递路径，减少传递过程中的能量损失，使系统各部分间的能量传递路径最短。例如油田所用的传统抽油机为电动机驱动杆进行上、下往返运动。此类机器能量传递路径长，不仅中间传动部件能量损耗大，且耗电量也不低。新一代抽油机采用位于下方的直线电动机直接驱动实现往复运动，去掉了中间传动机构，采油效率显著提高。

④用可控性好的能量形式代替可控性差的能量形式。如开关的进化：由最初的手动机械式开关（缺点：依靠人力，易出错、不方便、不智能）进化到自动压力开关（缺点：易磨损、灵敏度低），再进化到光电感应开关，其可控性逐渐增强。如小型取暖设备由采用化学能（煤点燃慢、火力不易精确控制、熄灭慢）进化为电能。

12.2.4 协调性法则

协调性法则指出，技术系统的进化沿着各子系统相互之间更协调的方向发展，充分发挥各自功能。在相互作用的系统及其组件的参数、特性和功能之间逐渐建立最佳关系，促进消除有害作用，消除各种损失，获得新的有用功能。协调性法则和前两项法则一样，是技术系统能发挥其功能的必要条件。

12.2.4.1 协调性方向进化层次结构

第一层次——技术系统沿着各子系统之间更加协调的方向进化。例如，早期自行车的脚踏板与前轮轴相连，这种设计的骑行速度与前轮直径成正比，为了骑行速度快，设计为前轮大、后轮小。这种设计的缺点是骑行者骑行费力、座位高遇到障碍物摔倒后受伤严重。后来，设计出用链条把前轮的动力经过大齿轮传到与后轮同轴的小齿轮上的改进方案，实现骑得快，且前后轮大小一致，解决了以上问题，骑行舒适度和安全性显著增强。

第二层次——技术系统会沿着与超系统之间更加协调的方向进化。其技术系统整体以及各子系统要与其所在的超系统的相关参数彼此协调，以促进技术系统在所处环境中更好地发挥作用。电水壶刚问世时，只具备烧水功能。当外部环境较低时，水极易变冷，必须将烧开的水倒入暖水瓶中保温。新一代电水壶内置温控器组件，可以感应水温，水加热烧开后，可以自动恒温在想要的温度（例如 95 ℃、55 ℃），方便用户随时饮用温水，无须受环境影响。电吹风热风档夏季吹出的风过热，冬季又偏冷。因此有的电吹风具有智能热风模式，可以根据环境温度，将热风自动调节到人体舒适干发温度。

第三层次——技术系统会沿着各子系统间、子系统与系统间、系统与超系统间的参数、节奏向动态协调或蓄意反协调的方向进化，以实现技术系统的高度可控性以及实现自动控制的可能性。蓄意反协调的意义在于消除技术系统元素之间的有害的相互作用，取得额外的（有益的）作用。

将以上三个层次进行提炼，则可以总结本法则所蕴含的进化趋势：系统内协调→与超系统协调→动态协调与蓄意反协调。

注：静态协调（匹配）是指变到一个最优但不变的技术系统参数。动态协调理解为变到一个随着工况的变化而变化的最优参数。

12.2.4.2 协调性法则的主要形式

（1）形状协调

各子系统之间，以及子系统与超系统的形状要相互协调。形状协调包括以下形式：

①外形的进化。例如，人体工程学枕头，依照人体解剖学颈椎 40° 的仰角设计，减少颈椎不适，外形设计美观，如图 12-7 所示。

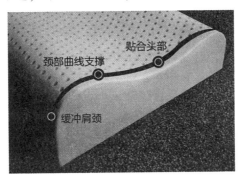

图 12-7　人体工程学枕头

②表面形状的进化。例如，弹性刀片，如图 12-8 所示。传统剃刀刮不

规则皮肤表面时，不能完全将胡须剃掉，同时容易刮破皮肤。弹性刀片连接在弹性支架上，用户在手握剃刀压紧面部时，使得支架变形。刀片的弹性改变了它的曲率，使得剃刀刀片可以完全地配合被刮表面轮廓，有效刮掉胡须，且降低了皮肤割伤的风险。

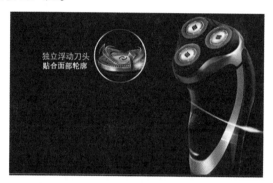

图 12-8　使用弹性刀片的电动剃须刀

③几何形状的进化。例如，鼠标经历了平面鼠标→普通曲面鼠标→复杂异形（卧式或立式）鼠标的进化，如图 12-9 所示。

平面鼠标　　　　　　曲面鼠标　　　　　人体工程学立式鼠标

图 12-9　鼠标的进化

④内部结构的进化。例如，汽车保险杠经历了实心金属结构保险杠→中空金属结构（闭口或开口）保险杠→蜂巢状结构保险杠→毛细结构（多孔）吸能材料保险杠→内置安全气囊的保险杠的进化路线，如图 12-10 所示。

（2）频率协调

场与作用对象的固有频率相协调（或者失调）。例如，在混凝土浇筑时，一面浇灌混凝土，一面用振荡器振荡，使混凝土更加紧密结实。振荡器的振动频率如果接近混凝土的固有频率，将加强振荡效果。阿奇舒勒引用了一种新的采煤方法，即在一层薄土上钻一个洞，用水填充，然后传递压力振动来破碎煤。这种方法随后导致了一种突破性的采煤方法（苏联专利），即通过施加等于煤块固有频率的频率来开采煤炭。

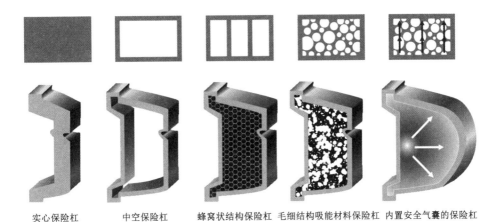

实心保险杠　　　中空保险杠　　蜂窝状结构保险杠　毛细结构吸能材料保险杠　内置安全气囊的保险杠

图 12-10　汽车保险杠进化过程

当存在多个场时，协调（或者失调）所用的各个场的频率。例如，武器系统中的电磁兼容；刮风时，电线会摇摆。如果在暴风雨中，电线摇摆频率如果与它们的固有振动频率重合，电线摆动幅度会越来越大直至断裂。必须使电线的固有振动频率远离摇摆频率，让它俩失调。解决方案是用多芯线代替了普通的一组线。外部金属丝一般选用较大直径的薄壳空心圆柱体，而内部金属丝是较小直径的实心圆柱体。内部电线位于外部电线内。这个系统的行为就像一个具有不同弹性值的弹簧放在另一个弹簧中。该系统的固有频率不再是离散值，而是一系列连续值。风引起的共振从而失调。

如果两个动作，两个互不兼容，那么让其中一个动作在另一个动作停止时进行。例如，自动加料机，如图 12-11 所示，工作时先将真空管关闭，启动电机，用低真空气流将塑料树脂粒子送入真空泵，电机停转，再将粒子排入料斗，如此循环。在设计的控制系统中，可用一个电机控制两个加料生产线，由方向阀切换。

（3）性能参数协调

各个子系统之间的各种技术参数需彼此协调，某一组件参数的选择要参考系统其他组件参数的值。

例如：汽车车轮定位参数的协调。车轮定位参数是存在于悬架系统和各活动机件间的相对角度。保持车轮定位参数正确协调可确保车辆直线行驶，改善车辆转向性能，确保转向系统自动回正，避免轴承因受力不当而受损失。经常性对汽车车轮定位参数进行检查和调整，能够减少轮胎磨损和悬架系统磨损，降低油耗，保证行车安全。

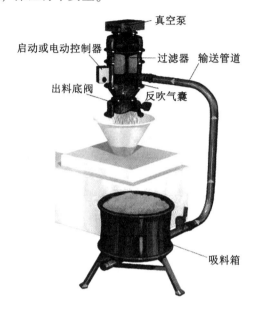

图 12-11　自动加料机工作原理

　　例如：当飞机着陆时，有时可以观察到烟雾。这是由于静止的（无旋转的）起落架轮胎突然接触地面，突然受到摩擦而加速导致的。这使得轮胎磨损很快。轮胎最低点（与地面接触点）的速度与地面的速度明显不一致不协调。法国专利 2600619 建议在轮胎的侧面设置叶片，如图 12-12 所示。在着陆前，高速气流吹动叶片，使轮胎预先旋转起来，让轮胎最低点的速度与地面的速度接近，从而减小轮胎磨损和变形。

图 12-12　法国专利 2600619 带叶片的起落架轮胎

12.2.5 子系统不均衡进化法则

技术系统由多个实现各自功能的子系统（组件）组成。系统作为一个整体在不断进化，但子系统进化是不同步的，具体体现在以下几方面。

①任何技术系统所包含的各个子系统都是不同步不均衡进化的。每个子系统都是沿着自己的 S 曲线向前发展的。

②这种不均衡的进化经常会导致子系统之间的矛盾出现。

③整个技术系统的进化速度取决于系统中发展最慢的子系统的进化速度。不同的子系统在不同的时间达到其内在极限，矛盾由此产生。率先达到极限的子系统将"抑制"整个系统的发展，它将成为系统中最薄弱的环节（最不理想的子系统）。在这个（或这些）薄弱环节得到改进之前，整个系统的进化也将受到限制。

例如：自行车的进化。早期的自行车没有驱动装置和转向装置，靠双脚用力蹬地前行，不能改变方向。随后出现了带把手自行车，仍旧靠双脚用力蹬地但可以一边前行一边转向。之后发明了蹬踏式脚蹬驱动自行车，脚蹬直接安装在前轮轴上，因此自行车的速度与前轮的直径成正比。于是人们采用增加前轮直径的方式来提高自行车的速度。可一味增加前轮直径，会造成前后轮轮胎尺寸相差太大，导致自行车在前进中稳定性差，容易摔倒。人们开始研究自行车传动系统，为自行车安装链条和链轮，用后轮的转动推动自行车前进，而且前后轮大小相同，以保持自行车的平稳和稳定。此后自行车发展迅速，不断通过改善组件性能提高自行车的适用性。

由此可以得出，技术系统整体进化的速度取决于该技术系统中最不理想子系统的速度。利用这一法则，可以帮助技术人员及时发现技术系统中不理想的子系统，并改进或以较先进的子系统替代不理想的子系统，即以最小成本实现对技术系统"瓶颈"参数的改进。

12.2.6 向超系统进化法则

所谓超系统，广义上讲，是超出这个系统之外（并且包含这个系统）的其他的更大的系统。技术系统在进化的过程中可以和超系统的资源结合在一起，或者将原有技术系统中的某个子系统分离到某个超系统中，让其更好地实现原来的功能。例如智能手机不再是一个单机，而是更多地作为云环境

（上层系统）中的输入输出工具（子系统）而存在。

向超系统进化有以下两种方式。

12.2.6.1 使技术系统和超系统的资源组合

技术系统的进化沿着"从单系统→双系统→多系统"的方向发展。在一个发展中的工程系统中，有些单系统不能有效完成必需的功能。这种情况下，要引入一个或几个单系统组成一个更高水平的单系统或超系统，使其功能进一步完善。例如，为了方便标记不同颜色的重点内容，荧光笔从单头进化为双头，未来可能进化到四头。

12.2.6.2 让系统的某子系统容纳到超系统中

当技术系统的进化发展到极限时，它实现某项功能的子系统会从系统中剥离，转移到超系统中作为超系统的一部分。在该子系统的功能得到增强的同时简化原有技术系统。

需要注意的是，双系统和多系统可以是单功能的或者是多功能的。单功能双系统（双叶片风扇、双卡双待手机）和单功能多系统（同一主题的宣传展板）由能够完成同样功能的相同技术系统或不同技术系统组成。多功能技术系统包括执行不同功能的非均质技术系统（组合音响），也可以是行使相反功能的反向系统（带橡皮擦的铅笔、带消除笔头的变色墨水钢笔）。通常一个系统和其他系统结合后，所得到的多系统中所有组件会结合成为更高层次的单系统。

例如，在照明领域，透镜与反光杯的主要功能相似且作用对象相似，属于竞争系统（主要功能相同的工程系统）。TIR（total internal reflection）全内反射透镜集成了透镜与反光杯两系统的优势，沿着动态性增加、参数差异化增加的方向进化，如图 12-13 所示。TIR 透镜一般与大功率的 COB 光源配合使用，并使用避免眩光的遮光罩。透镜与遮光罩的主要功能不同，作用对象相同，互为联合系统。两个联合系统集成为一个系统，形成防眩 TIR 透镜。TIR 透镜表面将杂光方向改变，从而防眩光。

单系统透镜　　　　　　TIR透镜　　　　　防眩TIR透镜

图 12-13　透镜进化

12.2.7 向微观级进化法则

在能够更好地实现原有功能的条件下，技术系统的进化应该沿着减小其组成元素的尺寸方向进化，即元素从最初的尺寸向原子、基本粒子的尺寸进化，同时能够更好地实现系统的功能，微观级进化法则进化路线见图12-14。

例如，轴承的进化如图12-15所示，经历了球支承轴承→双排球支承轴承→微球支承轴承→气体支承轴承→磁悬浮轴承的过程；切割工具的进化，如图12-16所示，经历了锯条→砂轮片→高压水射流→等离子体→激光的过程。

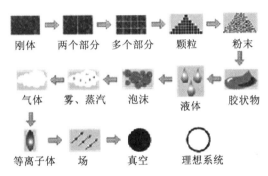

图 12-14 微观级进化法则进化路线

图 12-15 轴承的进化

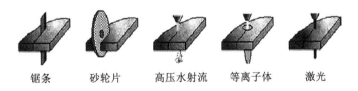

图 12-16 切割工具的进化

向微观级进化的主要途径有以下几种。

12.2.7.1 向微观级的路径转化

从宏观层次具有简单形状的（球、杆、片等）元件组成的系统→由小颗粒材料组成的系统材料结构的应用→化学过程的应用→原子领域的应用→场能量的运用。

12.2.7.2 向具有高效场的路径转化

由机械场向热场、磁场、电场、化学场和生物场等复合场作用的路径转化。进化阶段可表示为：应用机械作用→应用热作用→应用分子作用→应用化学作用→应用电子作用→应用磁作用→应用电磁作用和辐射。

12.2.7.3 向增加场效率的路径转化

应用直接的场→应用有反方向的场→应用有相反方向的场的合成→应用交替场/振动/共振/驻波等→应用脉冲场→应用带梯度的场→应用不同场的组合作用。

12.2.7.4 分割的路径

固体或连续物体→有局部内势垒的物体→有完整势垒的物体→有部分间隔分割的物体→有长而窄连接的物体→场连接零件的物体→零件间用结构连接的物体→零件间用程序连接的物体→零件间没有连接的物体。

12.2.8 提高动态性法则

技术系统的进化应该沿着结构及相互链接或作用的柔性、可移动性和可控制性增加（三个子法则）的方向发展，以适应环境状况或执行方式的变化。

12.2.8.1 柔性增加子法则

技术系统会从刚性体，逐步进化到单铰链、多铰链、柔性体、液体/气体，最终进化到场的状态。图 12-17 为提高系统柔性的进化过程。

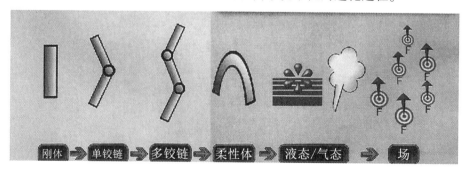

图 12-17 提高系统柔性的进化过程

例如：传感器轴承的进化。轴承由球轴承进化为滚子轴承→空心滚动体轴承（为了吸振）→液体轴承→气体轴承→磁悬浮轴承。

例如：降温设备的进化。蒲扇（刚体）→折叠扇（单铰链）→电风扇（多铰链）→空调（场）。

例如：教鞭的进化。长教鞭→对折教鞭→多折教鞭→柔性教鞭（类似弹簧钢表带）→激光教鞭→数字化教鞭。

例如：一种下一代起重机，采用柔性钢丝绳作为机械臂，可在狭小空间作业。

12.2.8.2 可移动性增加子法则

技术系统的一条进化路线是沿着技术系统整体可移动性增强的方向发展，其进化过程为：固定的系统→可移动的系统→随意移动的系统。如图 12-18 所示，清洁工具经历了由扫帚进化为带滑轮的吸尘器，而后发展为全自动扫地机器人，自动完成地板清理工作。

图 12-18 清洁工具的进化

12.2.8.3 可控制性增加子法则

技术系统进化应该沿着增加系统内各部件可控性的方向发展。可控性进化过程为：无控制→直接控制→间接控制→反馈控制→自动控制。例如，点胶机的进化，如图 12-19 所示。

图 12-19 点胶装置的进化

直接利用胶水瓶进行粘接时，点胶的操作和控制都需要人的参与来实现；相对于直接使用胶水瓶，机械式胶枪更加便于控制每次粘接所需的胶量和点胶位置，却仍需手动操作控制点胶量；动力胶枪在提高点胶出胶精度的同时，减少了人手的操作；自动化点胶机可以通过编程来控制点胶位置和点胶量，甚至测量点胶量，使人的直接参与从点胶工作中脱离。

12.2.9 技术系统进化法则的应用

技术系统的八大进化法则是 TRIZ 中解决发明问题的重要指导原则。掌握好进化法则可有效提高问题解决的效率。同时进化法则可以应用到其他很多方面，下面简要介绍 4 个方面的应用。

12.2.9.1 产生市场需求

产品需求的传统获得方法一般是市场调查。但调查人员容易聚焦于现有产品和用户的需求，通常缺乏对产品未来趋势的有效把握，所以在问卷的设计和调查对象的确定范围上非常有限，导致市场调查所获取的结果往往比较主观、不完善。调查分析获得的结论对新产品市场定位的参考意义不足，甚至出现错误的导向。TRIZ 的技术系统进化法则是通过对大量的专利研究得出的，具有客观性和跨行业领域的普适性。技术系统的进化法则可以帮助市场调查人员和设计人员从顶层进化趋势确定产品的进化路径，引导用户提出基于未来的需求，实现市场需求的创新，从而立足于未来，抢占领先位置，成为行业的引领者。

12.2.9.2 定性技术预测

针对目前的产品，技术系统的进化法则可为研发部门提出如下的预测：

①对处于婴儿期和成长期的产品，在结构、参数上进行优化，促使其尽快成熟，为企业带来利润。同时，也应尽快申请专利进行产权保护，以使企业在今后的市场竞争中处于有利的位置。

②对处于成熟期或衰退期的产品，避免进行改进设计的投入或进入该产品领域，同时应关注于开发新的核心技术以替代已有的技术，推出新一代的产品，保持企业的持续发展。

③明确符合进化趋势的技术发展方向，避免错误的投入。

④定位系统中最需要改进的子系统，以提高整个产品的水平。

⑤跨越现系统，从超系统的角度定位产品可能的进化模式。

12.2.9.3 产生新技术

产品进化过程中，虽然产品的基本功能基本维持不变或有所增加，但其他的功能需求和实现形式一直处于持续的进化和变化中，尤其是一些令顾客喜悦的功能变化得非常快。因此，按照进化理论可以对当前产品进行分析，以找出更合理的功能实现结构，帮助设计人员完成对系统或子系统基于进化的设计。

12.2.9.4 专利布局

技术系统的进化法则，可以有效确定未来的技术系统走势，对于当前还没有市场需求的技术，可以事先进行有效的专利布局，以保证企业未来的长久发展空间和专利发放所带来的可观收益。

当前的社会，有很多企业正是依靠有效的专利布局来获得高附加值的收益。在通信行业，高通公司的高速成长正是基于预先的大量的专利布局，在CDMA技术上的专利几乎形成全世界范围内的垄断。我国的大量企业，每年会向国外的公司支付大量的专利使用许可费，这不但大大缩小产品的利润空间，而且经常还会因为专利诉讼而官司缠身。

最重要的是专利正成为许多企业打击竞争对手的重要手段。我国的企业在走向国际化的道路上，几乎全都遇到了国外同行在专利上的阻挡，虽然有些官司最后以和解结束，但被告方却在诉讼期间丧失了重要的市场机会。

同时，拥有专利权也可以与其他公司进行专利许可使用的互换，从而节省资源，节省研发成本。因此，专利布局正成为创新型企业的一项重要工作。

12.3 小　结

本章介绍了技术系统 S 曲线进化趋势以及技术系统进化过程中遵循的八大进化法则。这些趋势及法则是阿奇舒勒等 TRIZ 领域的专家，通过对大量工程案例的研究分析所得出的客观结论，具有科学性和普遍适用性。S 曲线揭示出任一个产品都具有和人类相似的生命周期，从诞生到成长，再从成熟到衰亡，在产品的生命周期中，随着时间的推移，主要性能参数、专利数量、专利级别和利润都会呈现特定的发展规律。同时，每个产品的发展都符合一条或多条技术进化法则。

对技术系统进行分析，准确定位技术系统在 S 曲线上的发展阶段和各个进化法则上的阶段，将帮助技术开发人员明确应该采取的对应策略，制定合理的产品发展规划，启发产品设计思路。

参考文献

［1］姚威，韩旭，储昭卫．创新之道：TRIZ 理论与实战精要［M］．北京：清华大学出版社，2019.

［2］韩博．TRIZ 理论中技术系统完备性法则的应用研究［J］．技术与市场，2014（4）：34-35.

［3］姚伟，朱凌，韩旭．工程师创新手册：发明问题的系统化解决方案［M］．杭州：浙江大学出版社，2015.

［4］韩博，张婧．TRIZ 理论中提高理想度法则的应用研究［J］．技术与市场，2014，21（5）：101-102.

［5］刘训涛，曹贺，陈国晶，等．TRIZ 理论及应用［M］．北京：北京大学出版社，2017.

［6］张欣，李敏嫦．照明领域液体透镜专利布局及进化路径研究［J］．照明工程学报，2020，31（5）：85-94.

［7］利用 TRIZ 理论知识解决实际问题［EB/OL］．［2023－05－04］．https：//www.taodocs.com/p-183687007.html.

［8］李建峰．李老师讲 TRIZ（八）　　［EB/OL］．［2023－05－04］．https：//www.xzbu.com/8/view-7230732.htm.

［9］TRIZ 中技术矛盾定义［EB/OL］．（2012－05－26）　［2023－05－04］．http：//www.360doc.com/content/12/0526/22/7114822_ 213926440.shtml.

［10］TRIZ 第一节 TRIZ 理论基本概念［EB/OL］．（2012－10－27）［2023－05－04］．https：//www.doc88.com/p-742825580413.html

［11］樊京元，赵伟．基于 TRIZ 理论的发动机冷却用风扇发展趋势分析［J］．内燃机与配件，2022，15：57-59.

13   功能导向搜索

对于我们在自己行业面临的某个技术问题，想对其创新会面临许多工程技术上的挑战，但与该问题本质上类似的问题很有可能早已在其他行业被解决了，那些解决方案将对我们具有很大的借鉴意义，参照那些方案来制定该问题的解决方案，将是可行性强、风险小、成本低、效率高的最佳路径之一。但极少人是通晓每个行业的全才，我们并不知道，也难以查询到该解决方案。由于行业之间的差异，这种技术上的类似性会显得不明显，此时，功能导向搜索便能有效发挥作用。功能导向搜索（FOS，function-oriented search）是基于功能准则识别世界范围内现有技术的问题解决工具。在解决问题时，功能导向搜索可以跨越行业的局限性，寻找解决方案的更多可能，它可以将在某一行业已经被证实可行的研发方案应用在另一个看起来并不相关的行业上，帮助我们轻松实现创新。

功能导向搜索不属于经典 TRIZ 理论，而是属于现代 TRIZ 理论中问题解决阶段的重要工具，由 TRIZ 大师 Simon Litvin 总结得出。功能导向搜索自 20世纪 80 年代后开始发展，目前在世界范围内都已经有了成功应用的案例。

功能导向搜索在现代 TRIZ 理论中的位置如图 13-1 所示。

13.1   概   述

当需要解决一个问题或寻找一个方案时，我们往往会利用关键词在搜索引擎中进行搜索。这一方法的缺点是只能找到局限于特定东西或方法的（受常用物质、场、方法、术语和思维局限的）、本领域的（而不是集合古今中外的、其他领域智慧的）、常规的（非创新的）解决方案，常在某几项性能参数方面存在缺陷不够先进，或满足要求但直接采用该方案将产生专利侵权问题而无法采用。

功能导向搜索与上述方法颇为不同。我们在利用功能导向搜索时，搜索的是经过一般化处理的功能模型。很多时候，我们之所以会去搜索某个功能

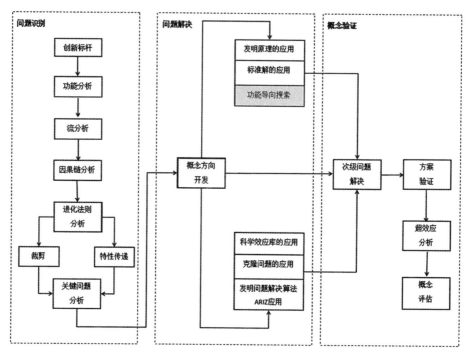

图 13-1　功能导向搜索在现代 TRIZ 理论中的位置

的载体，实际上需要的是这一功能而并非载体。例如，我们搜索洗手液，其实我们真正需要的是洗手液的功能，也就是去除污垢。再比如，与其说我们需要一把梳子，不如说我们真正需要的是它梳理毛发这一功能，所以思维不一定非要局限在固体的梳子身上。

　　一般来说，当我们在搜索引擎中使用关键词进行搜索时，很难跳出我们的领域去寻找其他领域的解决方案，主要是因为我们搜索中所使用的术语，如"胎面花纹轮胎加固"，就会限制我们在化工领域进行选择，使我们很难找到和应用其他方面的解决办法，因此我们可以用一般化的功能来进行搜索。

　　何为一般化的功能？我们可以通过这个例子来进行理解。在半导体领域，有一种被称为蚀刻的技术，它指的是从半导体基片上除去一层薄薄的材料；在考古学领域，新发现的古董需要除尘，也就是从古物表面除去一些灰尘，以揭示其真实面貌；在医学领域，医生需要帮助病人洗牙，也就是把牙齿表面的牙屑去掉；在珠宝领域，如果想要钻石变得闪耀，就需要对金刚石原石进行激光切割，打磨掉影响钻石亮度的部分。虽然这四者在不同的领域有不同的术语，但如果去掉这些术语，它们一般化的功能是相同的，即从物体表面除去微小的颗粒。

13.2 功能导向搜索的特征

13.2.1 一般化处理

功能的描述分为三个部分，即功能载体（subject，也称为工具、功能主体，简称 S）、功能对象（object，也称为对象、产品、功能受体，简称 O）以及动作（verb，简称 V）。其中，功能载体是动作的发出者，功能对象是动作的接受者。对功能进行一般化（通用化、抽象化）处理，就是将功能中的动作和功能受体的术语去掉，改成用一般化的语言代替，如图 13-2 所示，如果我们要将"清洁牙齿"这一功能进行一般化处理，我们可以将动作一般化为去除，功能受体一般化为颗粒、附着物，因此最终将"清洁牙齿"转化为一般化的功能"去除（固体上的）颗粒、附着物"。

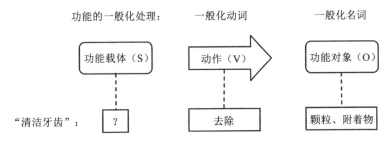

图 13-2　功能的一般化处理

在进行一般化处理后，我们便可以在 CAI（计算机辅助创新）软件知识库、企业自建知识库、全球专利库等数据库中检索类似功能的解决方案。检索工具一般是专业的 CAI 软件、专利查询工具或通用的搜索引擎。也有一些场景我们需要手工检索。表 13-1 中，我们提供了手工检索科学知识效应的表格，用 35 个规范化的动词（V，verb）和 5 类最一般形态的操作对象（O，object）来定义功能，方便读者使用。

例如，当我们提出"如何使用电炉烧水"的问题，我们可以通过以下几个步骤来实现功能的一般化。

①用功能语言来描述这个问题：电炉（S）烧（V）水（O）；

②省略功能载体电炉（S），只留下功能动作和作用对象：烧（V）、水（O）；

③将动作（V）和功能对象（O）规范化，此时我们需要把"烧"这个功能动作规范化（一般化、上位化）为"加热"，将"水"这个作用对象规范化为"液体"，由此可将功能一般化为：加热（V）液体（O）。

表 13-1　用 35 个规范化功能动作来操作 5 类作用对象

功能动作 V	功能动作 V	功能动作 V	作用对象 O
吸收	破坏	混合	固体、粉末、气体、液体、场
积累	检测	移动	
弯曲	稀释	定向	
分解	干燥	产生	
相变	蒸发	保护	
清洁	扩张	提纯	
压缩	提取	消除	
集中	冻结	抵制	
凝结	加热	旋转	
约束	保持	分离	
冷却	连接	振动	
沉积	融化		

13.2.2　领先领域

领先领域是指目前某个技术应用最为成熟的领域（行业），或者说我们要解决的问题在此领域内相当关键、相当严苛，如果解决不好会有非常严重的后果，则一般来说该问题在该领域被研究得最多，该领域是该技术的领先领域。事实上，有一些领域是默认的领先领域，包括：军工领域、医药行业、航空航天领域、自然界（由于进化产生出非常精妙的结构）、玩具（在降低成本方面技术领先）等。搜索时首选在领先领域中进行搜索。

13.3　功能导向搜索的优点

当我们需要解决或者改善某个工程或技术问题时，我们往往需要找到一个新的解决方案，这一新的解决方案并不容易实现，有时候甚至可能会成为技术的瓶颈。功能导向搜索不是发明新的、风险大的、代价高昂的解决方案，而是通过搜索现有的可行的方案改变了创新的方式。也许我们所在行业面临的难题在其他行业早就有了成熟的解决方案，因此运用功能导向搜索时，我们需要做的是解决跨行业的适用性问题，这比发明新的解决方案往往容易得多。

13.4 功能导向搜索的步骤

功能导向搜索的一般步骤及思路如下：

①找到需要解决的关键问题，将问题定义得越明确越好；

②用功能的语言描述关键问题；

③确定所需参数；

④将功能进行一般化处理；

⑤在执行类似功能的行业或者科学领域进行搜索，优先在领先领域搜索；

⑥选择能够改善这个功能的最合适的技术；

⑦解决引入这种技术带来的次级问题。

图 13-3 描述了功能导向搜索的原理。当我们找出关键问题后，由于关键问题并非用功能语言来进行描述，因此往往不太明确，此时需要用功能化的语言对问题加以定义（规范、阐述）。随后，我们要对功能进行一般化处理，从而扩大解决方案的搜索范围。在搜索到不同的解决方案后，我们优先从领先领域里面进行筛选，在最大限度上提高搜到的解决方案能够解决我们问题的可能性。最后，选择出最适合的解决方案来解决项目中的问题。

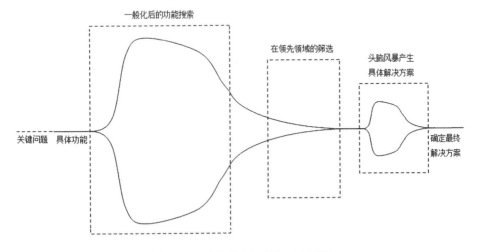

图 13-3　功能导向搜索的工作原理

13.5 属性检索

属性检索是除了常见的功能一般化方式以外的另一种实现功能导向搜索的手段。属性（P）是通向功能的桥梁，调节属性可以改善或重构产品的功能。两个物质的属性可以形成一个效应，施加在作用对象上构成一个功能。如表13-2所示，我们可以用"变、增、减、测、稳"这五种操作方式，对作用对象的36种物质属性进行操作。

表 13-2 操作作用对象的 36 个属性及其所对应的参数

操作	属性	属性参数	属性	属性参数	属性	属性参数
改变 增加 减少 测量 稳定	发光性	亮度	均匀性	均匀度	表现性	形状
	光谱	颜色	干燥性	湿度	振动性	声音
	溶质非加和性	浓度	一维占空性	距离	运动性	速度
	致密性	密度	磁性	磁化率	抗破坏性	强度
	电导	电导率	方位	方向	表面积	二维占空性
	做功性	能量	偏振性	偏振率	粗糙	表面粗糙度
	流动性	流量	多孔性	孔隙率	内能	温度
	不平衡性	力	位置向量	位置	顺序	时间
	往复性	频率	做功速率	功率	透光性	透明度
	相对运动阻力	摩擦	纯净性	纯度	黏性	黏度
	抗压入性	硬度	应力	压强	三维占孔性	体积
	热传	热传导	抗弹力变形性	刚度	质量	重量

例如13.2.1中"如何使用电炉加热水"的问题，使用属性检索的步骤如下：

①用含有属性的功能语言来描述这个问题：电炉（S）升高（V）水（O）温度（P）；

②省略功能载体（S），在本例子中省略电炉：升高（V）水（O）温度（P）；

③省略功能受体（O），保留属性参数（P）：升高（V）温度（P）；

④将属性参数转化为属性，没有思路时不妨参考表13-2，即将"升高"这一功能动作一般化为"增加"，将属性参数"温度"转化为属性"内能"，由此可通过描述属性将功能一般化为增加（V）内能（P）。

13.6 案例分析

【案例1】解决光刻胶产生气泡问题

光刻胶是制作集成电路非常重要的材料。如果光刻胶含有气泡，会在很大程度上影响芯片的质量。如果我们在搜索引擎中直接搜索"如何让光刻胶不产生气泡"，我们很难搜索到满意的结果，因为我们使用了"光刻胶"这一专业术语，搜索结果都会集中在芯片领域。因此我们需要对搜索词进行一般化处理。光刻胶是一种黏稠状的液体，因此我们可以用一般化的名词"液体"来进行描述，我们可以将问题变为功能化模型"如何控制液体中的气泡？"转化后，我们就可以搜索到其他领域的解决方案（图13-4）。

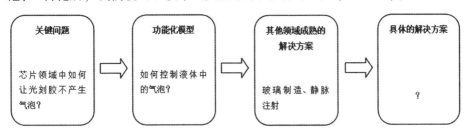

图 13-4 功能导向搜索的步骤和思路

例如电子领域、光学领域的玻璃制造（常用的手机屏幕不能含有任何气泡）和医学领域的静脉注射（如含有气泡会导致生命风险）。由于这两项技术发展时间长、解决方案已经非常成熟，因此制造领域和医学领域都属于这方面的领先领域。我们可以再从中进行筛选，选择最合适的一个，进行简单调整后，解决它在本领域的适用性问题。

【案例2】改进隐形眼镜消毒技术

想在使用消毒剂等化学方法来对隐形眼镜消毒的方法之外，寻找在眼镜领域以前从未使用过的全新消毒方式。首先对搜索词进行一般化处理。对隐形眼镜进行消毒，关键是要去除或杀死镜片上的细菌。软性隐形眼镜实际上是一种水性塑料。因此将问题转化为一般化的功能模型"如何杀死固体上的细菌？"转化后，发现有许多其他领域的解决方案可以借鉴，如医疗器械消毒领域（先进领域）的X射线杀菌、动物卫生领域（先进领域）的可见光杀菌、鞋消毒领域的远红外线杀菌。这些不同领域的方案都为我们的技术改进探索了新的可能途径，因此，只需要从中选择一个最合适的方案并进行调整，便可实现隐形眼镜消毒技术的改进。

【案例 3】改进洗手液

某公司需要对现有的洗手液产品进行改进。原有产品存在一些缺点：成本过高和导致皮肤过度干燥。因此，该公司需要采取措施来降低成本，并且使产品使用者拥有更清洁的肤感。当时，现有的解决方案均不能满足要求，如果改进洗手液的配方，则会导致成本过高；如果增加洗手液的乳液成分，则又会为有害细菌的增长提供环境，客户对皮肤清洁度的感受也会降低。该公司进行分析后发现，如果能用水产生表面活性剂来清洁皮肤，则能达到一举多得的功效，既能使用户的皮肤保持原有的湿润度，又不会提高成本或者产生其他的副作用。

此时，如果搜索"如何用水产生表面活性剂"，得到的解决方案将很少，因为使用了"表面活性剂"这一术语。反之，如果转化为一般化的功能语言，问题就变成为"如何用水清洁油脂?"。这样就可以得到其他领域的很多解决方案。其中一个解决方案是借鉴海尔免洗涤剂洗衣机的工作原理（图 13-5），将水分子电解分解成 OH^- 和 H^+ 成分。OH^- 作为清洁剂，吸引和保留污渍，而 H^+ 用于杀菌（目前，已有洗衣机、拖地机使用电解水杀菌技术），这样电活化的碱性水（阴极）就能与皮脂产生化学反应，使其成为表面活性剂，生成甘油（滋润皮肤）和"肥皂"（肥皂的有效成分——脂肪酸，清洁皮肤）。

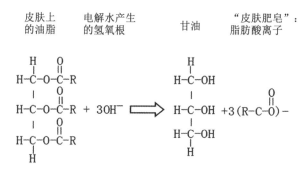

图 13-5　电活化的水与皮脂产生的化学反应（图中 R 代表高级脂肪酸的烃基部分）

因此，经过改良后，该洗手液就被设计成充电喷雾的形式（图 13-6），来达到激活水分子的效果。水在这一过程中可以得到激活和分解，直接产生表面活性剂，达到没有皮肤刺激、没有过度去除皮肤水分、成本低和易携带的效果。

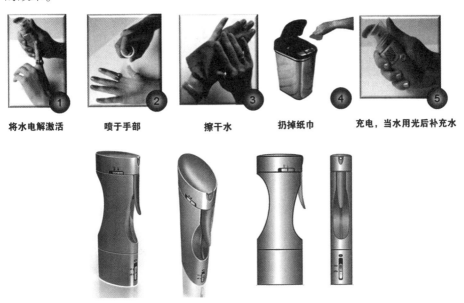

将水电解激活　　喷于手部　　擦干水　　扔掉纸巾　　充电，当水用光后补充水

图 13-6　改造后的洗手液

【案例 4】发明电能存储装置

需要发明一个电能存储装置。问题在于：锂离子电池比能量（单位质量电池输出的电能，代表电池存储能力）很大，但比功率（单位质量电池输出的功率，代表电池充放电能力）小，不能在短时间内释放大量能量，而且充电需要很长时间。与之相反，超级电容器可以在短时间内释放大量能量，充电时间相对较短，但比能量不足。因此，需要发明一个兼备二者优点的新型电能存储装置。

下面我们运用功能导向搜索的具体步骤来解决这一问题。

（1）确定要解决的关键问题

寻找供电时间长、充电时间短的新型储能技术。

（2）用功能化的语言描述关键问题

寻找既能提供高电池容量又能提供高放电能量的储能技术。

（3）确定所需要的参数

①电化学活性电位范围宽（>3 V）；

②聚合物中储存的比能高（>300 J/g）；

③独特的热稳定性（高达 350 ℃）；

④氧化还原过程中化学能和电能的高度可逆性；

⑤合成容易，成本低；

⑥在与超级电容器和锂离子电池相同的电解质和电位下工作。

（4）将具体的功能转化为一般化的功能

前文描述中使用了一些术语，如比能量、比功率等，如果用这些术语进行搜索，则会将搜到的解决方案限制在比较狭窄的领域，因此需要进行一般化处理。锂电池容量大是因为可逆的化学反应，超级电容器可以释放大量能量是因为其电解质中没有发生质量转移，只是离子分布的改变。因此，我们可以将功能一般化为：需要找到一种能在不发生质量转移的情况下，可以将化学能有效地可逆地转化为电能的技术。

（5）确定领先领域

由于这些技术都涉及化学活性聚合物，因此领先领域为有机化工领域。

（6）从领先领域选择技术

聚［M（Schiff）］氧化还原聚合物技术。这种聚合物能够可逆地改变氧化物的电位，这样可以以化学形式储存电能，且可逆的化学反应不需要质量转移。由于其独特的特性，聚［M（Schiff）］氧化还原聚合物是能源存储应用的有效材料。

（7）识别次级问题

通过适当选择单体和电解质组成以及聚合条件（电压、持续时间等），可以很容易地调节聚合物的性能。

13.7 功能导向搜索与其他 TRIZ 方法（工具）的结合

当我们需要解决一个项目难题时，有时候可能会由于方案太多而难以抉择。此时，常规功能导向搜索与其他 TRIZ 方法（例如下文案例中的"反向"发明原理）的结合，可以为我们解决问题提供新的思路。

例如通过对问题的反演，识别系统中没有表现出来的潜在问题。在解决问题时，聚焦于"如何产生问题"而不是"如何消除问题"，下面我们通过一个案例来进行阐释。

需要确定烟叶中的哪一物质导致烟草的烟雾中产生了独特而又让人不快的气味。由于烟草的烟雾中含有成千上万种物质，因此很难确定到底是哪一种物质导致了这种气味产生。因此通过以下四步来进行功能导向搜索。

①将关键问题"如何消除烟草的烟雾气味"转变为"如何产生烟草的烟雾气味"；

②将"如何产生烟草的烟雾气味"一般化为"如何产生气味"；

③寻找产生气味的领先领域，确定为香水、食品和口腔护理领域；

④在领先领域中对烟草烟雾气味的相关信息进行搜索。

结果发现，具有与烟草烟雾非常相似气味的物质是吡啶、吡嗪和吡咯，它们的产生可能是由烟碱在烟叶热解过程中裂解或者氨基酸与烟叶中还原糖发生美拉德反应生成的。

如果没有通过功能导向搜索与"反向"发明原理等其他 TRIZ 方法的结合，我们便很难得到这一结果。

参考文献

［1］赵敏. TRIZ 进阶及实战——大道至简的发明方法［M］. 北京：机械工业出版社，2015.

［2］孙永伟. TRIZ——打开创新之门的金钥匙［M］. 北京：科学出版社，2015.

［3］Montecchi T，Russo D. FBOS：function/behaviour-oriented search［J］. Procedia Engineering，2015，131：140-149.

［4］Triz G. Case study：new product development.［EB/OL］.（2021-07-30）［2023-05-01］. https：//www.gen-triz.com/case-study-new-product-development.

［5］Triz G. Case study：technology scouting.［EB/OL］.（2021-07-30）［2023-05-01］. https：//www.gen-triz.com/case-study-technology-scouting.

［6］Abramov O，Kogan S，Mitnik-Gankin L，et al. TRIZ-based approach for accelerating innovation in chemical engineering［J］. Chemical Engineering Research and Design，2015，103：25-31.

14 发明问题解决算法 ARIZ

14.1 概 述

ARIZ 是 "Algorithm Rezhenija Izobretatelskih Zadach" 首字母缩写，英文表达为 Algorithm of Inventive Problem Solving，译为发明问题解决算法，由 TRIZ 的创始人阿奇舒勒开发，是 TRIZ 中专门用来解决复杂问题的强有力的问题解决工具。

自阿奇舒勒 1956 年开发第一版 ARIZ 以来，先后历经 10 个不同的版本，经过不断完善，ARIZ 的最著名的版本是 1985 年开发的 ARIZ85C，目前应用也最为广泛。本书将基于此版本展开。

阿奇舒勒指出，ARIZ 是一个复杂的工具，不应对一个新问题直接使用 ARIZ 来解决。针对遇到的技术问题，我们应首先尝试用常规的 TRIZ 解决工具来解决，如技术矛盾、物理矛盾、FOS、物场，如果仍无法找到有效的解决方案，之后才会考虑使用 ARIZ。需要注意的是 ARIZ 针对的仍是关键问题，不应直接将初始问题带入 ARIZ 中解决。但不可否认 ARIZ 仍被认为是 TRIZ 的强大工具之一。

ARIZ 是一个有序的结构化的程序文件，包含一系列步骤，可引导我们一步一步将一个复杂的问题转化到较容易解决的问题，然后使用 TRIZ 中多个问题解决工具解决它。所以，ARIZ 是一个解决问题的工具，但是同时它不是一个独立的工具，因为它结合了许多其他 TRIZ 问题解决工具。

ARIZ 被设计所达到的目标是找到最终理想解（ideal final result，IFR）。IFR 指的是在实现系统改进的前提下，对初始系统改变最小的解决方案。这也就意味着 ARIZ 不允许对系统做大的改变、不引入新的资源，尽量利用系统现有资源解决问题。

ARIZ 沿着两个方向引导问题解决，如同两个上下交错的漏斗（图 14-1）。

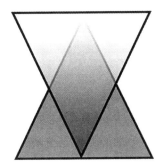

图 14-1 ARIZ 方向引导

第一个收敛漏斗会让我们不断修订关键问题，使问题越来越清晰、精准。另一个是发散的漏斗，让我们逐渐识别出越来越多的资源。第一个漏斗是不断问"我们需要什么"的过程，第二个发散漏斗是不断问"我们有什么?"的过程，一旦两者相互匹配，就可以在交集处找到方案。

由于发散漏斗识别的是现有资源，所以应用于问题解决时，可以保证不对系统做出很大的改变，进而实现 IFR 的目标。

ARIZ 框架包括 9 个步骤，可分为三大部分，每部分各含 3 个步骤。本书只介绍前几个步骤。

ARIZ 框架的 9 个步骤如表 14-1 所示。

表 14-1 ARIZ 框架

框架	步骤	任务	目的
第 1 部 分	步骤 1：分析系统	确定技术系统的主要功能，技术系统和超系统的组件 将技术问题按正反技术矛盾表述 确定所分析的矛盾中的工具和产品。将技术矛盾进一步用物场模型表示	重新制定关键问题
	步骤 2：分析资源	分析可用资源：空间资源、时间资源、物质资源、场资源	
	步骤 3：定义最终理想解和制定物理矛盾	识别阻碍实现 IFR 的物理矛盾。然后将问题的物场模型表述为一个物理矛盾	

续表

框架	步骤	任务	目的
第2部分	步骤4：拓展可用资源	拓展可用资源的列表，可以应用智能小人法（或译为小智人法、聪明小矮人法）——克服思维惯性	消除矛盾以找到解决方案
	步骤5：应用知识库、效应、标准解和发明原理	利用知识库、效应、标准解和发明原理解决技术问题	
	步骤6：改变最小问题	算法循环，如果问题没有解决，建议更改问题	
第3部分	步骤7：审查解决方案，确认物理矛盾是否解决	分析解决方案，扩展其应用，提出改进ARIZ的建议	分析解决方案，最大程度利用解决方案
	步骤8：最大限度地利用解决方案		
	步骤9：回顾过程中的所有步骤		

14.2 ARIZ 的模板和步骤

以下通过一个案例，介绍 ARIZ 的模板和解题步骤。18650 圆柱锂离子电池是新能源汽车使用的标准电池，为了提高续航能力，电池的容量要尽可能的大，但 18650 电池空间局限，随着越来越多的正负极材料装入电池内，电解液量也随之加大，但目前出现的问题是在注液时间过长，导致生产效率降低。

由于电解液非常黏稠，电池壳内部缝隙狭窄，如果想增大电解液的注入量，氮气加压阶段的时间会显著提高，这是无法接受的。

目前流行的 ARIZ 模板是俄罗斯圣彼得堡学派开发的。笔者将通过以上陈述的案例介绍 ARIZ 算法步骤。

第1步　分析系统

步骤 1.1　描述最小问题

（1）主要功能：注入电解液。

（2）系统组件和超系统组件：注液设备、真空泵、定量泵、压缩机、电池壳、正负极、电池壳卡具、氮气、电解液、空气、重力，见图 14-2、图 14-3。

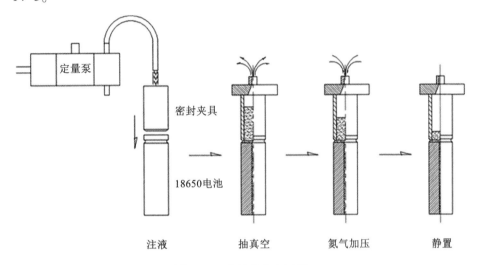

注液   抽真空   氮气加压   静置

图 14-2　电池的生产过程

图 14-3　电池壳内部

技术矛盾：

①技术矛盾 1：如果氮气压力大，那么电解液流动速度快，但是电池壳会损坏。

②技术矛盾 2：如果氮气压力小，那么电池壳不会损坏，但是电解液流速慢。

（3）最小问题：如何提高电解液的移动速度而不损坏电池壳，并且对系统改变最小。

注释：最小问题是需要解决的对系统做最小改变的问题。系统是关键问题所在的子系统，ARIZ 中的系统与之前功能分析所分析的系统可能是不同的。

步骤 1.2　识别冲突组件

氮气推动电解液，可以描述为氮气执行损坏电池壳的有害功能，以上功能中氮气是功能的载体，因此，在"矛盾对"中，氮气是工具，电解液和电池壳是产品。工具是功能的载体，产品是功能对象，发出功能的是工具，接受这个功能的是产品，然后通过矛盾对，我们识别出对某一个组件的相反要求。

技术矛盾 1：如果 N_2 压力高，那么可以有效推动电解液，但损坏电池壳；

技术矛盾 2：如果 N_2 压力低，那么可以不损坏电池壳，但推动电解液的功能不足。

步骤 1.3　图示化技术矛盾

"矛盾对"是一对（两个）矛盾，见图 14-4。

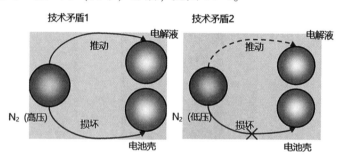

图 14-4　技术矛盾图

步骤 1.4　矛盾选择

选定一个技术矛盾。这里不妨选择"如果氮气压力大，那么电解液流动速度快，但是电池壳会损坏"。

阿奇舒勒曾强烈建议选择主要功能执行好的那个矛盾，但是现在不再这么建议了。现在的建议是选择任何一个矛盾都可以，然后分析它，看看是否能够找到一个好的解决方案。即使你分析了一个矛盾以后，已经找到了一个好的解决方案，你也要回来选择另一个矛盾，然后重复同样的过程，有时候你可能会找到相同的解决方案，有时候会找到完全不同的方案。所以选择哪一个矛盾就不是那么重要了。一般习惯选择主要功能执行好的那个矛盾。

步骤 1.5　冲突升级/矛盾激化

激化刚才选择的矛盾：如果氮气是超高压力的，那么电解液可以高速流入，但是电池壳会严重损坏。如何来激化矛盾？将一个组件的相反参数向两极变化，发展到极限。

矛盾激化有两种可能：一是有害作用完全消除，但是有用作用完全不起作用；二是有用作用充分起作用，但有害作用达到最坏。

步骤 1.6　定义问题模型

以问题模型的形式重写问题。问题模型包含组件、激化的矛盾和问题陈述。

组件：超高压氮气，电解液，电池壳。

激化的矛盾：如果氮气是超高压力的，那么电解液可以高速流入，但是电池壳会严重损坏。

问题陈述：我们有必要（需要）找到 X 因子，它可以消除负面作用"电池壳会严重损坏"，并且保留积极作用（正常功能）"电解液可以高速流入"，而不会引入其他负面作用。

第 2 步　分析资源

主要有三种资源：物质、场、物质和场的属性/参数。

资源分析着眼于所选矛盾发生的区域地方（操作空间），矛盾发生的时间（操作时间），以及技术系统及其超系统的物质和场。

步骤 2.1　操作空间分析

功能一定是在某一空间区域执行，这一空间区域称为操作空间（operation zone，OZ）。需要判断功能是在同一个区域还是在不同的区域执行。OZ1 是氮气推电解液的空间，OZ2 是氮气损坏电池壳的空间。OZ1 和 OZ2 相同，用交叠的两个图形表示，见图 14-5，因此矛盾的参数无法空间分离。

若 OZ1 和 OZ2 不相同，用不交叠的两个图形表示。

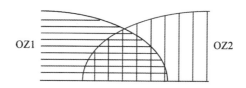

图 14-5　操作空间分析

步骤 2.2　操作时间分析

功能一定是在某一时间区域执行，这一时间区域称为操作时间（operation time，OT）。判断功能是在同一个时间还是在不同的时间执行。OT1 是氮气在电池壳内部推电解液流动的时间，OT2 是氮气接触电池壳的时间。OT1 和 OT2 相同，见图 14-6，因此，矛盾的参数无法时间分离。

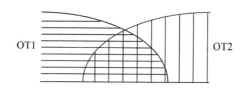

图 14-6　操作时间分析

步骤 2.3　物质场资源（SFR）分析

SFR 有两类：系统资源和超系统资源。系统资源分为"工具"资源和"产品"资源，考虑系统资源和超系统资源时，要把物质、场、参数、空间、时间都视为资源来设法利用和分析。

系统资源：

工具：氮气的属性（位置、频率）；

产品：电解液属性（温度）、电池壳壁（厚度）；

超系统资源：空气和它的属性（压力）、重力。

第 3 步　定义 IFR 和物理矛盾

步骤 3.1　定义（明确、制定）第一个最终理想解（IFR）

需要寻找一个未知的 X 因子（X-factor），它使氮气不损伤电池壳，保留电解液高速推入的主要功能，且不会引入其他负面影响。

对 X 因子的要求是：消除有害的动作，允许在操作时间在操作空间实现系统的主要功能，而不会使系统变得复杂，也不会产生任何有害的影响。

这里，我们用类似招聘的思维，对未知的 X 因子提出要求。

步骤 3.2　定义强化的 IFR

通过用步骤 2.3 中识别的系统和超系统的资源，逐一尝试替换 X 因子（看附近的哪个候选人有可能满足岗位要求），制定强化的最终理想解，对于每个资源，各自的强化最终理想解为：

①氮气自己不损伤电池壳，保留电解液高速推入，且不会引入其他负面影响；

②电池壳自己使氮气不损伤电池壳，保留电解液高速推入，且不会引入其他负面影响；

③电解液自己使氮气不损伤电池壳，保留电解液高速推入，且不会引入其他负面影响；

④空气自己使氮气不损伤电池壳，保留电解液高速推入，且不会引入其他负面影响；

⑤重力自己使氮气不损伤电池壳，保留电解液高速推入，且不会引入其他负面影响；

⑥电池壳卡具自己使氮气不损伤电池壳，保留电解液高速推入，且不会引入其他负面影响。

需要逐一思考以上最终理想解是否具有可行性。

步骤 3.3　定义（识别）物理矛盾

资源的参数应该是一个值，以消除有害行为；资源的参数又应该是另一个值，以提供有用的作用。

物理矛盾 1：电池壳的厚度需要大（强度需要大），以便提高内壁耐压强度不受损坏，但是电池壳的厚度需要小（强度需要小），以降低制造成本；

物理矛盾 2：空气的压力需要大，以便抵抗电池壳受压破损，但是空气的压力需要低，因为这是它的自然属性。

步骤 3.4　定义第二个最终理想解（IFRS）

①氮气使电池壳的强度增大，以便提高内壁耐压强度，使内壁不受损坏，同时保留电解液高速推入；

②氮气使空气压力增大，以便抵抗电池壳受压破损，同时保留电池壳内

部高压，以高速推入电解液；

③电池壳卡具使电池壳的强度增大，以便提高内壁耐压强度，使内壁不受损坏，同时保留电解液高速推入。

这时可以想到，在电池的外侧密封区域充入高压氮气，用来与电池顶端的高压氮气气压平衡，使电池内壁不受损坏，见图14-7。

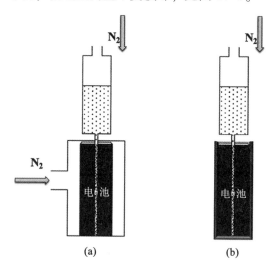

图 14-7　解决方案

（a）充气中；（b）充气后

参考文献

［1］Mishra U. An introduction to ARIZ—the algorithm of inventive problem solving ［J］. Social Science，2007（9）.

［2］Altshuller G S. The history of ARIZ. evolution ［EB/OL］. ［2023-05-01］. http：// www. altshuller. ru/triz/ariz-about1. asp.

［3］Lyubomirskiy A. Advanced GEN TRIZ Training（MATRIZ Level 2）［R］. GEN TRIZ, MA-TRIZ Beijing Pera China Training Center，2018.

［4］Ikovenko S. Advanced TRIZTraining（MATRIZ Level 3）［R］. GENS, MATRIZ Beijing Pera China Training Center，2018 Hybridization of Value Engineering and Quality.

［5］Altshuller G S. Algorithm for Inventive Problem Solving ARIZ-85C. Methodological materi-als for trainees of the seminar "Methods of solving scientific and engineering problems" ［EB/OL］. ［2023-05-01］. http：//www. altshuller. ru/triz/ariz85v. asp.

15　基于 TRIZ 的专利规避创新设计

专利作为一种受法律保护的优势因素，已经成为市场竞争的关键手段。专利对技术的市场垄断不仅使企业获得最大的市场份额，同时也成为其他企业进入该技术市场的障碍。随着我国市场的全面开放，跨国公司在一些重要行业进行了高密度的专利部署，导致我国企业遇到了非常多的专利壁垒，我国企业逐渐认识到新技术研发和保护的重要性，在增强核心技术研发的同时，通过专利申请等有效手段保护企业在开发过程中的劳动和企业产品的创新点，增强企业竞争力的同时取得了经济效益。

作为手机行业曾经的霸主，诺基亚在苹果、华为、三星的强攻之下失去了往日的光环，当我们都认为它即将退出历史舞台时，凭借着庞大的专利组合，诺基亚每年坐享巨额收入。2017 年，诺基亚起诉苹果公司侵犯其 32 项专利，最后以双方和解告终，苹果公司向诺基亚支付了 20 亿美元的专利费。同年 12 月 2 日，诺基亚针对老牌手机黑莓再次发起诉讼，结果是黑莓需向诺基亚支付 1.37 亿美元；12 月 7 日，诺基亚和小米宣布双方签署了专利授权协议……截至目前，诺基亚仍持有约 3 万项专利，覆盖 2G/3G/4G 等移动通信技术领域，是当之无愧的手机专利巨头。

华为作为我国手机和通信领域的龙头，近年来高度重视技术创新与研究，坚持将每年收入的 10% 以上投入到研发。持续的投入使得华为成为全球最大的专利持有企业之一。华为官方数据显示，截至 2020 年底，华为全球有效授权专利 4 万余族（超 10 万件），其中 90% 以上专利为发明专利。2021 年 3 月华为在深圳发布《创新和知识产权白皮书 2020》。书中提到，为促进开放透明与 5G 技术应用、平衡创新保护与行业发展，华为将从 2021 年开始对 5G 专利收取使用费，将提供适用于 5G 手机售价的合理百分比费率，单台许可费上限 2.5 美元。

由此可见，创新是驱动技术变革和社会发展的动力。随着全球科技和经济竞争的日趋加剧，技术的更新速度日益加快，产品研发周期越来越短，核心技术成为决定成败的关键因素，知识产权保护上升为企业甚至国家战略。

然而，核心技术的产生通常需要技术积累和大量资金投入。如何在短时间内突破技术壁垒，掌握自有核心科技成为各国研究的重点。专利是实现技术突破和创新的有效途径。通过对专利信息进行分析、拆解、规避，能有效获取最新技术信息和竞争情报，预测产品技术进化、发展趋势，在不侵犯他人专利权的前提下实现技术创新。

15.1 专利概述

专利是指由一国或地区（特别行政区或者几个国家）的政府主管部门或机构，根据发明人（设计人）就其发明创造所提出的专利申请，经审查认为其专利申请符合法律规定，授予该发明人对其发明创造享有的专有权。专利的两个最基本特征就是"独占"与"公开"，以"公开"换取"独占"是专利制度最基本的核心。

15.1.1 专利的性质

我国《专利法》第二十二条规定:" 授予专利权的发明和实用新型，应当具备新颖性、创造性和实用性。

新颖性，是指在申请日以前没有同样的发明或者实用新型在国内外出版物上公开发表过、在国内公开使用过或者以其他方式为公众所知，也没有同样的发明或者实用新型由他人向国务院专利行政部门提出过申请并且记载在申请日以后公布的专利申请文件中。

创造性，是指同申请日以前已有的技术相比，该发明有突出的实质性特点和显著的进步，该实用新型有实质性特点和进步。

实用性，是指该发明或者实用新型能够制造或者使用，并且能够产生积极效果。

以上"三性"是专利申请要获得专利权所必须具备的实质条件。如果一个专利申请不符合三性中任一个条件，将不能顺利通过专利审查。因此，对于专利申请人而言，了解专利三性具有迫切的、现实的意义。

15.1.1.1 新颖性

新颖性是发明或使用新型专利申请获取专利权的首要条件，也是国家专利局对专利申请进行实质审查的主要要求内容。

我国专利法规定："新颖性，是指在申请日以前没有同样的发明或者实用新型在国内外出版物上公开发表过、在国内公开使用过或者以其他方式为公众所知，也没有同样的发明或者实用新型由他人向国务院专利行政部门提出过申请并且记载在申请日以后公布的专利申请文件中。"

判断发明或者实用新型是否具有新颖性以申请日作为标准。

《专利法》还对某些不丧失新颖性的例外情况作了规定。在申请日以前6个月内，在中国政府主办或者承认的国际展览会上首次展出的；在规定的学术会议或者技术会议上首次发表的，或他人未经申请人同意而泄露其内容的；技术方案虽然已经存在，但是是以商业秘密或者军事机密的形式存在的，从市场的产品上也不能通过反向工程等方式得到该技术方案，认定该技术方案具有新颖性。

15.1.1.2 创造性

我国专利法规定："创造性，是指同申请日以前已有的技术相比，该发明有突出的实质性特点和显著的进步，该实用新型有实质性特点和进步。"

发明和实用新型都属于发明的范畴，其主要区别在创造性上。发明的创造性要求有突出的实质性特点和显著的进步，而实用新型的创造性要求有实质性特点和进步，也就是说，发明所要求的技术水平比较高，而实用新型的技术水平比较低，被称为"小发明"。

15.1.1.3 实用性

我国专利法规定："实用性是指该发明或实用新型能够制造或者使用，并能够产生积极的效果。"

实用性重点在"可用"两字上，要求技术方案可行，可以用在实际的生产服务过程中，并且不是一次性的，可以重复应用。

15.1.2 专利的种类

专利的种类在不同的国家有不同规定，在我国专利法中规定有发明专利、实用新型专利和外观设计专利。

专利法所称的发明专利是指对产品、方法或者其改进所提出的新的技术方案，通常可分为产品发明和方法发明两大类型。

产品发明是关于新产品或新物质的发明。

方法发明是指为解决某特定技术问题而采用的手段和步骤的发明。

对发明专利申请，经国家知识产权局审查，符合专利法规定条件的，授予发明专利权。

实用新型是指对产品的形状、构造或者其结合所提出的适于实用的新的技术方案。需要注意的是，实用新型仅限于具有一定形状的产品，不能是一种方法（如生产方法、试验方法、处理方法和应用方法）。

外观设计专利是指对产品的形状、图案或者其结合以及色彩与形状、图案的结合所做出的富有美感并适于工业应用的新设计。它提供的是一种设计方案，所涉及的形状与产品的美感有关。

我国《专利法》第四十二条对专利保护期限进行了规定："发明专利权的期限为 20 年，实用新型专利权的期限为 10 年，外观设计专利权的期限为 15 年，均自申请日起计算。"

15.1.3 专利的权利要求

专利文献内容包括专利申请书、专利说明书、专利公报、专利检索工具以及与专利有关的一切资料。其中专利说明书是专利文献的主题，其主要作用是公开技术信息和限定专利权的范围。权利要求书是用于确定发明或实用新型专利权保护范围的法律文件。专利说明书内容通常包括扉页、权利要求书和说明书（及其附图）三部分内容。

《专利法》第六十四条规定："发明或者实用新型专利权的保护范围以其权利要求的内容为准，说明书及附图可以用于解释权利要求的内容。"

由此可知，权利要求是发明或者实用新型专利权的核心，是发明的实质内容和申请人切身利益的集中体现，也是专利审查、撤销、无效及侵权诉讼程序的依据。

15.1.3.1 权利要求的类型

按照性质可将权利要求分为产品权利要求和方法权利要求。产品权利要求包括人类技术生产的物（产品、设备），物品、物质、材料、工具、装置、设备等权利要求都属于物的权利要求范围；方法权利要求包括有时空要素的活动（方法、用途），如制造方法、使用方法、通信方法、处理方法以及将产品用于特定用途的方法等权利要求。

按照形式可将权利要求分为独立权利要求和从属权利要求。独立权利要求应当从整体上反映发明或者实用新型的技术方案，记载解决技术问题的必要技术特征。必要技术特征是指发明或者实用新型为解决技术问题所不可缺少的技术特征，其总和足以构成发明或者实用新型的技术方案，使之区别于本领域已知的所有现有技术方案。判断某一技术特征是否为必要技术特征，应当从所要解决的技术问题出发，并考虑说明书描述的整体内容，不应简单地将实施例中的技术特征直接认定为必要技术特征。

从属权利要求是跟随独立权利要求之后，用附加的技术特征对引用的权利要求（包括独立或从属权利要求）做进一步限定的权利要求。从属权利要求是独立权利要求的下位权利要求，是对独立权利要求的改进，本身落入独立权利保护范围之内，并通过增加新的技术特征，进一步优化和限定独立权利要求。图 15-1 为独立权利要求和从属权利要求关系图。

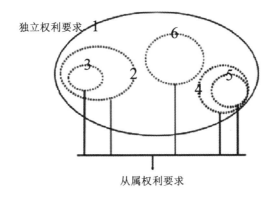

图 15-1　独立权利要求和从属权利要求关系图

【案例 1】 申请号为 200710075871. X 发明专利（名称为 "集装箱悬挂系统"）

摘要：本发明公开一种集装箱悬挂系统，如图 15-2 所示，包括支撑座、轨道、挂钩，其中支撑座上部固定在集装箱内顶板上，轨道固定支撑在支撑座上，挂钩通过其上部的钩挂头钩挂在轨道上，支撑座下部为 L 形悬挂臂，轨道下部固定在 L 形悬挂臂上，挂钩沿轨道无阻碍滑动。本发明挂钩可在轨道上表面无障碍滑动，满足快速装卸货物的要求，并且结构简单，安装方便，固定牢固，整体承重力大。

权利要求：①一种集装箱悬挂系统，包括**支撑座、轨道、挂钩**，其中支撑座上部固定在集装箱内顶板上，轨道固定支撑在支撑座上，挂钩通过其上部的钩挂头钩挂在轨道上，其特征在于，支撑座下部为 L 形悬挂臂，轨道下部固定在 L 形悬挂臂上，挂钩沿轨道无阻碍滑动。

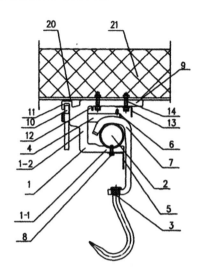

图 15-2 集装箱悬挂系统

图示说明：1. L 形悬挂臂；1-1. L 形悬挂臂横向部分；1-2. L 形悬挂臂纵向部分；

2. 轨道；3. 挂钩；4. 水平限位销；5. 挡位块；6. 限位块；7. 钩挂头；8. 螺栓；

9. 平板部分；10. 手柄；11. 手柄卡槽；12. 卡槽；13. 挡位板；

14. 螺栓；20. 加强板；21. 集装箱内顶板

②如权利要求①所述的集装箱悬挂系统，其特征在于，支撑座上设有防挂钩脱位的**限位件**。

③如权利要求②所述的集装箱悬挂系统，其特征在于，所述**限位件为挡位板**，在 L 形悬挂臂横向部分的外边缘下部或/和支撑座上部设有挡位板，其中支撑座上部设置的挡位板向下延伸到挂钩的钩挂头背部外侧。

④如权力要求①所述的集装箱悬挂系统，其特征在于，L 型悬挂臂的竖向部分设有**水平通孔**，通孔内装有限制挂钩滑动的**止动装置**，止动装置底部低于挂钩的钩挂头顶面。

⑤如权力要求④所述的集装箱悬挂系统，其特征在于，所述**止动装置主体为水平限位销**，所属水平限位销沿其轴向滑动，水平限位销底部低于挂钩的钩挂头顶面，其前部移至轨道上方便限制挂钩沿轨道滑动，其前端后退到轨道外，挂钩便沿轨道自由滑动。

⑥如权力要求⑤所述的集装箱悬挂系统，其特征在于，**水平限位销前端部侧面固定有限位块**，支撑座上设有与限位块对应的限位卡槽，限位块插入限位卡槽时水平限位销被锁定，此时水平限位销前端后退到轨道外。

案例中，如图 15-3 所示，1 为独立权利要求，2、3、4、5 是对独立权利要求中阐述的技术方案的优化和进一步限定，属于从属权利要求。

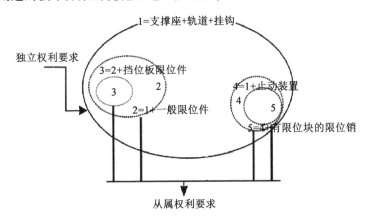

图 15-3　发明专利"集装箱悬挂系统"独立权利要求和从属权利要求关系图

因为从属权利要求是独立权利要求的下位权利要求，其保护范围必然比独立权利要求小。侵犯从属权利要求必然侵犯独立权利要求。然而，侵犯独立权利要求未必直接侵犯从属权利要求。从属权利要求也有自身不可替代的重要功能，其中最突出的就是在独立权利要求万一被宣告无效时，从属权利要求可以被提升为新的独立权利要求。

【案例 2】 一个专利独立权利要求请求保护移动电话

审查员发现在此之前已经有可独立使用的无线电话，该独立权利要求丧失了新颖性。但是同一专利申请案中，有一个从属权利要求主张保护的是带摄像头的移动电话。假如在此之前没有任何手机设计装配过摄像头，申请人可以通过放弃原独立权利要求，把从属权利修改为新的独立权利要求（在审查过程中，发明人可以依据申请文件，要求缩小保护范围而不能扩大保护范围），从而维持专利申请案得以通过。

15.2　专利侵权

15.2.1　专利侵权的概念

专利侵权行为是指在专利权的有效期限内，任何他人在未经专利权人许可，也没有其他法定事由的情况下，擅自以营利为目的实施专利的行为。专利侵权特征和专利侵权行为如图 15-4 和表 15-1 所示。

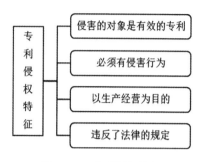

图 15-4　专利侵权特征

表 15-1　专利侵权行为

专利侵权行为	内容
直接侵权行为	为生产经营目的使用或者销售不知道是未经专利权人许可而制造并售出的专利产品或者依照专利方法直接获得的产品，能证明其产品合法来源的，仍然属于专利侵权的行为
间接侵权行为	行为人本身的行为并不直接构成对专利权的侵害，但实施了诱导、怂恿、教唆、帮助他人侵害专利权的行为。这种侵权行为通常是为直接侵权行为制造条件

15.2.2　专利侵权的判定

我国现有专利侵权判定依据是《专利法》第六十四条的规定"发明或者实用新型专利权的保护范围以其权利要求的内容为准，说明书及附图可以用于解释权利要求。"由此可见，我国以发明和实用新型的独立权利要求书中记载的全部必要技术特征作为一个整体技术方案来确定权利的保护范围。

如何进行专利规避？通常需要先了解专利侵权的判定法则。只有掌握了专利的侵权判定法则，才能知道专利的保护范围，才能分析归纳出专利规避设计的具体方法，为专利规避设计提供宏观指导。专利侵权的判定原则主要包括以下几方面。

15.2.2.1　全面覆盖原则

全面覆盖原则是专利侵权判定中最基本的、首要的原则，是指被控侵权物（产品、方法）的技术特征包含了专利权利要求中记载的全部必要技术特征（即解决发明创造技术问题的技术方案）。

第一种情况，如图 15-5 所示，假如专利权利要求所记载的必要技术特征为 ABC，而被控侵权产品特征也为 ABC，即二者关系为 ABC = ABC，那么我们认为专利权保护范围全面覆盖了被控侵权的产品，专利侵权成立（这种情况也称为"字面侵权"）。例如，一项专利，其权利要求为：H 型强场磁化杯体，其特征在于杯体的两侧各镶嵌一块永久磁铁。如果被控侵权物的杯体两侧各镶嵌了一块永久磁铁，那么被控侵权物的结构与权利要求所描述的结构一样，则为侵权。

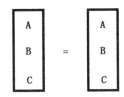

图 15-5 全面覆盖原则之"字面侵权"

第二种情况，如果独立权利要求采用上位概念特征，而被控侵权物采用的是下位概念，即被控侵权物除包括专利权要求中的全部必要技术特征，这种情况下适用全面覆盖原则，被控物侵权。例如，一种新型机器人行走结构的专利，其特征是电机接传动机构，传动机构的输出轴装有驱动轮。被控侵权物的结构为，电机经齿轮传动，输出轴上装有驱动轮。被控侵权物采用齿轮传动，齿轮传动的结构属于"传动机构"的下位概念，因此，被控物侵权成立。

第三种情况，被控侵权物虽然增加了新的技术特征，则也构成侵权。如图 15-6 所示，假如专利权利要求所记载的必要技术特征为 ABC，而被控侵权产品特征为 ABCD，二者关系表示为 ABC<ABCD，专利侵权成立（这种情况也称为"从属侵权"）。例如，关于一种电褥子的专利。其特征在于具有绝缘性的电阻丝。被控侵权物的结构为具备绝缘性的电阻丝和电阻丝短路保护装置，尽管被控侵权物的特征多于专利权利要求，而且可能还具有一定的创造性，但由于被控侵权物的结构覆盖了权利要求的全部特征，所以被控物侵权。

需要注意的是，当专利权利要求所记载的必要技术特征为 A+B+C，而被控侵权产品必要技术特征为 A+B，此时被控侵权产品缺少了专利权利要求所记载的一个及以上必要技术特征，这表明，实施者用较少的技术特征达到了专利技术的目的和效果，这本身已是一种创新，专利侵权不成立。

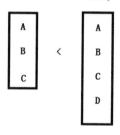

图 15-6   全面覆盖原则之 "从属侵权"

当专利权利要求所记载的技术特征 C 为非必要技术特征（即解决发明创造技术问题的技术方案中可有可无的特征）时，才有可能认定专利侵权成立。

15.2.2.2   等同原则

等同原则是法院判定专利侵权时适用最多的一项原则，是指如果被控侵权物中有一个或者一个以上技术特征与专利独立权利要求保护的技术特征相比，从字面上看不相同，但经过分析后认为被控侵权物以实质上相同的方式，实现了实质上相同的功能，并取得相同的结果，那么这种差别就是非实质性的，而从事该领域工作的普通技术人员能够很容易地获知二者的互换性，在专利法看来，被控侵权产品或者方法的一个或几个技术特征等同于侵权专利的响应特征，则被认定为专利侵权，如图 15-7 所示。

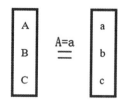

图 15-7   等同原则图示

【案例】 一种机器人移动机构的专利

其权利特征在于：具有六个沿圆周方向均匀分布的驱动臂，驱动臂内设置有电机，电机经齿轮传动接位于驱动臂端部的驱动轮。被控侵权物的结构为，具有六个沿圆周方向均匀分布的驱动臂，驱动臂内设置有电机，电机经链条传动接位于驱动臂端部的驱动轮。被控侵权物缺少专利权利要求中的齿轮传动特征，但是由于链条传动属于齿轮传动的等同替换，所以被控侵权物适用等同原则，属于侵权。

等同物是指在功能、手段、方法、效果达到"实质上的相同",也可以理解为所置换的技术是熟悉该领域从业人员容易推知或显而易见的相等技术。

需要注意的是,等同原则是技术特征的等同而非整体方案的完全一致。如果被控侵权物为躲避侵权而刻意省略个别必要技术特征,使该技术方案在性能上劣于专利技术方案,则依旧适用等同原则,构成专利侵权。

15.2.2.3 禁止反悔原则

禁止反悔原则,是指在专利审批、撤销或无效程序中,专利权人为确定其专利具备新颖性和创造性,通过书面声明或者修改专利文件的方式,对专利权利要求的范围做了限制承诺或者部分地放弃了保护,因而获得了专利权。而在代理侵权诉讼中,法院利用等同原则确定专利权的保护范围时,应当禁止专利权人将已被限制、排除或者已经放弃的内容重新纳入专利权保护范围,这就是专利禁止反悔原则。当等同原则与禁止反悔原则在适用上发生冲突时,即原告主张适用等同原则判定被告侵犯其专利权,而被告主张禁止反悔原则判定自己不构成侵犯专利权情况下,应当优先适用禁止反悔原则(图 15-8)。

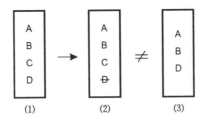

图 15-8　禁止反悔原则图示

图 15-8 中(2)中技术特征 D 即为(1)在申请阶段放弃的技术特征,(3)中被控侵权对象采用了该技术特征 D 实现了技术要求,因此适用禁止反悔原则,不构成专利侵权。

【案例】1992 年,原告向中国专利局提出名称为"一种建筑装饰粘合剂"的发明专利申请,该申请于 1997 年 10 月 18 日被授予专利权。随后,原告在市场上发现××公司生产的"新一代 903 新型防水建筑胶"产品后,于 1999 年 3 月 19 日请求北京化学试剂研究所将其使用该专利技术生产的"龙王牌建筑装修防水胶霜"样品与××公司生产的"新一代 903 防水建筑胶"的样品进行剖析,认为××公司生产的"新一代 903 新型防水建筑胶"产品侵犯了其专利权。

按照法律规定,发明专利权的保护范围以权利要求书为准,说明书及附图可以用来解释权利要求。分析该专利的独立权利要求,共有 5 项必要技术特征。其中第 4 项必要技术特征为"占总重量 40% ~ 70% 的填料,填料为硅灰石粉"。将××公司的产品与专利的独立权利要求进行对比,发现区别在于: ××公司产品填料为 CaMg（CO_3）$_2$,即碳酸钙和碳酸镁;而本专利中第 4 个必要技术特征填料为硅灰石粉。

原告主张碳酸钙、碳酸镁和硅灰石粉属于同一类,二者构成等同替换。但根据原告在专利审查阶段的陈述意见,其中表明了其采用的硅灰石与石灰石的具体不同之处（在申请阶段放弃了技术特征"石灰石"——碳酸钙）,并由此最终获得授权。法院通过委托国家标准物质研究中心给出测试报告,石灰石的主要成分是碳酸钙,还可含有碳酸镁,而这正是××公司的产品采用的填料。根据禁止反悔原则,原告在专利审查阶段的陈述在诉讼中不得反悔。因此,××公司产品中的技术特征填料不同于专利中的第 4 项必要技术特征硅灰石,也不构成等同替换。原告主张的碳酸钙、碳酸镁是硅灰石的等同替换物,法院不予支持,不构成侵犯专利权。

15.2.3 专利侵权的判定流程

在进行专利侵权判定时,应按照专利侵权判定流程根据每个原则逐一进行判定,专利侵权判定的具体流程如图 15-9 所示。

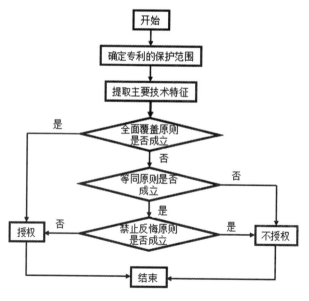

图 15-9 专利侵权的判定流程

15.2.3.1 确认专利的保护范围

以专利权利要求书记载的技术内容为准来确认专利的保护范围,其技术内容应当通过参考和研究说明书及附图,在全面考虑发明或实用新型的技术领域、申请日前的公知技术、技术解决方案、作用和效果的基础上加以确定。

15.2.3.2 提取主要技术特征

分析并提取必要技术特征、非必要技术特征和公知技术特征。

15.2.3.3 分析可能情况进行规避设计申请专利

针对产品或服务,进行专利检索和分析,找出相关专利,运用全面覆盖原则、等同原则和禁止反悔原则等专利侵权判定原则进行对比分析,据此判定是否侵权及如何改进。

15.3 专利规避

专利规避设计是一项源于美国的合法竞争行为。最初专利规避设计只是作为专利系统工作的一种方式,旨在鼓励发明和促进大众文化的进步。随着人们对知识产权的日益重视,规避设计已经成为一种积极的防御和进攻战略。专利规避设计是以专利侵权的判定原则为依据,通过分析已有专利,使产品的技术方案借鉴专利技术,但不落入专利保护范围的研发活动。

【案例】日化产品制造企业 A 公司研发一款新型肥皂盒

研究人员发现,当时市场上的肥皂盒主要分为两种(图 15-10),一种是四面围起来的普通盒子,缺点是湿漉漉的肥皂放在里面,积水无法排除,很容易泡软造成浪费。另一种肥皂盒为了不把肥皂泡软,就做成了镂空的,可是这又会到处漏出肥皂水,将台面弄得很脏。

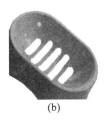

(a)   (b)

图 15-10 两种老式肥皂盒

于是 A 公司希望研发一款全新产品解决这两个问题。研发人员很快想到了方法,将肥皂盒底部的镂空去掉,在肥皂盒中间加一个可承放肥皂的肋排,这样水就可以流到肥皂盒内而不浸泡肥皂，也不至于弄脏台面。

通常情况下，在国际专利库中，先确定关键词进行检索，通过初步筛选，去除过期专利、被无效的专利、未授权专利、与目标技术领域无关的专利等专利后，获得规避的专利库。再根据被引用数、国家数等，确定要规避的核心专利。根据核心专利的结构和保护范围进行深入研究，最后选择规避难度较小的专利作为规避对象。

在研发之前，A 公司先进行了专利检索，找到了解决此类问题的两个专利。专利 1 采用的是排水槽和双层结构设计，其必要技术特征为 A 排水槽+B 双层结构，A 公司只要采用同样的设计思路，都会落入专利 1 的保护范围（图 15-11）。专利 2（图 15-12）采用的是肋条+低侧壁的技术方案，其必要技术特征为 C 肋条+D 低侧壁。

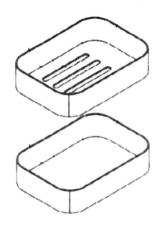

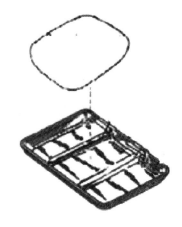

图 15-11　专利 1 结构图　　　　图 15-12　专利 2 结构图

A 公司采取了替换某些技术特征的专利规避方法。针对专利 1 的技术方案，A 公司可以使用要素改变的方法，用引导污水的方法代替双层结构，即在接水装置上留出引导水定向流出的出口，采用肋条（必要技术特征 E）和取消一侧侧壁（必要技术特征 F）将污水与肥皂隔离，从而取代技术特征 A 和 B。针对专利 2 的肋条结构，A 公司认为此专利本身就存在一些问题：由于侧壁较低，污水很容易溢出来，同时由于肥皂都比较滑，而且一般呈椭圆形，很容易从低的侧壁上滑出来。他们只需要解决这些问题，也就同时规避了专利 2 的保护范围。于是 A 公司设计人员利用取消一侧侧壁（必要技术特征 F）的方式方便肥皂的取放；同时，为了防止肥皂从低侧壁这一侧滑落，将肋条（必要技术特征 E）设计成向开口侧隆起的形状（必要技术特征 E'），那么放置在其上的肥皂自然向内倾斜，不致滑落，底面设计成向开口侧向下倾斜的角度（必要技术特征 G），底面的向外倾斜由肋条的向内倾斜加以矫正，保持肥皂放置后整体向内倾斜的效果（图 15-13）。

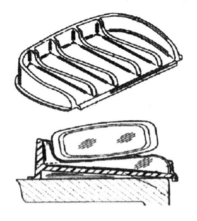

图 15-13 专利规避后的肥皂盒设计

针对规避设计后的技术方案，A 公司再次进行了技术分析、确定现有技术和风险判定的步骤，以确定当前技术方案没有专利侵权风险，见图 15-14。通过技术分析结果与已有专利技术中的肥皂盒的比较，确定新设计的肥皂盒创新点为：①取消一侧侧壁这一技术特征是现有的肥皂盒中没有的，而且在技术分析中出现了三次，实现了三种技术功能，显然，这一技术特征是肥皂盒最重要的创新点；②肋面向开口侧向上倾斜，也是现有的肥皂盒中没有的；③底面向开口侧向下倾斜。由此可见，A 公司通过专利规避分析设计，抓住了创新技术的关键点，有效避免了专利侵权，实现了技术创新。

15.3.1 专利规避实施策略

①借鉴专利文件中技术问题的规避设计，通过专利文件了解新产品的性能指标或技术方案解决的技术问题。

②借鉴专利文件中背景技术的规避设计，在此基础上创造出不侵犯该专利权的设计方案。

③借鉴专利文件中发明内容和具体实施方案的规避设计。在此过程中，一方面寻找权利要求的概括疏漏，找出可以实现发明目的，却未在权利要求中加以概括保护的实施例或相应变形；另一方面可以通过应用发明内容中提到的技术原理、理论基础或发明思路，创造出不同于权利要求保护的技术方案。

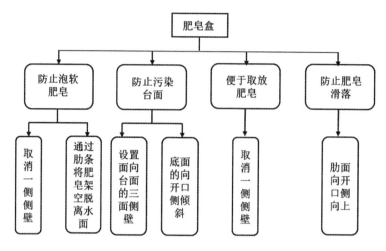

图 15-14　规避设计后的肥皂盒的技术分析示意图

④借鉴专利审查相关文件的规避设计。根据禁止反悔原则，专利权人不得在诉讼中，对其答复审查意见过程中所做的限制性解释和放弃的部分反悔，而这些很有可能就是可以实现发明目的，但又排除在保护范围之外的技术方案。

⑤借鉴专利权利要求的规避设计。这种规避设计是采用与专利相近的技术方案，而缺省至少一个技术特征，或有至少一个必要技术特征与权利要求不同。这是最常见的规避设计，也是与专利保护范围最接近的规避设计。

15.3.2　专利规避设计方法

① 删除法。在不影响功能和技术效果的前提下，节约一个及以上的必要技术特征，以避免侵犯全面覆盖原则（图 15-15），并减少成本。可以用本书前面章节的裁剪法裁剪一个或以上的必要技术特征，将其功能转移到超系统组件或系统其他组件上。

②替换法。实质上改变至少一个必要构成特征，使被告技术不同于权利要求中的技术，以防止侵犯全面覆盖原则和等同原则（图 15-16）。该方法采用不同的手段（技术、方式、原理），使系统具有相同的功能，达到相同的效果。

③多项替换法。以不同技术特征来置换某一必要构成特征，以避免侵犯全面覆盖原则和等同原则（图 15-17）。该方法是一种积极的持续性创新活动。

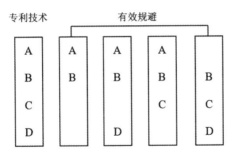

图 15-15 专利规避设计之删除法

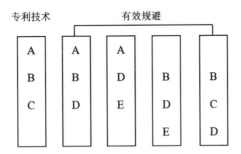

图 15-16 专利规避设计之替换法

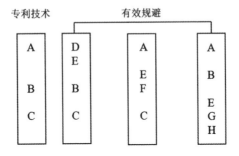

图 15-17 专利规避设计之多项替换法

15.3.3 基于 TRIZ 理论的专利规避设计

传统的企业研发团队进行产品研发设计时，一般通过项目提出、市场调研、项目确立、设计构思、设计深入、可行性分析等步骤来实现新产品的开发。传统的产品创新设计流程如图 15-18 所示。

传统的产品创新设计流程忽略了对竞争对手专利技术信息的收集和分析，导致企业轻则不能充分利用已有的研发背景，重则可能会使企业面临研发出的产品早已被其他人申请了专利保护的窘境；在设计构思与设计深入阶段，没有研究该技术在其他领域的解决方案和一些具有创造性的思路。此外，该流程中没有知识管理阶段，可能导致企业研发周期拉长，并且浪费人力、物力以及财力。

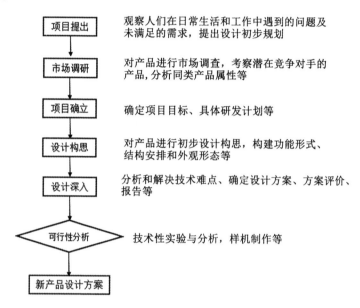

图 15-18　传统的产品创新设计流程

基于 TRIZ 的专利规避创新设计方法是充分利用 TRIZ 的功能分析法，对目标专利进行功能建模、分析及创新以得到最优解，再根据最优解进行详细设计从而得到规避后的新方案。基于 TRIZ 的专利规避创新设计流程主要分为 6 个阶段，如图 15-19 所示。

15.3.3.1　提出规避问题

利用 TRIZ 功能分析方法，识别产品的系统组件、超系统组件和子系统组件，通过分析系统组件和超系统组件、子系统组件之间的相互作用，全面了解产品各系统的结构、功能和相互作用关系，明确产品存在的技术问题，并通过因果链分析对技术问题产生的原因进行深入剖析，最终找出造成技术问题的最根本原因。

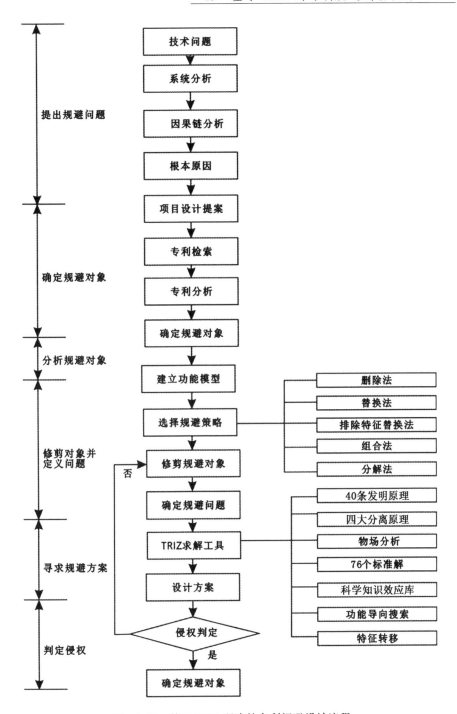

图 15-19　基于 TRIZ 理论的专利规避设计流程

15.3.3.2 确定规避对象

在找出所要规避的问题之后,根据规避问题所涉及的技术领域,制定合理的检索策略,通过相关专利的检索与分析来确定规避对象。目前常用的专利检索方法有关键词检索、表格检索、IPC 分类检索等。关键词检索是指通过输入与技术主题相关的关键词来检索相关专利;表格检索是指根据表格中提供的专利号、名称、申请人、发明人等进行检索;IPC 是指国际专利分类号,即采用国际专利分类法分类专利文献而得到的分类号,通过 IPC 分类检索能够根据技术主题所属的技术领域逐级进行筛选从而得到相应的专利文献。在具体进行检索时,通常将三种方法结合起来,并采用布尔逻辑组合,从而全面而准确查找到所需要的专利文献。在检索结果中确定出用户需要特别关注的竞争者关键技术的重点专利,通过对专利信息进行分析以确定规避对象。如果检索结果中存在能够直接解决技术问题的技术方案,则该技术方案可作为被规避对象;若找不到直接的解决方案,可通过功能导向搜索,在领先技术领域寻找实现类似功能的解决方案,移植到本(落后)技术领域中来。该方案通常仅为现有技术的简单结合,仍存在侵权风险,因此也应将该技术方案作为规避对象。

15.3.3.3 分析规避对象

在应用 TRIZ 分析时,各个技术特征就是技术系统中的组件,功能分析就是对技术系统建模,即建立技术系统的功能模型。建立功能模型时,可以依据以下步骤来实现:第一步,识别系统组件、子系统组件和超系统组件,对各组件进行作用分析。在系统比较复杂的情况时,可以将各组件的功能用列表的形式表示出来,从而帮助设计人员明确各组件的功能,指导设计人员建立组件相互作用关系矩阵。第二步,识别及明确各组件间的所有相互作用关系的类别,尤其是识别出系统中显性和隐性的有害、不足及过量的功能,建立系统的功能模型,也可以进一步进行功能成本分析。

15.3.3.4 修剪对象并定义问题

完成功能建模后,可通过以下规避设计方法(表15-2)对功能模型进行修改。规避设计方法是以侵权判定原则为依据,运用删除、替换、组合等来实现规避设计,从而在不侵权的前提下,满足或更好地实现所需求的功能。

表 15-2 规避设计方法

规避设计方法	规避设计方法内容	规避设计方法表达式	规避的侵权判定原则
删除法	裁剪一个或以上的必要技术特征，将其功能转移到超系统组件或系统其他组件上；删除某些组件或辅助功能	$A+B+C+D \rightarrow A+B+C'$	全面覆盖原则；等同原则
替换法	将某些操作组件用其他组件替换；一些组件的功能或组件本身被替代	$A+B+C+D \rightarrow A+B+c+d$ $(C \neq c, D \neq d)$	全面覆盖原则；等同原则
排除特征替换法	利用专利权人申请专利过程中或后续过程中放弃的原来的权利要求中的部分内容	$A+B+C+D \rightarrow A+B+C+d$	禁止反悔原则
组合法	组合替换系统一个或一个以上技术特征	$A+B+C+D \rightarrow A+B+E$ $(E \neq C+D)$	全面覆盖原则；等同原则
分解法	用多个新的特征共同作用来实现原专利要求中某一个特征需要实现的功能	$A+B+C+D \rightarrow A+B+C+E+F$ $(D \neq E+F)$	全面覆盖原则；等同原则

15.3.3.5 寻求规避方案

在进行规避设计时，可方便快捷地选择 TRIZ 工具，而无须浪费大量时间去逐个尝试 TRIZ 工具，从而节省研发周期，提高研发效率。用于问题解决阶段的 TRIZ 工具包括：解决技术矛盾的 40 条发明原理、解决物理矛盾的四大分离原理、物场分析、76 个标准解、科学知识效应库、功能导向搜索、特性转移等。

①当矛盾明显时，先区分是技术矛盾还是物理矛盾。

对于技术矛盾，应用 40 条发明原理可以行之有效地加以解决。首先针对具体问题确定技术矛盾，然后将该技术矛盾采用标准的工程参数进行描述，通过查找矛盾矩阵确定可采用的发明原理，最后根据发明原理寻找解决方案。

对于物理矛盾，应用四大分离原理及其对应的发明原理，通过将物理矛盾的矛盾双方分离来得到具体的解决方案。

以上方法有望与规避设计方法中的替换法结合，达到更好的技术效果。

②当矛盾不明显或问题不明确时，功能分析和因果链分析可以帮助我们

从对系统的大而笼统的认识细化到关键的问题和组件，找出特定组件之间的有害功能、不足功能、过量功能等缺陷。

对于这些缺陷，可以用物场分析等工具寻求解决方案。物场分析是在解决矛盾阶段问题构造、描述和分析的工具。先运用物场分析对问题建立物场模型，再根据模型所描述的功能问题类型确定问题性质，然后参考 76 个标准解中对应的标准解，从而提供解决问题的方向。

对于明显的有害功能、不足功能，可以考虑应用功能导向搜索、科学知识效应库或特性转移。

功能导向搜索是在对目前跨领域现有成熟技术进行功能分析的基础上用于解决问题的工具。与倾向于原创和新发明的传统创新模式相比，功能导向搜索通过改变问题适应性，寻找和借鉴其他行业现有的成功解决方案，进行不同应用领域的迁移，更快速、高效地规避部分专利，解决现有问题。功能导向搜索的主要步骤包括问题识别、功能一般化处理、识别领先领域、确定解决方案并形成专利。

科学知识效应库是一种基于知识的解决问题工具，基于对世界专利库的大量专利的分析，总结了大量的物理、化学和几何效应，每一个效应都可能用来解决某一类问题。回顾能够产生特定效应的所有的科学知识并加以应用，将为我们解决不同工程领域的问题提供广阔思路。

TRIZ 理论中的"特性转移"工具，可以将具备相同或者类似主要功能的不同系统的优点和缺点进行分析，然后以其中一个系统为基础，将其他系统的优点转移到系统中。这样不仅保持了原有系统的优点，还通过将具有其他优点的系统的优势特性移植到本系统，从而使本系统具备新的优点。

③也可以考虑用裁剪法，结合规避设计中的删除法，将有害功能、过量功能的功能载体裁掉，引出新的更容易解决的问题或更有创新的问题。

15.3.3.6 判定侵权

形成具体的规避方案后，需要进行侵权判定。按照一定的优先顺序，根据专利侵权判定的流程，对比原有技术与新技术的特征，判定新技术的必要技术特征是否落入所规避的目标专利保护范围，并对比两者技术能力的"价值性""有效性"及"可靠性"，以保证最后的规避方案同时满足创造性要求、实用性要求、不侵权要求。

15.3.4 基于 TRIZ 理论的专利规避设计案例

3D 打印技术是快速成形技术的一种，它以数字模型文件为基础，运用粉末状金属或塑料等可黏合材料，通过逐层打印的方式来构造物体。相较于传统的机加工技术，3D 打印技术具有生产工序简单、自动化程度高、制造周期短以及可制造复杂结构等诸多优点。如髋关节、牙齿或飞机零部件已经开始使用 3D 打印机器制作零部件。从 1986 年 Charles Hull 开发第一台商业 3D 印刷机至今，3D 打印成型技术逐渐发展，主要包括熔融沉积成型（FDM）、光固化成型（SLA）、分层实体制造（LOM）和激光选区熔化（SLM）等，所用的打印材料主要包括塑料、聚合物和金属等。本部分以 3D 打印机熔融沉积成型（FDM）技术为例，对 FDM 技术成型精度低和打印速度慢等问题进行技术分析，专利检索到解决上述问题的技术方案，通过功能导向搜索，在领先技术领域寻找实现类似功能的解决方案，移植到本（落后）技术领域中，借助 TRIZ 中的裁剪、替换和功能导向等工具能够有效地实现规避设计，得到绕开专利保护范围的技术问题解决方案。

15.3.4.1 规避问题的提出

图 15-20 为活塞式 FDM 打印机结构图。其喷头系统包括送丝机构、喉管、散热块、加热器和喷嘴。送丝机构将固态丝料由导料管送至加热器，加热器将固态丝料加热融化为液态丝材，并经过喉管输送至喷嘴。当需要打印时，固态丝材在送丝机构的作用下挤压喷嘴处的液态丝材向下运动，将丝料挤出喷嘴。同时，当前端熔化的液态丝料受到挤压时，会从固态丝料与喉管里的间隙倒流回去，若倒流的距离过长，则固态丝料与喉管之间的摩擦力就会增大，从而造成喉管堵丝，因此，为了防止堵丝，通常在喉管外还设散热块，散热块能够使倒流的丝料快速凝固，阻止丝料继续倒流。

如表 15-3 所示，对 FDM 打印机喷头系统进行组件分析。其中，喷头系统的超系统组件为丝料、控制器、空气和重力。控制器用于控制送丝机构的运动和加热器的加热温度。

系统组件包括送丝机构、散热块、喉管、加热器和喷嘴。子系统组件包括摩擦轮、步进电机、加热铝块、加热棒和传感器。其中，摩擦轮和步进电机，通过步进电机驱动送丝轮转动，通过送丝轮上的摩擦轮齿与辅助轮配合将丝材送至加热腔内。

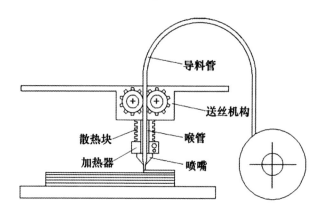

图 15-20　活塞式 FDM 打印机结构图

表 15-3　FDM 打印机喷头系统组件分析

超系统组件	系统组件	子系统组件
丝料	送丝机构	摩擦轮
		步进电机
控制器	散热块	
	喉管	
空气	加热器	加热铝块
		加热棒
重力		传感器
	喷嘴	

（1）系统分析

在对 FDM 打印机喷头系统进行组件分析的基础上，进一步分析系统和超系统组件之间的相互作用，形成组件相互关系矩阵，如表 15-4 所示。

表 15-4　FDM 打印机喷头系统相互关系矩阵

组件	送丝机构	散热块	喉管	加热器	喷嘴	丝料	控制器	空气	重力
送丝机构		+	−	−		+	−	+	−
散热块	+		+	+	−	−	−	+	−
喉管	−	+		+	+	+	−	−	−
加热器	−	+	+		+	+	+	−	−

续表

组件	送丝机构	散热块	喉管	加热器	喷嘴	丝料	控制器	空气	重力
喷嘴	−	−	+	+		+	−	+	−
丝料	+	−	+	+	+		−	+	+
控制器	+	−	−	+	−	−		−	−
空气	−	+	−	−	+	+	−		−
重力	−	−	−	−	−	+	−	−	

通过系统分析可知，在 FDM 打印机喷头系统中，喷丝速度、直径及固化速度会相互制约。提高喷丝速度，会使喷丝的固化速度提高，否则相互叠印的打印层会出现相互挤压变形，影响打印精度；若喷丝直径增大，则每层打印精度降低，固化时间会增长。因此协同提高喷头的喷丝速度、直径及固化速度能有效提升打印机喷丝效率。

（2）因果链分析

因果链分析能帮我们找到所有对问题有作用的对象、参数、状态，然后对原因进行逐层分析，有助于全面而完整地寻找问题产生原因。对问题有影响的原因有很多，不需要每个问题逐一解决，结合现有工作条件、技术背景以及工艺加工条件，确定对问题有较大影响的原因，通过简化问题模型，得到需要解决的核心问题。

本书第 2 章因果链分析章节中，通过因果链分析对喷嘴效率不足的原因进行了详细描述，造成喷嘴效率不足的根本原因主要为喷丝黏度大、喷丝直径大、喷丝冷却慢、送丝机构驱动力和喉管存储空间不足。

15.3.4.2 确定规避对象

通过技术调研，FDM 技术已经相对成熟，技术解决方案可以在本领域内寻找，通过专利检索得到本领域相关的核心专利和重要专利，为专利规避提供依据。

（1）专利检索

通过关键词结合 IPC 分类号的方式，检索范围限定为专利名称、摘要和权利要求（表 15-5）。

表 15-5 专利检索要素

检索主体	喷头		
文献调研综述	熔化的液态丝料具有一定黏性，残留的丝材常会在流道及加热腔内淤积，造成挤出机构堵塞，影响打印质量；丝材直径通常小于喉管内径，密封性差，容易出现流涎问题		
检索范围	地域	时间	范围
	国内专利	2000—2021	发明、实用新型
数据库	国家知识产权局专利数据库、万方知识服务平台专利数据库		
关键词	喷头喷墨头；喷嘴打印头；FDM；熔融沉积成型		
IPC 分类号	B29C64、B4IJ2		

（2）专利分析

经过初检、清洗去重后得到专利 881 件。结合需要解决的技术问题，从权利要求数量、专利族数量和独立权利要求数量（或被引用次数、多产专利权机构等）3 方面综合考虑，选取对问题解决最为有益的技术方案，并逐条阅读各专利的权利要求，分析各专利的技术特征。

（3）确定规避对象

结合要解决的根本问题，选取专利申请号为 201410289239.5 的专利"喷嘴喷射独立可控的阵列化电流体喷印头及其实现方法"作为技术迁移的对象。该专利公开了一种电流体喷印技术，其独立权利要求表述为："一种喷嘴喷射独立可控的阵列化电流体喷印头，可实现对喷印头的阵列化喷嘴中各喷嘴独立的喷射控制，该喷印头包括多个喷嘴阵列排布形成的阵列化喷嘴，其与接收板相对布置，用于将墨腔中的墨液通过喷嘴喷射到所述接收板上实现喷印，其特征在于，该喷印头还包括设置在所属阵列化喷嘴与接收板之间的导引电极层，该导引电极层上设有与喷嘴数目对应的多个圆孔，各圆孔的中心与喷嘴的中心共线，在所述导引电极层商的各圆孔处外围均同轴环绕有一圈导电环，且各导电环均与对应的电压源连接，使得在各喷嘴与对应的导电环之间建立电压，通过调整各个电压值使得需要喷印的喷嘴与对应的导电环形成的电压大于其他喷嘴与对应的导电环间的电压，进而使待喷射喷嘴处的场强大于喷射启动所需场强，其他不喷射的喷嘴处场强小于喷射启动所需场强，即可控制需要喷印的喷嘴进行喷射而其他喷嘴不喷射，实现各喷嘴的独立控制。"

因此相较于传统的喷墨打印用"推"的方式挤出液滴，电流体喷印用电场作为驱动，用"拉"的方式将液滴/射流从喷嘴泰勒锥中拉出来，因而最后液滴的直径大小通常比喷嘴小很多。通过控制电压、流量、间距、气压等工艺参数，能够得到不同精度的液滴/液线。液滴尺寸不再受限于喷嘴尺寸，提高了喷印分辨率，降低了喷印头的制造难度。将"领先技术领域"喷墨印刷技术领域中上述专利的电流体喷印技术迁移到传统 FDM 打印技术领域中，得到打印喷头的初始方案，如图 15-21 所示。

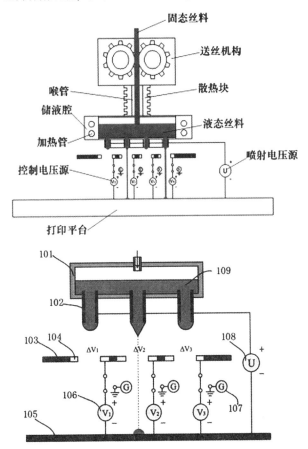

图 15-21　"喷嘴喷射独立可控的阵列化电流体喷印头及其实现方法"专利原理图

101. 阵列化电流体喷印头；102. 不锈钢毛细管喷嘴；103. 导引电极层；

104. 导电环；105. 接收板；106. 直流电压源；107. 接地端；

108. 脉冲式直流电压源；109. 该阵列化电流体喷印头储液腔中的打印溶液

原有的送丝机构功能不变，仍起到送料和挤压的作用，但丝料喷出的驱动力改由强电场驱动。喷嘴直径保持不变，但喷嘴数量增多，为阵列式多喷嘴排布。在原喉管的下部增设存储熔融状丝料的储液腔，腔内的丝料接通高压电源的正极，打印机支撑平台接通高压电源的负极。为增大储液腔中丝料的流动性，可增加加热管功率并提高加热温度。在一定的强电场作用下，熔融的丝料可在各个喷嘴下方形成泰勒锥，并在控制电压源的控制下，按照需求以小于喷嘴直径数倍的细丝状高速喷射至打印平台。

15.3.4.3　建立功能模型

图 15-22 是技术迁移后的初始方案。上述初始方案覆盖了现有专利的全部技术特征，为避免专利侵权，可通过专利规避策略对上述初始方案进行专利规避设计。

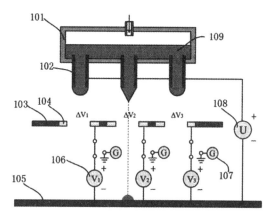

图 15-22　初始方案原理图

对被规避方案进行组件分析，分析系统和超系统组件之间的相互作用，形成组件相互关系功能模型，初始方案功能模型图如图 15-23 所示。

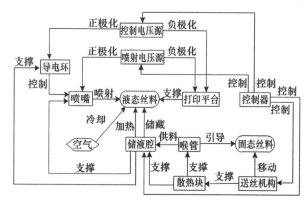

图 15-23　初始方案功能模型图

15.3.4.4 裁剪组件并定义问题

利用裁剪规避策略进行专利规避设计，得到以下两个新的技术方案。

方案一：根据裁剪规则 C "如果能从系统或者超系统中找到另外一个组件执行有用功能，那么功能的载体是可以被剪裁掉的"，墨滴是在电压的作用下实现喷射，喷射电压源和控制电压源的作用形式均是输出高电压，因此，考虑将控制电压源（功能载体）裁剪掉，其所执行的功能可由喷射电压源（另外一个组件）代为执行。方案一的裁剪流程及功能模型如图 15-24 所示。

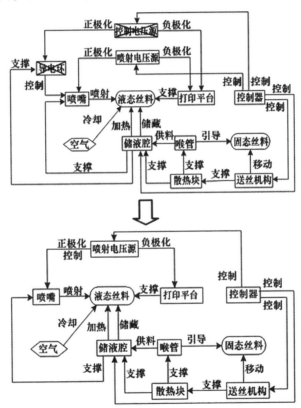

图 15-24 裁剪功能载体后的方案一功能模型图

由图 15-24 所示可知，控制电压源所执行的功能包括负极化打印平台和正极化导电环。其负极化功能可由喷射电压源代为执行，其正极化的目的是使电环带正电，并通过控制导电环的电压值控制喷嘴的喷射，而该功能可由喷射电压源独立控制各喷嘴实现。裁剪功能载体后的方案一结构原理图如图 15-25 所示。

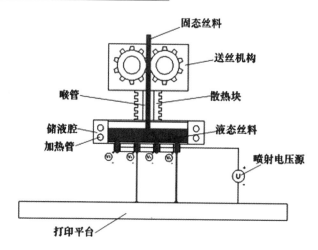

图 15-25 裁剪功能的载体后的方案一结构原理图

方案二：由传统 FDM 打印技术的工作原理可知，喉管内部包含固态和液态两种丝料，且需要固态丝料正常挤压液态丝料才能完成喷丝功能。为了防止堵丝，喉管外还设置了散热块。根据初始方案和方案一可知，传统丝料仅在储液腔处于液态，而在喉管中为固态，喉管中不需要固态丝料挤压液态丝料，喉管仅起到通道的作用，也无须散热块散热。根据裁剪规则 B "如果有用功能对象被去掉了，那么功能的载体是可以被裁剪掉的"，因此，可在方案一的基础上做进一步的裁剪，具体裁剪流程及新方案功能模型如图 15-26 所示，裁剪后的新方案——方案二结构原理如图 15-27 所示。

再次裁剪后形成的方案二由于不需用固态丝料挤压驱动液态丝料，实现该有用功能的载体喉管及其附属组件散热块均可被裁剪掉。裁剪后，送丝机构可直接与储液腔相连通，送丝机构将固态丝料直接输送至储液腔内。该方案二相较于方案一，结构更简化，且更具实用性。

15.3.4.5 专利侵权判定

根据专利侵权判定原则和方法，利用全面覆盖原与等同原则，将方案一和方案二的技术特征与被规避专利的独立权利中的技术特征相比较，新方案侵权判定如表 15-6 所示。由表 15-6 可知，被规避专利的必要技术特征包括喷嘴（阵列化喷嘴）、打印平台、喷射电压源、控制电压源和导电环（引导电极层）共 5 项。方案一的技术构成中不包含控制电压源和导电环，仅有 3 项必要技术特征，即方案一的必要技术特征未全覆盖被规避专利的全部必要技术特征，也不存在等同性替换问题，根据"全面覆盖原则"和"等同原则"侵权判定方法，方案一未侵犯被规避专利的专利权。同理，方案二也仅包含 3 项必要技术特征，亦不存在等同性替换问题，也未侵犯被规避专利的专利权。

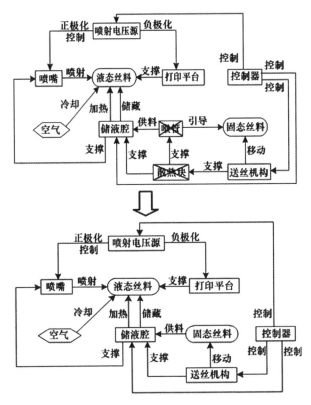

图 15-26　再次裁剪后方案二的功能模型图

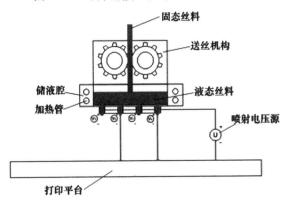

图 15-27　再次裁剪后方案二的结构原理图

表 15-6　新方案侵权判定方案

方案	技术特征构成	全面覆盖原则	等同原则	侵权判定
被规避专利	喷嘴；打印平台；喷射电压源；控制电压源；导电环	–	–	–
方案一	喷嘴；打印平台；喷射电压源	不适用	不适用	不侵权
方案二	喷嘴；打印平台；喷射电压源	不适用	不适用	不侵权

本案例仅介绍了涉及专利规避设计方法中的部分策略和方法，其他策略和方法的应用还需通过其他案例做进一步验证。在专利规避设计中，除了考虑新方案的侵权风险和专利授权前景外，还应重视新方案的发明等级，结合具体情况，选择最佳的规避策略及分析解决方法。

参考文献

［1］付建勋. 浅谈专利的三性 ［J］. 焦作大学学报，1996（1）：34-36.

［2］王瑞. 基于 TRIZ 的专利规避产品创新设计研究及应用 ［D］. 广州：广东工业大学，2015.

［3］江屏，罗平亚，孙建广，等. 基于功能裁剪的专利规避设计 ［J］. 机械工程学报，2012，48（11）：46-54.

［4］檀润华. TRIZ 及应用：技术创新过程与方法 ［M］. 北京：高等教育出版社，2010.

［5］李淼，明新国，宋文燕，等. 基于专利规避的创新设计研究 ［C］.《中国的设计与创新》2011 年学术论文集，2011.

［6］成思源，周金平，郭钟宁. 技术创新方法-TRIZ 理论及应用 ［M］. 北京：清华大学出版社，2014.

［7］赵敏，胡钰. 创新的方法 ［M］. 北京：当代中国出版社，2008.

［8］赵敏，史晓凌，段海波. TRIZ 入门及实践 ［M］. 北京：科学出版社，2009.

［9］董新蕊，朱振宇. 专利分析运用实务 ［M］. 北京：国防工业出版社，2009.

［10］颜惠庚，杜存臣. 技术创新方法实战：TRIZ 训练与应用务 ［M］. 北京：化学工业出版社，2014.

［11］马天琪. 专利分析——方法、图表解读与情报挖掘 ［M］. 北京：知识产权出版社，2015.

［12］张换高. 创新设计——TRIZ 系统化创新教程 ［M］. 北京：机械工业出版社，2017.

［13］潘承怡，姜金刚. TRIZ 实战：机械创新设计方法及实例［M］. 北京：化学工业出版社，2019.

［14］孙永伟. 打开创新之门的金钥匙 I［M］. 北京：科学出版社，2015.

［15］黄海洋，李艳，杨益飞. 面向技术问题的 3D 打印关键技术专利规避设计方法［J］. 现代制造工程，2020（2）：57-63，75.

［16］李艳. 基于 TRIZ 的印刷机械创新设计理论和方法［M］. 北京：机械工业出版社，2014.

［17］李辉，檀润华. 专利规避设计方法［M］. 北京：高等教育出版社，2018.

［18］杨铁军. 企业专利工作实务手册［M］. 北京：知识产权出版社，2013.

［19］张肖，李艳，刘宁，等. 基于 TRIZ 的喷墨头产品技术预测［J］. 北京印刷学院学报，2012，20（6）：57-60.

附录1 创新情况问卷

ISQ，Innovation Situation Questionnaire

说明：ISQ问卷是将多观点信息收集法"系统方法"简化后的调查表。在解决真正的问题之前，需要初步了解相关问题及情况，通过按顺序回答ISQ问题的方法可以帮助我们逐步做到做好这一点。根据这些基本信息，研究该状态下存在什么样的资源（物、能量、功能、信息、空间、时间等），这些资源能否用于解决该问题。

1. 问题简述

用简单的短语描述你的问题。

避免使用专业术语——相反，使用易懂的"日常"语言。

2. 系统信息

2.1 系统名称

命名本技术系统。（这决定了考虑问题的系统级别。）

2.2 系统组成（结构）

通过编制系统描述和相关图纸来描述系统结构。结构应描述为静态（即系统不运行时的状态）。确保指出所有子系统和重要元素。

2.3 系统功能

描述系统的设计目的——其主要有用功能——以及执行主要有用功能（即超系统的主要有用功能）的目的。描述系统的功能，即系统处于"动态"状态。

2.4 系统环境

描述涉及系统的其他系统（或可能经常靠近系统的系统），注意本系统的输入、输出。

描述与系统相互作用的其他系统，尤其是能源、物质等。

3. 关于问题情况的信息

3.1 应解决的问题

描述你面临的问题。

目的是：①原始创新——用新原理重新设计产品，实现或升级功能；

②增强有用功能——优化结构，提高已有功能（性能参数）或增加新功能；

③消除有害功能——消除或削弱不希望出现的功能（副作用）；

④降低成本——使用更便宜的材料、结构、表面，减少零件数量或简化零件等。

确定要改变的参数。

3.2 引起问题的机制

使用"因果"链描述有关此问题原因的所有已知假设（机制）。

3.3 未解决问题的后果

如果问题继续得不到解决，请描述问题的后果。

3.4 问题历史

从问题首次出现的那一刻开始，描述您的系统的演变。

描述将系统从无此问题更改为有此问题的决策过程。

描述所有已知的消除、减少或预防问题的尝试，尤其是不成功的尝试。说明这些指示不成功的原因。

3.5 存在类似问题的其他系统

查找可能存在类似问题的其他系统，并回答以下问题：

这个问题已经解决了吗？

如果已经解决，是如何解决的？

为什么不能用这样的方法解决你面临的问题？

3.6 其他需要解决的问题

想象一下，你试图解决的问题是无法解决的。尝试提出其他问题（例如，在超系统中，能用另一个系统或组件来执行本系统的功能吗？），如果这些问题得到解决，将消除解决原始问题的必要性（不需要本系统了，也就无须解决本系统带来的问题了）。

4. 最理想的解决方案

使用以下模板描述最理想的解决方案：

系统中的所有内容都保持不变或变得更简单，而<u>有用功能</u>出现，或<u>有害功能</u>消失了。

5. 可用资源

描述系统资源及其周围环境中的资源。（资源是指系统或其周围环境的物质、能量、功能特征和其他属性。）

6. 系统允许的更改

描述对系统允许做的更改。

描述对于更改系统的任何限制。

7. 选择项目成功的衡量标准

任何项目都必须有项目成功的衡量标准。有些标准是如此明显，以至于在被开发的概念解决方案违反之前，它们甚至都没有被提及。为了避免浪费时间和精力开发无用的解决方案概念，请在此处记录"项目成功的标准"。

8. 公司经营环境

描述公司与问题相关的产品、市场、竞争、客户、供应商、设施、工艺系统等。

9. 项目数据

项目时间计划表：（ 年 月 日至 年 月 日）

附录2　2003 版 48×48 矛盾矩阵

恶化参数

改善参数	移动物体的重量 1	静止物体的重量 2	移动物体的长度 3	静止物体的长度 4	移动物体的面积 5	静止物体的面积 6	移动物体的体积 7	静止物体的体积 8	形状 9	物质的数量 10	信息的数量 11	移动物体的耐久性 12
1　移动物体的重量	35,28,31,8, 2,3,10	3,19,35,40, 1,26,2	17,15,8,35,34, 28,29,30,40	15,17,28,12, 35,29,30	28,17,29,35, 1,31,4	17,28,1,29, 35,15,31,4	28,29,7,40, 35,31,2	40,35,2,4, 7	3,35,14,17, 4,7	31,28,26,7, 2,3,5,40	2,5,7,4, 34,10	10,5,34,16,2
2　静止物体的重量	35,3,40,2, 31,1,26	35,31,3,13, 17,2,40,28	17,4,30,35, 3,5	17,35,9,31, 13,3,5	17,3,30,7,35, 4,14	17,14,3,35, 30,4,9,40,13	14,13,3,40, 35,5,30	31,35,7,3, 13,30	13,7,3,30,35, 31,29,10	35,31,5,18, 25,2	28,13,7,26, 2,17	3,35,10,12, 4,17,14
3　移动物体的长度	31,4,17,15, 34,8,29,30,1	1,2,17,15, 30,4,5	17,1,3,35, 44,4,15	1,17,15,24, 13,30	15,17,4,14, 1,3,29,30,35	17,3,7,15, 1,4,29	17,14,7,4,3, 35,13,1,30,2	17,31,3,19, 14,4,30	1,35,29,3,30, 10,17,14,12	35,3,4,1,40, 30,31	28,1,10,32, 17,13,15	19,17,10,1, 2,3,28
4　静止物体的长度	35,30,31,8, 28,29,40,1	35,31,40,2, 28,29,4,3	3,1,4,19, 17,35	17,35,3,28, 14,4,1	3,4,19,17, 35,1	17,40,35,10, 31,14,4,7	35,30,14,7, 15,17	14,35,17,2, 4,7,3	13,14,15,7, 17,3,30	4,3,31,25, 17,14	7,17,2,22, 28,13	35,3,29,2, 31,7,19
5　移动物体的面积	31,17,3,4, 1,18,40,14, 30	17,15,3,31, 2,4,29,1	14,15,4,18, 1,17,30,13	14,17,15,4, 13	5,3,15,14,1, 4,35,13	17,1,4,3, 24,5,2	14,17,7,4,13, 1,31,3,18	14,17,7,13, 4,31,3,1,18	35,4,14,17, 15,34,29,13,1	31,30,3,13, 6,29,1,5,19	17,15,14,32, 1,3	3,19,18,1, 6,5,2
6　静止物体的面积	14,31,17,19, 4,13,3,12	35,14,31,30, 17,4,18	1,7,4,35,3, 29,15,13,30 1,14	17,14,3,4,7, 9,24,13,26	4,31,7,19,15, 14,3,13	17,35,3,14, 4,1,28,13	17,18,14,7, 30,13,26	14,28,26,13, 4,35,17	17,5,4,7,28, 26,14	35,26,1,4, 17,18,40	26,17,2,13, 30,35,7,24	13,19,37,10, 35,14,5
7　移动物体的体积	31,35,40,2, 30,29,26,19	31,40,35,26, 2,13,30	1,7,4,35,3, 29,15,13,30	7,15,4,3,1, 35,19,10	17,4,7,1,31, 5,24,36,35	17,4,4,3, 31,7,35	35,3,28,1,7, 15,10	35,14,28,2, 3,24,13	15,1,14,19, 29,14,38,25	30,31,7,4, 29,36	10,2,28,7, 32,3,15,26	4,36,35,31,6, 1,30,28,5
8　静止物体的体积	31,30,40,35, 3,2,4,19	35,40,31,9, 14,13,3,4,26	14,30,15,3, 4,35,2,19	35,2,30,4,14, 8,19,28,26	15,14,4,30, 13,3,7,28	14,3,7,4,30, 13,15,26,17	14,35,3,13, 28,2,30,7	35,3,2,28, 31,11,14,4	7,35,2,30, 31,13	35,3,31,40, 5,13,17	10,7,24,28, 3,26,2	35,19,1,38, 15,34,28
9　形状	29,30,3,10, 40,8,31,35	15,3,10,31, 26,35,40	4,14,29,5, 15,13,2,7	17,14,4,13, 5,7,31	4,17,5,2,14, 32	17,14,5,28, 2,32,4	14,4,15,3,7, 29,5,13	14,4,7,1,2, 35,5,32	3,35,28,14, 17,4,7,2	3,31,30,36, 5,4,22	17,7,3,32, 24,1	14,28,25,30, 26,31,9
10　物质的数量	35,40,6,18, 9,2,31,18	35,40,18,5, 2,8	29,3,17,35, 14,2,18,36,31	35,31,3,17, 14,2,40	15,14,17,31, 35,4,30,29,18	17,31,4,18, 14,2,40	2,15,28,18, 38,24	35,2,38,25, 30,31,1	35,7,14,3, 31,38	35,3,31,1, 10,17,28,30	15,2,35,5, 21,13,13	35,40,34,10, 3,7,18,19
11　信息（资料）的数量	28,17,13,7, 1,35,2	28,26,35,3,2	7,32,13,17, 2,3,14	7,32,17,3, 2,14	7,17,32,2,24, 3,28	32,2,3,24, 17,28	7,19,26,3,32, 24,28,2	26,32,3,2, 24,28	7,17,3,32, 26,28,13	7,7,32,3, 13,28,35	2,7,3,10,24, 17,25,32	7,3,2,10,13, 12,24,19
12　移动物体的耐久性	15,19,5,8, 31,34,35	35,3,31,34,8, 4,2	17,8,19,9, 35,2,12,24	3,17,12,9,35, 2,19,13	17,19,7,8,9, 24,13	3,17,9,24, 12,19,13	19,10,30,7, 14,2,13	10,30,35,12, 13,4,2,3	17,14,28,10, 1,26,25	3,40,17,35, 6,10,13	7,2,32,3,24, 10,25	3,10,35,19, 28,2,13,24

续附表

改善参数		恶化参数											
		静止物体的耐久性	速度	力	移动物体消耗的能量	静止物体消耗的能量	功率	张力/压力	强度	结构的稳定性	温度	明亮度	运行效率
		13	14	15	16	17	18	19	20	21	22	23	24
1	移动物体的重量	10,5,28,35,16,2	15,2,25,19,38,18	10,30,35,28,8,37,18	35,10,19,3,34,31,12	35,15,1,28,7,14,34,39	19,30,36,31,1,2,18,14,25,1	10,40,30,36,37,31,4,3,12	28,31,40,35,10,30,18,14,4	35,1,30,39,29,21,7,19,12	2,40,6,31,36,29,4,38,32	1,35,32,38,13,19,23	1,2,28,3,35,25
2	静止物体的重量	40,35,31,6,19,27,2	3,35,17,30,36,2	35,9,8,3,40,13	3,17,14,19,18,30	12,13,1,28,19,3,35	13,35,19,3,18,15	35,8,3,13,40,17,4,12,5	35,31,8,40,17,4,29,13,5	15,5,17,30,4,31,12	35,3,36,19,32,30,25	19,35,24,32,31,7	35,31,7,3,13,40
3	移动物体的长度	10,35,1,3,19,2	14,1,13,4,17,12,4,3	17,4,14,10,7,12,2	1,35,17,14,3,25,8,24,22	35,17,14,3,1,24,15	1,35,14,3,38,29,19,4	1,35,3,14,12,8,17,29	35,29,40,8,34,3,31,15,30	1,15,3,14,17,34,12,35,40	10,15,35,19,3,36	19,1,32,5,24	17,35,19,3,4,1,13,28
4	静止物体的长度	35,10,1,3,2,25,4,5	3,14,4,13,18,31,9	10,17,35,3,28,4,12	35,19,24,28,21,30,13	35,3,30,31,12,14,4,13	17,19,35,12,13,8,3,31	35,17,3,14,5,7,30	14,40,3,35,15,17,30	35,3,15,17,4,14,37,39	35,36,10,24,32,3,15,17	35,24,28,3,25,1,14	3,35,28,30,15,24,19
5	移动物体的面积	1,3,19,2,6,5	14,3,34,29,28,30,13	3,2,35,19,30,17,1	19,3,17,1,36,4,32,5,38	3,17,19,36,5,1,38	19,40,18,1,30,10,32	15,30,10,40,28,36,1,2,13	3,15,40,14,5,1,4,35,11	2,11,13,35,1,39,24,40,26	3,15,19,36,1,24,32,31,16	19,13,15,32,30,1,35	3,17,1,15,19,3,24
6	静止物体的面积	10,2,30,25,13,37,26,5	26,28,17,13,14,5,2,35,3	14,1,35,3,18,17,36	35,19,13,28,1	35,40,17,13,2,28	35,17,13,19,28,32,37,2	15,35,9,17,14,3,40,37,36	40,2,17,35,3,14,8,36	35,24,29,10,14,38,2	35,24,39,32,3,36,4	1,40,24,35,17,3,32	28,3,13,12,1,14,4,15,19
7	移动物体的体积	30,31,1,35,4,28,38,5	29,4,28,1,35,38,3,13,14	15,1,35,3,36,4,14,37,19	35,13,19,38,33,25,10	35,38,33,19,10,25	35,19,6,10,13,24,18,31,1	35,9,3,40,1,10,36,37	14,15,7,4,9,31,30,40,1	28,10,1,3,39,19,35,33,30	10,39,18,31,34,1,2,3,24	35,2,28,25,13,10,30,19	28,10,13,25,34,2,5,35,1
8	静止物体的体积	35,38,15,31,3,1,34	35,40,2,38,28	37,9,18,12,2,29,5	35,19,2,40,31,13	35,2,40,36,13,12	35,28,6,30,2,40,24	35,28,24,40,2,12	13,14,9,17,40,5,12	40,35,31,34,30,2,5,28	3,26,4,35,15,6,19	35,24,28,5,7,38	1,7,28,5,2,19,12,37
9	形状	3,10,28,35,13,5,22	15,35,10,3,18,4,1	14,17,35,9,2,3,12	3,14,28,2,24,35,6,34	35,14,15,31,3,7,24,1	4,6,2,30,1,3,14,7	3,14,9,15,2,4,35	35,7,40,14,9,30,3	35,40,24,31,1,18,33,4	31,19,2,32,24,15,1	35,15,28,32,13,24,1	2,29,28,5,40,3,1
10	物质的数量	35,30,31,3,12,2	28,35,29,24,34,3,38	35,14,40,3,12,13,5	19,3,34,35,16,13,2,18	35,18,3,2,13,31	35,19,18,3,12,5,2	40,9,35,14,17,3,13,4,36	14,17,9,35,40,3,12,13	35,24,9,40,15,17,2	35,31,1,17,3,14,39	35,28,30,3,31,17	3,30,1,35,38,24,18
11	信息(资料)的数量	7,3,10,12,2,13,24	10,7,13,37,3,28,12,5	26,17,12,1,28	7,10,3,12,2,6,24	10,6,3,2,24	7,10,3,2,6,24,12	2,17,7,24,12,1,26	2,17,7,12,1,26,24	24,37,3,10,2,13,25	2,13,10,19,17	15,19,4,32	2,7,19,28,3,13
12	移动物体的耐久性	10,2,24,20,13,4,17,6	3,35,5,13,17,4,37,9	19,2,16,13,15,12,9	18,28,35,6,15,12	35,6,18,28,19,12	19,18,35,10,38,13,12	12,19,40,3,17,14,4,12	35,3,17,14,12,27,4,19	35,24,40,13,3,33,12,19	19,35,13,3,36,17,39	35,19,24,4,13,2,7	13,1,19,12,3,29,28,15

续附表

改善参数		恶化参数											
		物质的浪费 25	时间的浪费 26	能量的浪费 27	信息的遗漏 28	噪音 29	有害的散发 30	有害的副作用 31	适应性 32	兼容性/连通性 33	使用的方便性 34	可靠性 35	易维护性 36
1	移动物体的重量	5,35,31,24,3,4,7,40	10,19,28,20,35,1,2,3,16	19,6,3,10,2,13,34,12	10,24,11,35,25	35,2,25,13,3,5,39,14	2,30,39,25,10,21,31,35,27	2,35,10,39,3,31,22,24,27	29,28,15,2,12,5,7,34	10,15,13,5,24,25,26	2,15,3,11,25,23,35,24,1	3,17,1,35,27,14,11,4,31	2,28,17,27,3,30,33,11,14
2	静止物体的重量	13,14,5,3,17,12	10,35,19,25,28,26,20	28,35,7,31,13,32,39	10,15,35,3,32,7,26	14,35,31,1,9	30,40,13,19,21,24	40,3,39,2,31,28,8,15	35,3,15,19,1,2,28,40	2,13,24,3,17,39	13,1,32,14,4,26,6	10,2,14,40,28,29,25	2,17,13,27,11
3	移动物体的长度	1,4,35,29,28,3,10,23	15,19,2,10,29,4,3	2,35,14,1,7,3,39,19	1,24,25,2,3,32	17,3,13,1,19,28,35	10,35,38,7,19,24,30	3,17,15,2,19,25,33,39	15,1,14,17,25,16,13,3,19	23,28,17,3,10,1	15,29,35,10,1,4,7,13	35,10,14,17,40,3,29,2,1	1,28,10,17,27,2,13,25
4	静止物体的长度	28,24,35,12,10,3,4,17	14,5,30,28,29,10,17,37,18	1,17,28,3,6,19,14,4	28,24,13,3,26,14,15,17	14,1,3,35,17,31	1,3,21,18,13,14,2,4	35,17,11,5,18,12,31,2	1,19,35,15,17,31,24,14	1,7,17,3,31,35	10,25,26,2,12,37	35,17,31,29,28,12,40	3,10,17,11,37,35,16
5	移动物体的面积	2,17,35,3,10,24,28,36,34	2,26,35,39,4,24	17,15,30,2,1,26,24,28,19	3,2,17,24,26,30,13,14	3,35,1,14,25,31,9	2,19,31,25,18,34,35,36,38	17,2,18,15,39,31,3	15,3,35,1,30,40,2,25	28,3,17,10,23,15,4,2	15,17,25,13,1,16,19	17,3,28,35,29,5,2,9	35,15,10,25,1,28,2
6	静止物体的面积	17,14,12,10,18,39,13,34	14,1,10,35,17,18,3,25	17,12,30,35,7,28,26	2,16,7,17,32,3,24	14,28,1,4,23,17,31	35,31,17,1,7,18	40,1,7,24,15,12,9,18,28	15,4,28,29,32,35,37,3	24,2,17,5,15,35	10,4,24,25,26,16	35,40,4,5,25,28,7,32	1,16,32,17,13
7	移动物体的体积	35,10,34,2,36,39,31,5,13	10,19,2,6,34,38,30,31	28,15,4,38,7,3,19,13,9	28,3,2,10,22,35,26,32	31,1,3,23,13,14,4,1,35	35,30,24,1,31,38	2,30,40,36,25,22,31	15,29,30,35,1,13,4,19	13,15,6,10,33,1,3,28	15,3,26,25,31,13,30,12,1	1,28,3,14,40,11,35,25,33	10,3,30,25,29,28,35
8	静止物体的体积	35,10,39,40,24,34,1,12	10,35,18,1,26,32,16	3,35,40,5,30,7	7,32,14,24,17,26,3	31,39,14,3,17,35,4,13	1,31,35,5,36,2	12,18,13,35,4,30,2,2,1,13	31,28,6,29,2,13,32	28,24,7,1,17,40	7,26,24,17,1,15,28	40,28,35,2,1,13,12,39	17,1,3,35,27,25,32,13
9	形状	29,35,30,3,5,24,2	10,28,5,34,24,17,26	4,14,15,3,5,31,25	17,2,7,15,28,32	9,4,31,35,14,3,28	35,1,17,7,19,24	1,35,30,21,22,13,5,12	35,1,28,29,15,3,31	28,3,31,10,24	32,26,25,37,15,3,29	40,3,35,10,2,1,16	17,13,1,2,35,22
10	物质的数量	24,4,10,34,3,12,6,17	3,25,19,1,16,38,18	35,7,18,19,24,38	15,28,35,24,7,37	31,10,9,1,4,3	1,35,21,24,22	35,40,3,12,10,19,36,39,25	1,15,17,29,24,3	35,2,24,13,21,30	3,10,25,35,7,2,32	40,3,35,16,33,18,10	25,10,2,32,17,4
11	信息（资料）的数量	2,3,7,28,13,17	2,7,3,19,13,28,17	2,10,3,6,28,13	15,19,7,32,4,37,1	3,4,2,9,37,10	28,2,10,5,3	2,10,13,17,31,28,32	3,24,4,1,29,25,31	6,25,10,24,13	25,10,17,6,19,13	10,24,13,25,31	25,1,24,13,17
12	移动物体的耐久性	18,13,14,28,3,34,10,38	28,3,19,10,24,5,16	10,24,35,23,5,3	10,24,25,3,7,5	17,7,18,9,3,16,24	1,4,14,18,3,7	40,3,37,6,11,30,4,39,14	7,13,30,35,1,17,4,40	28,35,24,3,7,11,33,13	10,25,24,12,1,26,37	35,12,13,40,3,1	3,10,17,19,7,34,13

续附表

改善参数		恶化参数											
		安全性 37	易受伤性 38	美观 39	外来有害因素 40	可制造性 41	制造的准确度 42	自动化程度 43	生产率 44	装置的复杂性 45	控制的复杂性 46	测量的难度 47	测量的准确度 48
1	移动物体的重量	2,5,6,23,24,28	26,10,17,13,35,2,5,28	3,1,31,14,40,30	5,24,27,21,2,25,18,31,35	1,5,36,25,16,14,27,24,3	28,5,26,35,25,1,18,24,3	35,26,2,10,25,24,1,19,18	35,24,10,28,12,1,37,3,16	26,35,40,30,36,2,10,25,28	10,12,2,19,15,5	26,28,32,5,20,36,32,37	28,26,35,10,2,37
2	静止物体的重量	28,2,17,30,4,13,14	40,9,31,3,7,14	7,31,3,4,32,1	17,37,31,3,19,9,4,34	35,8,9,1,10,28,3,40	10,35,17,29,7,16,25	2,26,30,12,23,13	28,35,15,4,29,3,1,9,25	13,4,17,14,26,10,1,9	17,25,13,19,10,3,2	17,25,37,32,28,15,18	26,28,18,37,4,3
3	移动物体的长度	1,28,35,19,5,2	3,14,35,17,29,18,19,30	17,14,3,32,4,5	1,17,15,25,24,10,35,28,19	1,24,4,10,29,37,25	10,28,1,25,37,29,35,2	17,3,24,26,5,16,25,2	17,4,14,28,1,29,25,3,5	1,19,24,26,2,5,28,29	35,1,3,28,25,13,5,2	26,35,1,24,32,40	10,32,1,37,28,39
4	静止物体的长度	17,7,3,28,13,24	17,14,30,35,31,39,7,24	3,17,32,7,35,22	1,18,9,16,35,40,39	17,3,15,13,4,31,10	30,32,10,3,2,29,28,24	10,24,15,13,35,37,16,17	3,14,7,30,37,35,16	28,2,5,26,35,13	25,10,37,24,28,3	28,32,26,3,25,2	28,10,26,32,3,30,24
5	移动物体的面积	1,28,10,35,2,19	3,35,14,29,19,1,5	17,3,14,15,13,4,5,7,1	28,1,3,2,33,13,22,27,35	3,1,13,24,26,35,16,20	35,2,13,25,14,32,1,5	14,28,1,5,30,23,2	10,22,26,17,15,19,34,38	14,17,5,7,35,1,29,16,10	35,3,5,25,1,28	2,26,19,3,32,36,18,31	3,32,26,25,1,10,37
6	静止物体的面积	17,35,28,2,24	35,7,14,3,32	14,3,32,26,4,1	35,39,24,1,2,33,37,12,3	16,17,40,13,10,5,36,32	35,2,29,36,18,32,24,25	25,10,3,28,13,15	10,17,7,15,25,29	1,26,28,18,36,13,17	25,10,3,19,15,13	32,35,18,2,30,24,28	28,3,32,26,37,18
7	移动物体的体积	28,10,15,1,3,5,26	1,35,31,39,28,24,13,30	3,32,15,4,14,24,5,13,9	35,9,21,2,22,27,2,8,31,34	1,10,3,24,40,29,34,13	25,28,3,16,2,30,23,15	24,3,35,34,16,10,31,30,13	2,10,35,34,6,13,15,17,20	1,2,35,26,15,29,5	28,1,25,10,2,23,5,24	26,24,5,4,29,35,28	26,28,24,13,35,5
8	静止物体的体积	28,1,17,6,13,10,7	5,40,12,7,31,24,39	14,32,3,22,5,30	39,24,19,27,22,40,2,4	35,30,13,10,1,24,37	25,35,10,3,24,26,1,9,16	10,1,13,24,25,17	10,2,35,31,37,30,3,33	1,5,28,31,3,35	28,37,2,12,10,32	17,26,28,32,31,2	10,32,35,25,2,24,26
9	形状	28,5,9,26,17	40,17,13,31,30,3	32,3,35,22,9,17	35,24,2,33,39,40,16	17,32,1,28,25,35	30,32,40,22,2,25,35	1,29,32,2,25,35	13,17,10,26,12,35,1	29,2,5,22,28,16	28,37,24,7,31,2,25	28,37,13,31,15,24,7	28,1,37,32,26,3
10	物质的数量	28,30,10,31,40,35	35,24,3,12,31,39	30,17,28,14,32,5	35,3,31,33,24,29,23,11	10,2,35,1,27,24,17,4,39	30,3,33,25,28,13,37	35,1,10,8,9,39	1,13,3,35,36,4,29,28	13,1,10,27,6,3,17	25,28,37,1,3,4	28,18,32,24,37,4,19	4,24,37,13,19,2,28
11	信息（资料）的数量	7,10,17,24,3,19	2,37,10,13,1,24,19	7,3,32,19,25,17	1,11,28,15,2,27,13,31	25,13,10,1,7,2,33	13,3,10,37,2	25,1,6,13,26	2,25,19,3,10,13,37	10,25,5,13,3,2,40	25,40,10,3,7,2,4,5	3,4,37,25,40,2	37,3,17,28,24,4,13
12	移动物体的耐久性	28,2,10,26,13	10,37,3,24,19,12	35,2,7,3,24,30	21,28,15,24,33,10,30,39	35,4,10,3,2,5,40	3,16,40,10,37,12,25	10,30,17,6,24,31,1,13	10,35,19,3,14,17,15,40	5,15,10,4,2,28,29,25	5,28,26,20,37,4	10,37,4,32,19,35,39,28	3,17,24,10,26

续附表

恶化参数

改善参数		移动物体的重量 1	静止物体的重量 2	移动物体的长度 3	静止物体的长度 4	移动物体的面积 5	静止物体的面积 6	移动物体的体积 7	静止物体的体积 8	形状 9	物质的数量 10	信息的数量 11	移动物体的耐久性 12
13	静止物体的耐久性	35,31,8,19,4, 15,34	35,6,2,31,19, 3,34	17,40,19,2, 35,3,8	40,35,1,9,17, 2,13	3,35,18,19, 14,2	35,17,3,30,7, 14	35,19,18,3, 13,17,4	35,40,31,3,34, 38,19,13	17,3,40,14,33, 13,10,7	35,31,3,40, 17,13,6	24,7,10,25, 3,2,32	35,24,28,4,3, 25,29,34
14	速度	13,14,8,28,1, 17,2,38	1,13,2,10,35, 3	13,17,28,2, 29,14,1	17,15,30,2, 14,1	17,14,4,1,29, 30,3,5,34	14,5,3,17,1, 4,13	28,2,7,34,35, 5,14,4	28,5,2,35,7, 9,1,18	17,7,15,18,35, 3,4,2	2,35,19,5,10, 38,9	7,2,10,5,37, 28,3	35,40,19,3, 5,13
15	力	8,1,9,13,37, 28,31,35,18	9,13,28,1,35, 40,18	17,35,9,3,14, 19,28,36,29	35,28,17,9,40, 10,37	15,17,10,14,19, 3,29,39,40	1,3,17,40,37, 18,9,35	12,15,9,35,37, 14,4	1,18,37,35,3, 2,10,36	35,10,3,40,31, 34,4,14	14,18,29,28, 35,3,1,8,36	13,17,37,3,1	19,10,2,12, 28
16	移动物体消耗的能量	28,35,19,12, 31,18,5	28,35,5,12,18, 31,13	28,12,15,35, 17,19	35,2,19,15,28	15,19,4,3,25,14	35,2,17,14, 15,3	13,35,18,29, 2,17,25	3,25,34,38,35, 7,2	29,2,3,12,19, 15,28	35,2,34,19,18, 16,38,30	7,2,25,24,3, 37	18,28,35,6, 15,12,10
17	静止物体消耗的能量	35,28,13,8,3, 19	19,13,35,9,28, 6	17,4,12,3,24, 14	4,17,9,19,3,16	3,4,13,5,12,24	4,17,3,14,16, 19	2,35,13,19, 13,18,28,4	35,39,19,2,18, 28,9	7,35,24,30,13, 5,10,36	35,31,3,24,28, 13,4,9	2,19,17,20,7	40,35,3,19, 4,28,24
18	功率	8,38,2,25,31, 19,28,35	19,2,35,31,26, 28,29,17,27	1,17,35,10,37, 36,28,30,29	17,14,1,35,4, 10,28,29,30	19,38,35,2,25, 3,15,4	17,19,38,13,3, 15,25,32,2	19,38,2,35,25, 6,15,4,14	19,35,25,36,6, 30,15,3,14	29,14,15,1,35, 40,4,3,36	35,19,38,4,3,40, 18,24,30	10,28,19,12, 24,37	19,35,10,38, 4,28,1,21
19	张力/压力	40,35,31,10, 36,37,2,17	35,10,13,31, 29,40,2,17	35,9,40,17,3, 14,4,13	3,14,17,35,40, 4,9,1	10,35,40,14,17, 28,15,3	40,14,35,10, 37,17,3	35,10,40,3,15, 14,4,17	35,17,4,40,3, 30,24,14	35,4,40,3,30, 14,31,15	35,10,25,31,14, 13,12,5	28,2,26,7,24	19,3,35,4,13, 14,2
20	强度	40,31,17,8, 1,35,3,4	40,31,2,1,17, 26,35,3	17,35,40,1,4, 15,8	17,35,9,37,14, 4,40,15	14,17,3,7,19,4, 40,5	14,17,9,40,3, 4,13	4,7,17,14,35, 10,15,31	14,9,17,4,31, 13,35	40,4,9,35,7,17, 30,25	30,17,31,9,13, 29,3	17,2,32,3,28, 26	35,40,3,26,17, 4,13
21	结构的稳定性	40,35,31,5,2, 39,17,24,8	40,35,31,17, 39,1,24,4	17,1,35,13,15, 28,4,25	17,4,35,37,13, 1,40	31,13,35,17,4, 3,2,12	35,31,4,3,39, 13,17	24,5,39,35,10, 19,28,25	35,40,24,31, 25,14,5	1,4,35,17,7,3, 18,21	1,4,35,17,7,3, 18,21	2,7,10,35,24, 5	10,13,5,35,4, 19,7,40
22	温度	36,31,6,35,38, 30,22,19,40	31,35,3,32,36, 22,40,4,17	15,19,9,3,35, 31,4,1	19,3,15,31,9, 35,4,1	3,35,40,19,18, 17,39,31	35,3,31,40,19, 38,30,24,17	35,40,31,4,18, 39,2,34	35,40,31,3,4, 6,30	14,19,32,39,2, 22,31	30,31,3,35,39, 17,15,19	5,37,7,10,26, 19,32	19,15,13,39,1, 18,30,9,3
23	明亮度	19,1,24,32,31, 39,35	35,32,2,19,31, 1,5,30	14,19,32,35, 17,24,1	14,17,32,35, 24,19,1	14,17,24,35,19, 32,26,4,1	14,17,4,35,24, 32,19,1,26	14,24,13,10, 19,2,32,35,4	14,13,24,35, 10,19,2,32	3,30,13,24,32, 35,5,14,1	1,19,35,14,24, 28,3	2,25,19,32,7, 6,3	19,2,6,35,28, 4,25
24	运行效率	3,30,31,8,40, 1,7,35	31,3,35,40,7, 30,1	17,3,4,15,14, 30,35	17,4,13,14,7,5	15,30,17,3,4, 35,14	14,17,4,3,7,28, 26	15,19,14,4,3, 13	28,4,37,35, 13,12	4,14,3,30,19,31, 17	31,3,30,19,18, 4,1	2,37,3,17,4,13, 19	10,4,3,18,28, 9,36,1

续附表

改善参数		恶化参数												
		静止物体的耐久性 13	速度 14	力 15	移动物体消耗的能量 16	静止物体消耗的能量 17	功率 18	张力/压力 19	强度 20	结构的稳定性 21	温度 22	明亮度 23	运行效率 24
13	静止物体的耐久性	35,3,10,2,40,24,1,4	35,28,29,3,4,14,13	17,40,35,9,7,5	13,25,40,24,3,27,35	35,40,13,2,19,7,2,30	35,2,13,16,40	17,4,40,12,14,13	35,3,9,17,14,4,19,27	5,35,39,3,12,24,31	19,24,35,40,36,15,16	35,40,24,2,19,7,13	3,19,12,15,13,1
14	速度	3,13,35,5,2,24	28,35,13,3,10,2,19,24	19,13,15,28,29,3,18,5,17	35,28,38,19,12,15	35,19,28,12,38	19,35,13,36,2,28,38	28,14,6,40,38,18,12,35	28,8,3,14,5,40,26	28,2,3,5,33,18	28,36,31,3,40,2,30	19,35,13,10,24,32,26	35,13,10,24,19,3,4,1,20
15	力	2,10,13,3,12,19,26	13,15,9,28,12,2	35,3,13,10,17,19,28	19,17,35,10,2,8,3,24	1,35,10,19,8,17,37	19,35,37,17,1,28,18	21,18,9,40,12,2,24,17,3	35,14,9,3,17,5,27,7	35,10,24,21,1,13,12,37	35,36,21,10,24,31	13,2,19,35,24,5,3	19,35,6,13,34,15
16	移动物体消耗的能量		35,28,13,19,5,8	21,2,19,35,26,16,18,24,3	35,19,28,3,2,10,24,13	15,28,13,2,35	19,6,34,37,18,7,15	14,25,15,17,28,37,7,3,19	19,35,5,9,29,28,12	13,19,24,17,5,39,35	24,19,36,2,3,14,4	35,1,24,5,14,3,25	2,13,28,12,10,15,3,6
17	静止物体消耗的能量	40,35,3,17,28,26,24	1,3,28,19,13,25	9,36,37,35,5,17	2,19,3,13,5	35,3,19,2,13,1,10,28	2,5,19,13,35	17,9,4,19,35,40,14	35,40,14,3,2,13,17	35,4,40,40,17,14,18,1	3,2,35,19,21,36	19,35,2,32,5,24	2,19,15,13,12,28,25
18	功率	38,35,10,4,28,19,16	15,2,19,35,3,14,24,1,13	2,19,15,35,36,1,3,13,14	19,6,37,36,15,3,2,16,4,1	19,15,3,2,6,16,37,1	35,19,2,10,28,1,3,15	35,10,3,30,14,4,2,28,27	28,40,31,10,35,26,13	35,31,1,15,40,32,19,10,3	19,5,3,2,36,25,14,32,13	19,35,25,28,7,31,3,16,23	2,28,14,15,3,6,24
19	张力/压力	3,14,35,9,2,5,12	35,17,24,13,6,14,29,36	35,17,14,9,12,4,36	10,17,14,24,12,37,29,35	17,14,10,35,4,12,24,37	35,29,10,17,14,28,4,1	35,3,40,17,10,2,9,4	3,17,40,9,35,19,1,36	35,5,40,2,33,31,12	35,3,19,2,39,31,36	24,12,22,35,2,19	2,40,13,17,5,18,8
20	强度	35,3,5,24,26,4,13,40	14,28,8,13,12,26,2	40,9,35,25,14,3,24	35,17,10,19,14,4,13	35,14,17,4,13	40,35,3,4,10,28,26	35,40,24,3,9,4,17,25,18	35,40,3,17,9,2,28,14	40,35,13,3,17,24,31,5	35,40,9,31,24,30,3	35,19,24,28,4,13,1	1,19,17,13,31,40
21	结构的稳定性	10,40,3,39,23,6,13,7	40,28,25,13,24,10,33,15,18	24,21,10,16,1,35,17	13,35,19,18,9,24	35,18,9,24,13,1	35,31,18,24,13,27,32	40,3,35,31,18,2,13,4	40,17,9,35,14,4,5	35,24,3,40,10,2,5	35,40,3,1,24,18	35,3,13,32,24,7,1,19	10,3,12,24,5,15
22	温度	19,36,40,3,9,1,13,2,35	28,14,36,2,30,19,13,3	2,35,3,19,21,24,10	19,10,3,24,5,26	3,35,19,15,17,14,4	31,3,2,17,25,35,1,14	35,19,39,2,15,3,26	2,9,5,35,30,31,40,9,3	24,35,32,3,36,33,12,15	35,3,19,2,31,24,36,28	35,19,32,5,40,4,14,3	3,24,10,15,19,13,4
23	明亮度	2,6,10,35,28,4	19,10,13,28,35,4,5	10,19,6,26,4,3,36	19,10,24,3,5,26	3,35,19,15,17,14,4	35,25,19,17,14,28,2,4	30,35,12,9,40,14,28	35,19,12,28,9,40,14	28,32,35,3,27,40	19,35,32,24,13,28,1,2	35,19,32,24,13,28,1,2	35,13,1,19,24,6
24	运行效率	35,24,28,10,3,30,18	3,4,15,30,29,28,13	35,40,17,13,3,9,19,7	2,4,15,3,19,35,17	3,35,19,15,17,14,4	35,5,15,19,17,4,38	3,17,35,31,19,12,40,15,9	35,40,3,4,19,12,15,9	35,2,19,30,9,17,38,15,3	19,35,3,31,28,21,37,24	19,3,35,28,32,5,31,17	3,2,19,28,35,4,15,13

续附表

恶化参数

改善参数		物质的浪费 25	时间的浪费 26	能量的浪费 27	信息的遗漏 28	噪音 29	有害的散发 30	有害的副作用 31	适应性 32	兼容性/连通性 33	使用的方便性 34	可靠性 35	易维护性 36
13	静止物体的耐久性	35,10,17,4,7,18,16,4	3,24,10,14,5,28,16	10,12,35,40,34,24,19	10,7,2,24,25,19,35	31,35,24,14,5,30	1,3,14,18,4,17,7	35,14,40,3,39,13,33	13,5,4,17,2,35,40	10,24,17,2,8,11,3	25,1,3,10,37,13,24	35,3,9,40,13,30,36	3,10,19,1,28,13
14	速度	28,35,13,10,1,3,38	13,5,10,3,1,25,19	19,1,35,14,20,5,13	10,7,6,24,26,37,3	3,14,28,9,5,17,24	19,18,1,24,3,35	35,21,2,24,33,28,11,16,34	15,10,28,26,1,30,35	7,19,6,24,3,2	28,37,13,25,32,15,17	35,28,23,24,2,11,40	28,2,34,13,23,27,1
15	力	3,35,40,12,17,5,28	10,3,23,37,25,5	19,15,2,5,14,35,34	37,32,7,24,1,13,10	13,9,24,12,10,5,7,14	15,2,35,5,21,3,13	3,13,24,14,17,29,23,40,12	15,17,3,19,29,35,4,18,24	28,5,6,25,24	1,28,25,4,3,19,29,17,10	14,35,1,13,24,3,40	15,17,1,13,2
16	移动物体消耗的能量	28,35,5,3,18,24	10,18,28,5,35,38,20	19,15,12,28,24,21,34,13	13,24,7,22,37,2	17,14,4,7,5,9,31	1,24,19,21,4,15,2	35,2,11,16,6,39,25,3	24,15,13,29,28,17,30,7	10,24,28,1,13	28,3,35,1,26,19	13,21,10,35,15,28	1,17,28,10,15,13
17	静止物体消耗的能量	31,28,18,12,4,9,34	4,10,40,7,9,17	35,31,1,4,24,34,36	2,10,7,13,3	31,14,25,17,3,4,1	21,35,24,3,1,18,13	19,3,15,18,4,24,28,12	35,15,13,17,1	24,3,35,12,33,13,28	13,15,24,10,11,3	35,10,13,25,3,2,36	35,17,1,27,3
18	功率	30,1,28,29,12,34,38,18,27	10,15,35,6,19,20,4,12	15,35,1,38,10,14,3,24	10,19,24,28,1,3,25	24,28,13,3,14,39,5,25	1,3,35,15,19,2,14,10,25	1,18,2,35,28,13,15,3,39	15,28,19,35,3,34,17,37,12	24,28,15,13,12,11,7,2	26,10,35,25,24,2,37,12	35,2,3,24,28,12,37,19,31	10,2,35,5,1,27,34,3,12,15
19	张力/压力	10,25,3,4,17,37,24,36	1,4,37,13,10,26	3,25,2,35,12,17,30	37,28,2,7,24	31,35,40,14,4,29,9	35,24,2,1,21,31,19	2,33,25,35,18,17,31,24	15,35,17,13,3,30,31	25,10,6,28,4,17	17,3,19,28,26,1,14	40,13,35,19,4,25,9,12,28	2,17,10,25,27
20	强度	40,31,24,35,3,28,9,1	19,3,10,5,28,40,4	35,31,40,1,34,24,7	37,32,28,26,10,7	17,3,2,5,9,4,31	2,40,15,19,4,18,5,24	35,40,3,10,25,31,37,30	40,35,1,4,17,15,3,24	6,12,28,13,7,14,24	17,35,40,2,25,24,1,10	40,35,5,17,14,3,24,31	1,2,35,13,24,25
21	结构的稳定性	40,2,14,3,7,19,30,31,12	35,24,10,16,5,29,28	5,24,3,15,4,17,13	24,10,32,7,31,3,40	18,31,24,9,7,14	1,15,24,21,12,35	24,35,40,1,39,13,30,27	40,35,15,30,31,29,2,10	1,6,13,2,10,28	24,3,35,4,19,13,25,17	35,40,24,31,3,10,5	2,10,24,16,35,15,17,13
22	温度	29,21,3,36,31,34,13,37	19,9,35,3,21,28,37	35,21,24,38,3,5,19	35,9,24,7,32,26	35,13,39,18,24,31	3,19,15,2,18,35	35,2,25,22,10,3,12,20	2,3,19,15,4,12,35	24,2,13,30,15,17,3	28,24,26,2,23,15,35,3	35,40,3,12,20,33,1,4	10,3,4,37,28,26,27,2
23	明亮度	13,1,5,35,10,28	19,1,26,35,17,4	19,1,35,24,13,6,16,14	32,13,4,1,14,6,25	35,28,39,2,9	35,19,40,2,15,24	35,32,19,3,39,40,13,37,17	15,35,4,40,3,32,23,6,1	32,35,1,13,6,10	28,4,35,24,19,12,5,26	35,1,4,32,17,28,5	17,13,1,15,10,27
24	运行效率	4,12,17,34,2,24,30,3	3,14,28,15,24,12,1	3,4,31,19,15,28,2,38	3,4,19,15,32,17,13,31	14,9,3,4,1,2,15	35,24,18,28,22,13,4	19,15,4,33,3,37,30,39	15,19,3,28,4,30,16	1,4,14,7,2,24	25,10,1,13,3,19	35,30,40,27,15,28,1	2,27,17,11,16,4

续附表

改善参数		安全性 37	易受伤性 38	美观 39	外来有害因素 40	可制造性 41	制造的准确度 42	自动化程度 43	生产率 44	装置的复杂性 45	控制的复杂性 46	测量的难度 47	测量的准确度 48
13	静止物体的耐久性	28,26,10,2,24	10,37,24,3,12	35,2,3,24,30	1,35,33,39,40,24,10,17	35,10,40,5,13,2	40,37,25,3,16,13	1,17,13,24,6,31	10,40,38,16,3,20,35	5,10,2,25,4,17,14	28,37,4,20,5,6	32,35,25,6,4,37,39,28	10,26,24,37,4,3
14	速度	28,24,10,2,19,32	31,35,11,13,3,7,40	14,3,32,22,17,4	28,35,19,4,11,22,18,21	35,13,28,1,8,29,17	28,10,25,12,16,35,24	10,28,2,13,17,24	2,3,28,10,13,35,24	5,28,4,10,13,34,40,30	25,10,19,1,4,13	3,26,24,16,28,34,27	28,25,24,32,1,13,17,26
15	力	10,28,3,13,15,1	2,12,31,39,11,17,24	14,3,7,12,35,31,30	10,35,40,22,17,15,33,21,39	15,18,35,6,37,16,10	28,29,5,37,36,12,13,17,25	2,10,35,13,25	35,28,3,10,37,25,5	5,10,35,4,28,18,14,26	37,10,28,25,3,13,2	37,10,19,3,28,29,36	24,37,32,3,28,10
16	移动物体消耗的能量	10,28,5,24,13	12,39,35,31,30,11,24	17,7,4,3,32	2,10,3,22,37,34,9,7	28,5,30,10,40,26,8,2	10,25,12,24,26,3	2,10,13,5,17,15,3,32	35,28,24,25,12,10,1	5,2,28,27,12,13	3,5,25,10,37,13,1	10,37,3,25,13,7	37,3,5,28,8,30,32
17	静止物体消耗的能量	28,10,23,2,13,30	24,3,16,30,26,39,25	17,4,3,7,32,30	2,9,3,37,19,7,37,4,36	4,8,1,10,2	37,10,3,2,13,17	10,2,8,34,35	1,10,6,35,34,7	35,28,4,3,13,16,34	2,25,18,10,30,28	28,19,35,25,4,17	28,37,4,18,24
18	功率	10,28,1,23,5	35,19,11,25,31,30,17,12,8	28,15,14,22,4,32,24	39,2,19,31,22,9,16,12,36	10,28,26,21,34,25,24,29,8	2,3,10,14,32,15,12	28,2,13,24,27,17	28,1,35,14,34,2,3	35,30,19,20,2,34,13,28	2,25,15,26,28,20	28,35,19,3,16,32,37,25,2	37,25,17,28,3,6,4
19	张力/压力	2,28,24,10,1	31,40,35,4,24,37	17,7,4,40,3	3,12,4,25,33,10,13	2,1,35,17,16,31,8	3,25,2,35,12,32	10,35,25,12,2,40	10,40,25,24,14,35,37	17,5,2,24,35,19	28,32,4,37,6,3	37,17,4,32,2,3,36,28	37,25,24,32,3,6,4
20	强度	13,28,2,22,24,17,1	40,31,3,24,4,11	7,17,22,3,24,4,19	31,35,40,9,15,13,3,6	35,10,3,40,14,4,37,24	3,6,23,2,29,28,25	15,2,35,10,17,13	15,35,17,10,14,29,5,3,25	2,5,15,13,18,17	15,25,1,3,10,28,7	2,40,32,28,13,15,18	3,37,28,25,32,23
21	结构的稳定性	2,24,28,17,10,13	35,2,10,24,5,18,31	17,4,31,22,13,5	40,35,31,17,11,24,18,30	25,35,24,3,15,5,19	3,25,12,5,15,30	24,1,10,16,8,14	5,24,40,3,35,12,13	13,31,2,10,40,35,26,17	25,10,24,4,28,5,37	7,24,17,35,9,37,32,28	25,13,37,4,17,26,24
22	温度	24,1,3,35,28	24,9,39,28,2,7	31,3,15,2,35,36,40,19	35,33,2,18,22,27,30,12	35,3,26,30,16,21,37,5	23,25,3,12,24	2,26,3,19,16,12	3,15,35,28,40,12,1,24	2,3,19,35,16,17,5	35,25,1,19,32,40,4	32,28,35,3,26,7,31,37	32,19,28,26,35,37,10,3
23	明亮度	28,5,23,13,2,3	35,3,1,24,11,32	32,3,5,10,22,26,24	28,12,6,4,13,1,39,25,33	35,28,20,33,16,26	3,35,32,39,37,24	10,2,26,13,24	2,3,15,5,28,37	5,15,13,6,25,17,4	15,3,37,4,5	32,15,1,9,37	32,10,37,4,3,15
24	运行效率	28,2,1,24,25,7,23	31,30,2,24,23,35	22,2,32,3,4	35,13,18,31,33,17,32,12	3,35,1,25,28,29,2	3,2,15,28,4,37,24	2,25,19,3,15	1,3,15,4,2,25	2,15,19,28,35,30,4,17	25,11,37,4,10	32,4,18,28,2,3	37,4,28,32,18,3

恶化参数

续附表

改善参数		恶化参数											
		移动物体的重量	静止物体的重量	移动物体的长度	静止物体的长度	移动物体的面积	静止物体的面积	移动物体的体积	静止物体的体积	形状	物质的数量	信息的数量	移动物体的耐久性
		1	2	3	4	5	6	7	8	9	10	11	12
25	物质的浪费	28,35,40,8,6,31,17,4	35,4,31,6,13,2,40	14,12,10,24,17,4	17,28,24,10,4,3	10,17,30,12,5,31,2,35	18,10,5,30,4,13,17,34,24	30,1,29,36,12,13,3,4	3,18,30,39,30,9,12,13	35,5,29,3,28,30,7,36	24,3,10,6,35,12	28,24,10,1,37,25,4	3,15,19,28,18,35,17
26	时间的浪费	10,20,8,14,35,37,5	10,20,26,35,5	17,13,15,29,14,7,2	5,14,17,24,13,30,2	17,15,16,5,26,4,13	35,17,4,10,5,12,16	20,10,5,18,34,2	35,5,10,12,16,3,7	7,28,17,4,10,34,9,37	35,10,5,18,16,19,38,4	2,3,10,25,5,7	3,17,28,18,15,10
27	能量的浪费	8,15,28,19,6,31,14	19,7,6,31,18,14	3,4,13,17,7,28,6	4,13,7,25,17,38,6	15,17,30,28,26,4,12	17,14,7,38,18,30,12,25	7,5,28,4,18,19,3	7,5,3,4,19,28,12	4,3,24,19,28,13,17,5	7,25,15,18,3,12,23	2,10,24,25,1,7	21,35,34,14,3,19,18
28	信息的遗漏	13,35,7,10,17,24	13,35,31,5,24,10	28,25,10,37,1,26,16	28,25,17,26,37,32	28,26,17,25,30,16,1,37,7	28,25,26,16,37,30,17,32	28,25,17,32,7,31,1,2	28,25,32,1,35,31,7,2	25,14,24,3,4,32	17,28,24,7,33,31,32	2,7,24,3,32,5	10,28,37,3,7,4
29	噪音	31,9,3,22,13,14,4	31,9,14,39,4,35	17,3,14,9,1,35,13	3,17,14,35,9,1	3,14,17,35,1,13,9	17,3,9,14,1,35	3,14,35,1,13,4,9,17	3,9,14,4,35,1	4,35,28,2,14,22,31,3	31,9,14,35,4,1,10,15,39	3,10,23,31,34,2	10,1,35,19,4,21
30	有害的散发	28,35,20,21,19,5,18	28,31,13,5,2,36,35	14,18,4,19,17,36,15,13	17,18,21,14,4,1,36,13	4,14,19,15,18,13,3,36	4,14,13,24,17,18,36,3	13,15,3,19,18,4,1	13,4,3,15,18,36,24,35	35,36,3,31,38,15,13	35,10,19,18,24,13,7	10,23,37,1,13,4	1,10,21,3,36,18,15
31	有害的副作用	35,1,8,31,30,19,40,39	40,35,31,9,1,4,30	15,17,40,24,16,35,12,3	17,4,35,40,14,24	4,17,12,3,19,7,24	3,4,1,35,5,40,17,18	17,30,14,2,40,28,1	4,14,30,18,35,5,24	1,35,4,3,7,24,2	1,3,24,35,39,5,9	10,7,32,4,3,17	15,3,12,21,33,35
32	适应性	35,1,8,31,30,6,14,13,29	35,17,12,1,31,13,16	17,30,15,26,19,29,4,24	17,4,26,28,1,31	13,29,17,31,28,14,16,3	31,6,26,24,1,3	30,35,31,6,3,24,4	24,15,31,16,1,3,35,7,30	15,2,24,30,5,7,30,17,13	30,31,35,3,15,24,25	2,19,7,16,37,4,1	28,29,35,13,1,24,19,12
33	兼容性或连通性	1,8,15,28,26,13	1,28,15,26,13	24,4,28,17,3,15,2	24,28,17,4,3,2	28,17,13,1,4,35,2	28,13,17,1,4,2	2,24,28,3,26,1	2,26,24,28,1	13,28,7,24,17	28,31,2,13,26,35,5,17	10,24,3,2,37,6	2,10,7,5,40,19
34	使用方便性或连通性	28,35,25,15,13,2,26,8	28,35,25,26,13,1	17,13,1,12,3,4,15	17,1,13,4,28,3	28,26,13,17,1,3,4,16	28,26,17,1,4,3,16,15	1,15,35,7,16,4,13,28	28,31,2,4,19,39,17	28,7,2,3,35,32,4,13	35,1,13,17,14,4,12,2	1,7,2,10,4,17,32	19,25,3,35,5,12,7
35	可靠性	40,5,3,12,8,28,35,31	3,35,14,28,10,8,5,40	14,17,15,4,35,9,40,3	28,24,3,35,7,4,17	17,14,15,10,4,3,35,7,9	35,3,14,4,5,10,40,28,17	14,7,15,24,35,3,10,1	5,35,3,17,14,24,7,31,2	35,1,40,4,30,2,17,24	3,28,40,31,5,25,4,2	10,24,32,3,25,5,2	35,3,2,40,25,19,13
36	易修护性	8,35,13,17,28,30	35,17,13,28,2,4,7	17,1,28,29,13,10,3,18	17,3,1,18,13,28,31,25	13,15,17,1,18,32	13,17,1,25,16,3	15,35,30,2,13,1	1,13,25,2,16,34,3	4,7,13,15,17,2,1	3,25,1,35,10,2,24	24,9,2,37,26,1	28,34,35,3,11,1,25

续附表

改善参数		恶化参数										
		静止物体的耐久性 13	速度 14	力 15	移动物体消耗的能量 16	静止物体消耗的能量 17	功率 18	张力/压力 19	强度 20	结构的稳定性 21	温度 22	明亮度 23	运行效率 24
25	物质的浪费	24,15,18,38, 17,35,28	28,19,13,25, 10,38,3,24	14,15,9,18, 40,35,17,4	18,35,5,3,19, 12,28	12,18,28,35, 30,24,31,19	28,18,38,25, 13,3	3,37,10,1,17, 36,9,12	35,28,3,40, 17,31,4,34	1,30,19,24, 29,36,18	36,37,21,39, 31,24,2	2,13,35,28, 6,1,24	28,10,3,13, 4,1,18,15
26	时间的浪费	5,28,24,7,16	28,26,3,10,4,5	5,17,10,37, 36,3	18,35,38,3,4, 19	35,10,1,19, 38,3,4	35,6,10,1,20, 12,24	35,17,4,20, 36,37,9	35,24,3,9, 28,18,4,29	24,5,3,35, 17,31,28	21,18,24,35, 31,3	26,1,32,17, 13,19,2	5,19,3,20,16, 34
27	能量的浪费	17,31,35,34, 14,3,19	3,35,14,28,10, 13	19,17,2,36, 4,38	35,19,3,4, 37,2	35,19,4,2,12, 34,3	19,4,37,34, 38,21	2,25,4,13,12, 19	28,35,17,26, 31,40,9,37	10,6,14,12, 2,19,28	35,7,31,34, 19,21,1	19,24,5,13, 35,32,15	1,13,19,4,12, 37,16
28	信息的遗漏	10,19,28,3,4, 37	12,13,24,26, 37,32	13,17,24,37, 1,36	1,24,25,20, 10,19	10,1,24,36,25	10,19,24,25, 7,13,3,37	24,22,25,35, 7,14,31	35,24,3,31, 14,40	35,30,10,26, 24,5,40	28,22,1,25, 26,24	19,32,24,28, 3,5	10,5,37,12,32, 25
29	噪音	10,4,1,13,24, 3,35	3,1,14,31,39, 24,4	3,14,17,4,1,31	19,28,4,35, 14,24,23,9,3	19,23,28,4,24, 14,9,3,35	28,23,25,24, 3,13,14,35,39	3,14,9,2,23, 24,39,25	3,35,26,40, 4,28,30,10	23,25,2,10, 13,5,29,39,12	35,12,2,3,13	35,2,9,40, 17,13	17,15,1,31,3,25, 4,35,28
30	有害的散发	1,3,10,15,18, 36	35,28,13,21, 3,18,36	10,3,15,35,28	35,28,10,3, 20,4	35,3,20,10, 28,4	35,28,10,3,4, 18,20	10,12,9,35, 15,28,17,13	10,35,15,28, 17,4,5	15,4,19,3,1	19,18,36,20, 3,1,35	32,24,35,2, 5,19	10,35,28,15, 12,3
31	有害的副作用	21,16,17,14, 13,9,35	3,35,29,31,28, 4,12,17	28,35,15,29, 40,1,3,4	35,6,12,26, 4,3	35,24,19,3, 4,22	3,35,18,4,14, 13	1,17,30,27, 9,37,36	35,40,17,5, 30,2,15	40,4,35,14, 24,3,39	35,24,1,7,5, 13,10,3,22	19,35,32,24, 39,28,1	35,28,25,2, 15,19,3,4,13
32	适应性	15,13,16,2, 17,3,35	10,14,35,24,15, 28,12,29	35,15,17,14, 6,7,13	29,13,19,35, 15,16,12,1	35,16,1,19, 3,12,17	19,1,24,35,29, 28,12	15,29,13,28, 24,12,4,16	35,40,3,17, 13,24,9,19	35,40,4,14, 30,31,24,3	35,5,19,36, 2,3,15,24	1,35,32,19,17, 24,28,26	19,13,15,25, 4,37,35
33	兼容性或连接性	2,10,7,5,40,3	1,2,10,6,5,4	6,24,29,12,3, 15	29,28,12,3, 25,2,13	2,24,25,19, 5,13	6,29,25,28,12, 16,2	24,40,3,12,9, 5,13,29	2,35,29,30, 17,9,33	35,24,33, 27,3,10	21,39,35,9, 22,7	25,28,2,6,13	12,3,19,37, 2,15
34	使用方便性	1,16,25,3,5, 35,12	13,25,5,2,24, 35,28	28,13,24,31, 35,4,17	24,1,13,28, 12,19,3	24,28,12,3, 1,13,15	10,28,35,2,1, 21,36,37	12,23,4,29, 2,9,35	19,3,1,2,16, 1,4,7	25,1,30,24, 40,19,3	31,13,24,26, 35,19	19,13,24,1, 17,32	25,10,2,37, 19,3,32
35	可靠性	35,3,12,25, 2,23,5	35,28,24,4,5, 10	8,28,3,4,1,17, 14,9	35,19,3,14, 1,21,37	35,19,3,1, 13,12	35,1,4,10,40, 16,3	35,10,19,24, 40,3,5,12	35,40,3,4,12, 1,24,28	40,35,3,1, 39,24,2	3,35,15,10,30, 37,36,1	35,37,24,13, 32,3,11,5	15,3,19,35, 13,28,23
36	易修护性	3,35,1,11,4, 16,25	34,9,15,3	1,10,7,15,13,3	28,1,15,13, 3,16	28,13,3,1,16	15,10,2,13, 1,4	1,3,13,25,31, 4,40,9	1,4,17,9,24, 29,3,37	2,35,7,19, 24,25	24,13,4,37,10, 29,25,36	15,13,32,1,3	2,17,27,19,4,7

续附表

恶化参数

改善参数		25 物质的浪费	26 时间的浪费	27 能量的浪费	28 信息的遗漏	29 噪音	30 有害的散发	31 有害的副作用	32 适应性	33 兼容性/连通性	34 使用的方便性	35 可靠性	36 易维护性
25	物质的浪费	35,10,3,28, 24,2,13	35,15,2,18, 28,10,24,36	19,38,35,27, 34,36,5,4	32,40,1,10,3	35,17,7,2, 28,4	13,2,24,35, 28,21	3,1,15,14,29, 13,12,9	2,15,28,27, 12,3	34,2,33,24, 13,5,15	3,15,32,2,1, 14,24,34	10,12,35,24, 17,36,40,8	2,14,27,35, 4,34,24
26	时间的浪费	24,10,35,18, 4,12,17,13	10,35,28,3, 5,24,2,18	5,18,35,19,1, 4,13	24,28,32,2, 26,5	9,31,14,18, 19,4,24	1,35,21,18,5	35,24,14,39, 22,18,6	28,35,40,13, 17,4	17,10,28,2, 24,1	10,25,4,26, 28,1	35,10,3,14, 4,30,28	17,24,32,1, 10,27
27	能量的浪费	28,35,37,2, 27,3,4	10,18,7,4,32, 15	35,19,3,2,28, 15,4,13	19,10,4,37, 1,7	28,35,14, 25,2,9	2,1,21,19, 3,35	40,35,21,24, 2,28,4,5	15,5,14,13, 31,35,3	21,35,12,13, 17,4,24	13,1,35,25, 10,32,4	35,40,17,11, 10,39,37,36	1,19,30,2, 29,4,13
28	信息的遗漏	7,17,2,3,13, 25	25,22,10,24, 26,28,32,23	24,34,19,10, 7,13	24,10,7,25,3, 28,2,32	2,37,3,10,25	7,1,13,21, 35	7,10,31,27, 21,40,6	24,5,25,9,40, 35,19	2,24,37,4,1, 13	7,1,3,10,5, 13	13,24,10,26, 6,4,3,40,17	2,10,17,13, 28
29	噪音	35,31,2,9,13, 24,34	35,28,19,25, 37,15,13	3,15,9,31,35, 39,24,13	10,23,2,3,26	3,9,35,14, 2,31,1,28	5,2,35,19,9, 25,15,7	28,2,18,29, 3,9,25,31	28,10,1,15, 3,25	2,35,9,17, 28,3	28,26,25,1, 24	35,9,13,16, 5,21,3	5,9,31,2, 17,3
30	有害的散发	10,12,18,14, 13,1,3,4,35	2,10,35,36, 21,3	10,18,13,2, 21,35,3,1	9,16,13,2,4, 23	18,35,28, 14,31,16	35,1,2,10,3, 19,24,18	21,23,33,1, 34,40,12,11	18,35,10,13, 15,1,4	2,35,16,19, 5,3,4	25,10,13,26,1	2,35,40,3,4, 17,14	18,28,1,23, 27,30
31	有害的副作用	34,35,24,15, 36,10,1,12	10,25,9,23, 5,35,1,3	10,3,35,12, 36,25,4	4,7,10,32,21, 3,37	14,31,13,15, 18,9,1,35	1,24,21,13, 15,40,12	35,3,25,1,2, 4,17	1,15,29,14,3, 17,4,24	5,17,1,29,23, 24,3	10,15,23,5, 4,24,14,6,3	40,24,35,4, 12,17,7,39,33	1,24,27,17, 30,12,40
32	适应性	13,10,3,15, 19,40,24	28,15,29,35, 4,24,6,10	15,19,3,1, 18,35,34	7,3,10,26,37, 13,24	31,9,30,14, 18,29,3	24,35,12,1, 21	24,25,4,30, 35,17,12,11	15,35,28,1,3, 13,29,24	1,5,3,28,2,25, 13	15,24,3,4,28, 14,13,26,10	35,40,24,30, 10,36,17,31	1,7,4,3,28, 2,23
33	兼容性或连通性	13,3,17,22, 4,9,12	2,10,13,25,5	2,13,9,12,5	5,2,7,24,13,4	2,10,24,37, 25,31	24,35,12,1, 21	3,11,32,33, 24,16,30	28,10,24,6, 15,7	2,24,28,13,10, 17,3,25	10,25,2,22,28	9,35,24,10, 37,12	28,10,17,13, 9,2
34	使用的方便性	24,2,3,4,34, 28,12	23,10,4,32, 28,5,25	19,25,13,3, 2,28,16	10,37,1,24, 32,4,26	2,3,31,9,35, 28,18,17	25,19,2,1, 20,3,37	35,31,24,4, 32,25,27,1	10,25,1,26,5, 24,4,29,28	25,1,24,6,28,4	25,1,28,3,2, 10,24,13	40,35,2,17, 12,29,23	1,17,13,24,26, 3,27,19
35	可靠性	35,15,10,12, 3,4,39,2	10,2,25,5,4, 30,3	10,19,35,23, 28,3,40	35,13,25,4, 9,28,24	35,13,35,4, 9,28,24	3,24,13,35, 19,31,21,1	2,26,35,40, 33,7,4,19,3	35,28,13,12, 24,29,19,3,4	1,25,10,3,5, 35,13	28,1,40,29,3, 19,13	35,3,40,10, 1,13,28,4	1,11,15,27, 25,7
36	易修复性	2,35,34,4,12, 24,36	5,10,24,25, 2,1,31	19,15,13,1, 12,32,3	3,9,13,26,1, 37,32	14,17,31,3, 5,35	2,10,1,13,3, 19	35,15,39,12, 28,40,33	1,7,15,16,4, 24,14	2,10,13,4,17, 24	1,15,26,25,10	35,10,5,7, 11,30	1,13,10,17,2, 3,35,28

续附表

改善参数		安全性 37	易受伤性 38	美观 39	外来有害因素 40	可制造性 41	制造的准确度 42	自动化程度 43	生产率 44	装置的复杂性 45	控制的复杂性 46	测量的难度 47	测量的准确度 48
25	物质的浪费	2,17,12,28,7,14	24,19,31,5,10,30	13,28,17,4,35,7	35,30,40,24,1,22,12,32,28	15,5,34,33,10,17,13	24,31,10,3,17,35	10,35,18,25,5,29	5,25,28,24,10,35,19,3,34	28,5,2,10,24,4,31	3,25,14,34,10,37	28,24,3,17,10,35,13,33,18	24,10,14,3,31,35,4
26	时间的浪费	2,28,26,9,25,13,24,15	25,12,13,11,24,31	17,10,4,28,32,7,19	35,18,1,34,3,30,31,33	10,35,4,19,34,28,3	26,25,24,18,28,4,13	10,2,24,30,5,25,12	10,3,24,5,4,13	28,21,6,10,2,12	10,37,4,5,2,3,19	37,10,18,32,28,4	25,26,32,28,24,34,4
27	能量的浪费	28,3,2,26,24,1	19,4,35,31,1,16,13	4,7,28,17,3,13	21,35,33,15,19,6,30,37,36	10,14,35,1,29,30	30,37,9,25,3,35,29	28,1,10,2,12	3,10,35,28,29,6,2	25,7,40,30,37,4	25,37,4,2,16,12	1,3,35,15,28,37,4	3,37,24,26,32,28
28	信息的遗漏	26,24,25,1,17,28	10,28,24,7,30,4	32,3,17,7,5	10,24,11,3,25,22,17,7,6	25,29,28,40,37	25,17,37,1,32,4	5,24,35,10,25	5,10,13,24,25,15	6,25,13,24,4,28	10,6,25,2,3,19	28,32,1,10,37,7	37,4,32,10,7
29	噪音	28,2,24,1	5,28,24,18,22,13	9,7,31,14,4,2,35	2,35,31,22,40,13,16,5,19	35,5,6,13,21,18	15,3,10,2,28,1	15,28,10,1,3,13	3,15,10,2,28	6,13,1,24,15,25	23,10,28,3,2,25,6,9,1	24,3,14,30,28,37,13,39	5,10,24,22,3,25,23
30	有害的散发	28,10,2,17,13,1	15,24,23,35,31	17,7,10,6,5,19	2,30,37,38,40,12,22	30,13,31,5,40,10	2,18,15,25,12	10,2,36,7,14	10,2,1,19,25	21,28,35,6,2	10,23,37,1,4	24,10,28,25,4,37	28,10,37,4,3
31	有害的副作用	28,35,1,17,12,30	31,30,35,39,16,24,10,3,5	2,17,28,24,40,3,26,35	35,1,24,9,3,25,7,13,12	28,4,40,24,7,3,1	17,26,4,10,35,1,34	2,10,3,17,13,30,19	28,2,25,35,18,5,40,39	19,31,1,35,2,17,3	10,26,19,23,17,13,1	1,37,32,31,40,5,24,17	4,17,26,10,37,34,24
32	适应性	28,24,18,10,4,17,1	3,16,13,30,31,12,24,5	29,28,2,32,3,7,24	35,24,30,31,11,19,14,17	10,13,29,31,1,28,24,5	40,35,29,16,25,3,37,4	6,10,28,29,15,35,2	1,15,25,2,10,24,13,17	6,28,29,31,35,40,17,25	28,25,37,19,3,4,1	25,28,32,40,37,4,29	1,10,35,4,37,3,12,13
33	兼容性或连通性	24,10,28,25,1,15	17,25,9,3,31,19	28,7,13,17,3	1,4,35,12,24,3,5,28	2,16,17,30,35,28	2,10,9,35,13,17,4,14	10,17,16,13,5,37	3,17,14,10,5,25	28,24,13,12,5,17,4	10,2,25,5,13	25,10,37,17,28,13	25,37,17,4,28,12
34	使用方便性	3,28,5,23,24,13,25	2,25,28,4,5,24,13,17	28,29,22,32,3,7,24	35,2,25,11,39,16,5,30	29,36,24,5,12,2,10,1	15,29,35,2,1,28,13	10,1,12,3,34,13,28	1,5,28,15,25,13,17	28,29,5,12,32,17,26	1,25,37,5,3,10	28,5,32,16,10,9	25,13,1,32,2,24,37
35	可靠性	10,13,2,24,4,20,17	28,35,2,11,31,3,19	3,14,31,29,7,32	40,2,5,12,33,25,37,19,3	28,10,35,4,40	1,3,13,10,4,32,39,12	35,10,1,13,17,27,28	35,1,10,28,29,32,33	5,35,13,33,15,29,3,17	1,19,25,37,10	28,40,25,32,37,18,3	3,10,37,32,7,4
36	易修护性	1,28,3,10,4	4,10,2,22,13,28	17,7,13,30,37	10,3,40,16,30,21,2,39	10,7,35,32,9,2,30	10,35,2,1,25	10,13,34,7,35,25,1	2,10,1,32,25,17,13	35,30,28,17,6,13,1	2,35,4,10,1,17,13	25,10,3,32,37,24	37,10,13,25,2,24

恶化参数

续附表

改善参数		恶化参数											
		移动物体的重量	静止物体的重量	移动物体的长度	静止物体的长度	移动物体的面积	静止物体的面积	移动物体的体积	静止物体的体积	形状	物质的数量	信息的数量	移动物体的耐久性
		1	2	3	4	5	6	7	8	9	10	11	12
37	安全性	28,30,3,22,13,35,26	3,31,35,28,26,22	17,13,28,4,30	17,28,14,29,26	17,28,1,4,13	17,7,28,39,4,13	13,28,30,1,17	13,28,15,39,1,17	3,2,17,13,24,40,26	13,28,35,37,2	3,28,32,24,13,2	13,14,10,37,35,17,18
38	易受伤性	8,31,30,13,12,40,26	31,30,13,12,40,1,26	3,17,14,4,2,31,30,37	3,17,2,31,14,4,30,13	17,15,13,4,30,14,3	17,14,13,4,2,3	13,31,15,17,35	13,35,31,17,2	4,13,7,14,15,30,35	35,31,13,9,5,30	10,25,3,2,5,24,22	10,13,5,15,19,2,35
39	美观	30,40,3,35,29,8	35,40,3,8,17	17,14,3,32,1,15,7	17,14,15,3,32	14,17,4,15,7,30,32	14,17,1,4,3,32,24	14,15,7,28,32,3,2	28,14,3,32,7,24,2	15,2,32,31,13,5,1	30,31,40,3,35,29,1,28,2	7,24,17,10,28,32,2,3	3,2,6,32,11,28
40	外来有害因素	35,31,8,21,3,30,40	35,2,31,13,40,24,3,17	1,17,4,24,13,14,35,33,3	35,17,18,1,14,10,3	1,28,4,3,33,35,17,14	17,2,35,14,3,24,4,39	3,24,15,37,35,7,17,19	5,17,39,19,2,4,35	30,24,32,1,35,17,13	31,30,35,28,4,17,26,40,2	2,26,3,40,25,17	15,28,35,24,21,4,3
41	可制造性	28,1,8,15,5,3,29,13	1,13,14,8,26,24,10,27,36	14,13,1,17,15,10,2,29,5	13,17,14,15,4,29,2,27,37	13,1,26,17,12,4,2,16,30	1,3,16,26,13,40,18,30	13,1,7,30,3,35,40,29	1,35,15,38,36,2,3	29,13,1,16,28,30,24,27,35	35,16,1,31,24,30,27,29,23	6,2,10,7,15,13,1	10,1,37,4,21,12,27,13
42	制造的准确度	13,8,18,28,16,24,26	35,28,9,17,31,26	3,17,28,10,29,37,24	17,1,10,32,24,37,2	29,28,37,32,24,33	29,18,36,37,32,2	28,37,1,25,18,20,24	35,28,25,10,18,20,1	30,13,10,32,12,21,40	30,25,32,9,13,12,3,31	37,3,4,32,13,17	5,40,16,3,20,19
43	自动化程度	28,13,12,35,18,14,31	28,12,35,10,13,26	17,28,13,12,14,4,25	17,28,13,4,12,6	17,28,13,4,12,6	13,26,17,4,12,5	26,13,35,16,7,24	26,13,35,31,16,24	13,24,10,15,16,1,28	26,31,35,13,3,23	37,4,5,24,10	19,9,16,6,13,10,37
44	生产率	35,24,8,13,2,37,30,31	35,13,28,1,8,3,15	17,4,18,35,28,14,38	14,7,17,19,3,1,35,30	35,1,10,31,26,17,34,16	10,7,35,17,3,4,30	3,12,10,2,6,34,19,24	35,10,12,13,5,37,24,3	13,11,17,36,10,30,16	35,3,2,25,9,19,13	2,24,25,7,23,13,10	10,3,5,18,2,35,13,17
45	装置的复杂性	35,40,30,9,5,34,26,31,2	35,2,9,5,26,31,40,39	1,19,26,13,2,24,4	9,26,28,13,2,35,24,4	9,26,28,13,2,35,24,4	19,6,17,2,13,35,14,36	35,26,34,30,5,40,6,13	2,13,35,1,28,5	29,13,2,28,15,30,1	2,10,13,3,35,31,24	25,7,24,13,32,3,2,37	10,28,15,4,12,9,13,29
46	控制的复杂度	10,1,6,20,31,35,7	10,1,13,6,35,7	35,17,14,10,4,28,12,1	28,10,25,20,17,13,1,5	10,13,37,5,28,35,31,25	10,28,2,13,17,37,25,4	28,37,10,25,19,3,5,1	28,1,10,3,5,2,13,25	5,25,28,10,13,29,37,1	10,25,7,6,35,37,3,19	25,10,37,7,3,6,13,4	3,10,37,2,5,6,7,12,4
47	测量的难度	28,26,13,6,3,8,35,24	28,26,1,13,3,35,6,24	26,24,28,5,17,3,37,16,13	28,26,10,24,32,2,39	26,28,13,2,17,32,24,18	26,28,2,17,39,32,24,13,9	28,24,14,8,1,32,4,13,25,26	28,26,2,24,13,31,32,4	13,28,3,1,17,26,39,24,4	3,28,18,27,24,13,29,4,32	19,3,32,7,10,13,25,4	19,26,2,13,4,25,39,32
48	测量的准确度	35,26,32,1,12,8,25	26,25,1,35,8,12,10	5,26,28,1,10,24	26,28,10,24,3,32	26,24,5,3,28,35,10	26,24,5,28,3,35,10	5,24,28,13,26,10,3,1	28,24,13,3,35,18	28,3,10,13,24,1,37	2,13,1,37,6,24	25,2,7,32,4,3,37,10	10,28,6,5,34,26,24,27

续附表

改善参数		静止物体的耐久性 13	速度 14	力 15	移动物体消耗的能量 16	静止物体消耗的能量 17	功率 18	张力/压力 19	强度 20	结构的稳定性 21	温度 22	明亮度 23	运行效率 24
37	安全性	35,10,37,17,18,12	28,37,4,17,3,18	2,3,17,14,13,9,29	32,12,13,25,4,9	32,12,4,9,13	12,13,9,35,37,32,25	37,17,4,3,9,14	28,2,13,17,40,14	13,12,5,24,3,17	1,31,37,19,4,3,7	28,37,26,32,3,1	2,1,17,3,10,25
38	易受防性	19,10,13,5,37,2,35	14,31,13,3,17,19,7	17,13,19,3,14,7,31,24	35,12,19,1,39,24,5	39,35,24,12,1,19	1,19,34,11,13,24,23	35,40,3,9,31,4,5	35,31,40,3,9,7,4,5	35,5,40,31,9,3,39	31,35,36,3,19,2,13,4	28,19,24,2,13,35	12,13,1,7,31,35,19,2
39	美观	2,28,6,32,15,1,5	15,3,14,19,26	3,28,7,31,4,15,19,14	15,3,19,28,7,4,14,1	3,28,19,14,1,8,38	15,4,14,32,1,19,24	40,9,17,7,5,2,26,35	9,17,40,2,35,7,5,3	3,40,10,35,4,31,29,17	35,31,3,15,2,36,40	32,3,35,19,1,5,15,4	2,13,28,5,27,4,15,29
40	外来有害因素	35,5,40,3,1,24,33	24,35,28,21,13,3,19,1	3,13,35,18,17,24,33,39	6,24,1,26,15,14,17,3	1,35,24,6,26,17,3,14	19,2,31,10,24,6,1	1,35,40,2,14,12,4,30	35,1,40,17,12,3,5,14,24	35,24,4,40,30,3,39,28	35,31,33,17,12,40,2,5	35,1,13,32,19,5,40,28,25	2,3,35,28,10,19,5,4
41	可制造性	10,1,16,35,37,3,13,38	35,13,1,28,2,8,15,4	35,12,28,29,1,10,3,13,2	28,1,10,26,35,39,19	28,1,10,26,4,19,35	28,12,24,29,1,21,10	35,10,1,19,21,12,13,22	3,35,1,24,33,10,30	1,11,3,13,39,33,24,9	10,24,35,18,2,36,26	32,24,1,35,28,2,27,25	1,10,15,16,3,6,25
42	制造的准确度	5,4,17,18,3,30,24	10,32,28,3,17,4,19	12,19,28,29,3,10,13	2,26,32,3,19,21,13	2,26,21,13,19,3,17	2,32,21,16,3,19	35,3,12,13,17,29,32	3,17,7,35,29,32	24,35,33,18,3,16	26,3,24,19,2,9	32,19,3,2,5,13	3,10,14,40,7,13
43	自动化程度	25,10,16,2,37,13,24	10,28,25,19,3,37	12,35,8,4,13,10,1	1,13,30,2,35,4	1,2,35,13,38	2,12,26,28,8,6	35,1,12,13,24,17,4	13,35,9,1,17,7	1,13,3,39,18,17,24	2,19,26,35,22,36,34	19,13,32,2,24	17,3,2,28,19,29,15
44	生产率	1,35,18,9,3,16,24,20,38	35,3,24,5,4,12,13,19	10,15,12,22,40,35,28,36	19,5,35,38,9,13,3	1,19,3,5,35,13,4	10,35,28,38,19,15,24,5	3,14,9,37,1,28,13	3,35,5,10,40,28,29,18	24,35,3,4,39,12,25	35,28,21,36,10,3,40,31	1,24,19,31,26,17,32	2,13,10,3,29,28,24
45	装置的复杂性	35,10,13,6,4	28,10,13,34,18,19,4	3,9,29,17,26,2,16	28,5,2,29,35,10,13,27	28,10,5,13,35,2	19,28,2,30,35,20,34	19,35,4,9,2,40,1	40,28,13,2,9,35,29	24,2,29,25,5,16,39,36,19	24,13,36,2,17,35,28,9	35,24,13,17,14,4,28,9	10,28,2,13,9,35,3,12
46	控制的复杂度	10,25,2,13,37,28,24,7	25,28,7,10,4,37,5,24,19	10,3,5,37,23,25,26,7,24,4	35,25,10,7,19,5,1	35,37,1,10,7,5	24,37,10,5,25,35,28,1,4	3,40,10,35,2,25,5	3,10,35,5,24,28,2,17	25,9,2,13,24,28,5,1	35,19,2,36,10,13,28,3	25,35,2,13,5,24,39,3,4	10,2,23,35,13,1,4,7,24
47	测量的难度	26,2,35,25,3,6,13,24,34	3,28,1,24,37,25,4,16,35	28,15,19,37,3,24,40,30	2,35,38,37,24,31,19,4,28	35,19,2,24,28,13,16,4	19,1,35,24,28,16,18,10,3	35,37,24,1,32,10,3,36,30	28,3,24,27,15,32,37,1	28,39,2,10,30,24,35,22	35,3,28,32,24,13,2,16	28,26,24,2,13,3,5	35,10,24,13,1,6,28,37
48	测量的准确度	10,26,28,24,5,34,27	28,13,24,5,32,35,37	24,28,37,2,32,35,1,9	24,10,3,28,6,37,19,35	10,24,5,3,28,13,20	3,5,10,24,13,28	24,5,2,13,10,28,3,32	28,24,2,6,10,5,3,32	35,39,2,37,13,24,12,1	28,24,6,19,2,10,32,3	32,1,35,24,6,10,2,31	28,10,2,6,7,24,25

续附表

改善参数		恶化参数											
		物质的浪费	时间的浪费	能量的浪费	信息的遗漏	噪音	有害的散发	有害的副作用	适应性	兼容性/连通性	使用的方便性	可靠性	易维护性
		25	26	27	28	29	30	31	32	33	34	35	36
37	安全性	35,31,5,7,24	26,28,25,2,9,17	26,32,13,25,4,9	2,37,4,16,13	37,4,2,13,35,3	2,1,10,35,19	3,5,27,25,21,15,19,11	1,28,24,32,17,13	15,17,24,4,6,37,1	25,10,13,3,22	35,37,13,4,2	13,4,3,2,27
38	易受伤性	34,12,13,3,31,24	10,5,13,12,19	19,13,12,35,1,24,3	3,24,28,5,7,13	28,19,24,39,13,10	1,35,24,39,19,13	35,31,1,33,16,21,11	30,13,15,28,17,29,5	24,28,2,13,6	2,4,26,19,13,16	28,35,25,36,40,37,5	17,1,28,13,3
39	美观	28,17,3,4,1,34,12	7,10,6,2,9,12,24,15	28,3,15,31,24,35,1	3,7,32,10,4,24,19	3,14,35,31,13,9,4	4,28,15,29,35,1,10,7	35,2,13,29,19,22,34,15,31	28,7,15,29,13,1,3,2	28,5,17,3,32,7	28,6,7,17,3,24	2,28,35,3,4,40,13	3,7,13,17,28,24,27
40	外来有害因素	40,3,4,24,12,34,33,35	18,3,24,23,35,40,10,12,32	35,24,21,2,30,17,3,4	32,10,25,2,7,3,31	31,1,17,14,35,7	24,35,18,1,32,40	35,3,13,24,17,4,32,40,18	35,15,31,30,4,11,16,40	17,24,2,5,7,3	25,28,3,15,10,4,6,2,31	35,4,24,17,40,2,28,5,14	10,3,14,25,27,5,4
41	可制造性	19,34,33,9,15,2,12,13	3,4,35,15,20,28	19,35,2,13,10,24,16,15	25,24,16,10,2,22,37,6	24,9,2,39,13,25,5	35,10,5,36,21,24	35,10,5,21,24,39,29,7	1,3,25,13,15,30,19,29	28,3,6,2,13,15	2,5,28,13,16,25,15	2,3,35,9,28,27,33	1,35,13,23,25,27
42	制造的准确度	10,31,35,24,36,37,3	28,15,5,18,32,26	2,16,13,32,35,29,3,31	13,10,2,34,7,1,24	2,13,7,37,35,9,18	3,10,40,24,19	10,17,35,4,23,34,26,33	35,7,13,1,4,17,12	13,4,9,28,15,2,1	19,3,1,32,35,2,25	28,25,13,1,5,11	3,10,1,25,30,29
43	自动化程度	10,4,24,5,35,3,12,18	15,28,35,24,29,31,2,5	28,21,13,13,34,24	5,3,28,33,35,24,25	31,14,9,12,24,13,3	1,24,23,35,21,13,3,4	24,2,11,3,23,19,7	28,1,29,10,12,4,14,35	6,13,2,3,17,10	5,25,21,10,23,17,3,12,1	12,28,23,7,35,31	13,35,4,2,28,37,17
44	生产率	35,12,2,34,14,3,24,9,5	10,3,6,24,34,1,7	28,35,15,14,9,5,19,24	10,2,3,24,25,13,4,37	9,14,1,2,31,4,17	35,25,13,2,34,21	24,39,19,13,35,3,40,5,17,18	28,15,29,35,1,10,17,40,36	10,2,13,28,24,1	28,7,26,24,10,1,35,25,15	3,1,35,10,14,24,39,9	1,25,9,2,13,17,32
45	装置的复杂度	35,28,10,13,9,29,2,24	3,25,6,29,24,38	35,28,13,10,2,24,38,34	25,7,6,24,19,32,1	24,9,2,13,3,6,25	5,24,15,2,21,13,35	1,12,19,35,36,21,29,22	29,28,1,24,15,25,37	6,28,13,35,4,24,32	26,24,6,25,9,28	35,1,13,40,2,33,6	3,13,28,1,27,2
46	控制的复杂性	35,15,30,13,2,29,34,4	15,13,7,2,4,19,10,25	35,15,13,3,19,2,4,25	25,10,7,3,4,26,24,1,32	10,3,7,15,25,9,2,4,26	10,15,11,5,13,39,4,24,38	19,12,16,22,9,28,37,34,27	1,7,28,25,26,22,35,10	6,10,13,1,2,24	2,10,24,25,7,22,1,13	23,3,13,1,2,10,35	13,25,1,7,10,24,28,35
47	测量的难度	1,10,24,18,37,28,26,31	28,9,18,33,37,26,13	35,5,19,15,13,37,28,2	7,26,35,24,2,22,5,33	3,25,23,9,4,37,18	28,2,25,37,13,35,7,24	2,10,34,21,38,6,12,37,7	1,26,13,15,35,19	25,1,13,15,35,28	2,5,13,25,15,35,7	28,1,40,26,35,2,8,10	26,2,5,12,10,27,1
48	测量的准确度	28,10,13,2,35,24,34,31,16	24,28,2,10,6,32,37,26,34	26,10,24,37,35,27,6,1	24,7,25,37,1,6	9,24,2,37,25,7,13	35,2,24,9,7,13,39	10,3,24,39,22,13,36,16,26	35,2,10,13,24,6,1	2,6,10,15,19,24	25,13,1,15,6,24	24,5,23,13,11,25,35,1	28,24,13,32,1,2,11

续附表

恶化参数

改善参数		安全性 37	易受伤性 38	美观 39	外来有害因素 40	可制造性 41	制造的准确度 42	自动化程度 43	生产率 44	装置的复杂性 45	控制的复杂性 46	测量的难度 47	测量的准确度 48
37	安全性	28,2,10,13, 24,17,3,1	15,23,1,31, 26,30	7,28,3,1,24, 17	2,10,40,35, 33,30,39	10,1,12,13, 17,2,35	16,10,24,3, 4,13	2,10,17,12, 6,25	28,17,10,4, 2,19,3,32	2,6,4,17,13, 26	25,37,9,26, 4	37,17,4,28, 13,31	37,4,26,3, 12,25,2
38	易受伤性	2,13,7,22, 17,31	31,35,13,3, 10,24,2,28	2,7,30,19,3, 15,9	31,33,9,4, 16,3,24	30,31,10,3, 36,18,13	10,3,25,16, 13	10,3,25,13, 24,15,29	10,13,1,15, 8	5,31,10,27, 30,40	25,7,10,1, 24,28	28,32,37,17, 3,13,26	28,37,3,7, 25,4
39	美观	28,7,24,9,31, 13,32	2,28,31,40, 17,26,4,30	3,7,28,32,17, 2,4,14	2,12,5,19,40, 31,30,29	16,10,2,6, 22,1,25,13	3,22,10,24, 32,13,30	10,29,28,1, 35,17	28,10,35,1, 2,17,3	28,2,13,24, 7,5,14,17	7,13,2,32, 19,37,26	32,26,31,28, 17,13,6,15,30	26,10,32,37, 3,17,7,28
40	外来有害因素	3,24,7,14,2, 5,13,17	3,15,19,32,9, 14,35,5,24	30,24,32,17, 13,3,2	35,24,3,2,1, 40,31	35,24,1,40, 3,39,4,13,17	28,1,10,18, 26,23,12	10,3,34,4,23, 33,1	35,24,13,3, 2,40,4,9,6	4,40,2,5,17, 19,29,28	1,25,37,24, 9,28,26	5,1,17,18,32, 40,28,39	5,37,18,32, 4,28
41	可制造性	1,24,10,24,3,5	6,35,28,9,1, 24	30,24,16,32,3	35,39,2,29,22, 21,19,11,8	1,35,10,13, 28,3,24,2	3,16,25,12, 24	1,10,28,8,13, 25	1,13,15,14,5	27,26,1,5,10, 9	25,3,19,13, 6,32,39	6,28,1,13,11, 10	35,12,1,6,28, 13,15,29
42	制造的准确度	2,10,24,3,25	4,3,31,35,30	2,3,17,32,7	10,28,9,23,2, 24,33,35	25,13,24,15, 19,26,28	3,10,2,25,28, 35,13,32	25,15,24,13, 17,28,26	2,10,39,18, 32,16,5,26	2,16,18,26, 3,4,28	28,25,37,10, 26,7	28,26,32,18, 9,25	28,32,18,9, 3,25
43	自动化程度	25,13,28,2, 10,7	31,30,16,39, 24,40,5	3,16,22,35,9,2	2,25,1,23,33, 13,24,29,3	1,13,12,26, 21,10	25,28,26,3, 17,12,18,4	10,13,2,28, 35,1,3,24	12,26,2,5,35, 15,10	15,24,28,10, 13,4,17	28,4,17,37	25,17,1,27,28	13,24,28,25, 10,32
44	生产率	10,24,1,28,7	10,39,1,18, 31,24	2,13,22,1,17,7	35,13,24,33, 40,2,11,14	1,10,24,35, 28,6,19	3,32,26,18, 1,25,35	10,5,12,26, 35,4,13	10,35,2,1,3, 28,24,13	6,12,10,1,28, 27,17,31	25,1,19,7, 24,16	4,32,37,25,28, 18,35,24,13	1,28,19,37,4, 13,24,3
45	装置的复杂性	28,5,24,10, 19,13	24,10,26,35, 4,13,14	5,32,35,22, 24,33,3	40,19,15,39,2, 7,29,4,36	3,13,1,28,26, 35,10,6	2,24,13,3,35, 26,32	28,3,1,24, 10,13,17	26,12,29,8, 17,1	28,2,13,35, 10,5,24	3,37,25,26, 7,28	28,10,32,37, 15,24	28,26,10,2, 34,7,37
46	控制的复杂性	24,2,13,10, 7,4,26,5	10,25,11,39, 2,7,24,37,35	7,10,37,5,13, 2,25	1,19,27,9,12, 37,5,2,39	13,2,35,5,10, 28,21	25,2,24,13, 10,39	1,28,25,10, 21,34	35,1,10,21,28, 15,13,25	28,15,37,7,2, 13,35,29	10,25,37,3, 1,2,28,7	13,37,10,7,3, 28,32,25	10,26,2,37,7, 28,3,4,32
47	测量的难度	1,10,3,32, 23,13	24,2,10,26,9, 12,13	2,28,26,24,13, 7,31,3	19,28,22,3,30, 29,24,9	5,28,37,11,2, 13,29,24	28,10,25,2, 5,13	10,2,28,25,5, 26,37,1,21	2,28,10,35,25, 5,18,26,37	28,37,10,15, 3,24,25,32	28,32,37,3, 7,10,6,24	28,32,26,3,24, 37,10,1	28,26,32,24, 3,13,37,10,18
48	测量的准确度	13,27,24,2, 6,11	12,24,9,23,13, 10,28	28,35,7,31,13, 24	28,24,26,22,2, 13,35,39,29	3,25,28,13,35, 24,1	28,26,24,23, 25,1	28,24,26,2, 10,1,3,24	28,26,10,3, 13,24	3,35,10,27,1, 13,28,26	3,25,10,7, 13,1,23,19	26,28,24,10, 13,1	28,24,10,37, 26,3,32